高职高专"十三五"规划教材——机电专业系列

电工与电子技术

主　审　钟富平　黄晓敏
主　编　倪元敏　李坤宏
副主编　黄学先

东南大学出版社
·南京·

内容简介

　　本书分为三部分:第一部分是电路基础知识,主要介绍电路的基本概念、复杂直流电路分析方法、正弦交流电路、三相电路、工业企业供电与安全用电等内容;第二部分是电子技术基础知识,主要介绍半导体二极管和三极管、基本放大电路、集成运算放大器、直流稳压电路、数字逻辑电路、时序逻辑电路、555 定时器及其应用、数模与模数转换电路等内容;第三部分是电动机与控制技术基础,主要介绍磁路和变压器、电动机及其控制、常用低压电器与控制电路等内容。

　　本书参照教育部制定的《高职高专电工电子技术课程教学基本要求》和《高职高专教育专业人才培养目标及规格》,总结多年的教学实践经验编写而成。本书适用于高职高专机械、汽车、土木工程、计算机等相关专业。

图书在版编目(CIP)数据

电工与电子技术 / 倪元敏,李坤宏主编. — 南京：
东南大学出版社,2017.2
　ISBN 978-7-5641-6690-8

　Ⅰ.①电… Ⅱ.①倪… ②李… Ⅲ.①电工技术-高
等职业教育-教材②电子技术-高等职业教育-教材
Ⅳ.①TM②TN

　中国版本图书馆 CIP 数据核字(2016)第 197481 号

电工与电子技术

出版发行:	东南大学出版社
社　　址:	南京市四牌楼 2 号　邮编:210096
出 版 人:	江建中
责任编辑:	史建农　戴坚敏
网　　址:	http://www.seupress.com
电子邮箱:	press@seupress.com
经　　销:	全国各地新华书店
印　　刷:	常州市武进第三印刷有限公司
开　　本:	787mm×1092mm　1/16
印　　张:	14
字　　数:	358 千字
版　　次:	2017 年 2 月第 1 版
印　　次:	2017 年 2 月第 1 次印刷
书　　号:	ISBN 978-7-5641-6690-8
印　　数:	1—3000 册
定　　价:	35.00 元

本社图书若有印装质量问题,请直接与营销部联系。电话:025-83791830

前　言

本教材参照教育部制定的《高职高专电工电子技术课程教学基本要求》和《高职高专教育专业人才培养目标及规格》，总结多年的教学实践经验编写而成，可供高职高专学校的机械类、土木工程、计算机等相关专业使用。

"电工与电子技术"是一门实践性很强、覆盖面很广的专业基础课，内容包括电路基础、电子技术基础和电动机及控制技术基础。由于教材的内容较多，涉及面广，书中打"＊"的内容教师可以根据实际教学情况和需要取舍。本教材在编写中力求体现以下特点：

1. 采用项目导向的教学方法，突出了与工程实际和应用相结合，强化了与后续课程的联系与衔接。

2. 教学内容广泛，信息量大。在内容阐述上，力求简明扼要、层次清楚、图文并茂、通俗易懂。在结构编排上，循序渐进、由浅入深。

3. 吸收教学改革的最新成果。在教材编排上分为电路基础、电子技术基础、电动机与控制技术基础三大部分，各部分相互独立又相互联系，教师可以根据专业和课程、课时设置要求加以选择。

本教材由重庆工业职业技术学院倪元敏、李坤宏担任主编，湖北职业技术学院黄学先担任副主编，重庆工业职业技术学院钟富平、黄晓敏教授担任主审。具体分工如下：倪元敏负责编写了第一部分（电路基础知识）和第二部分（电子技术基础知识），李坤宏、黄学先共同负责编写了第三部分（电动机与控制技术基础）。全书由倪元敏统稿。

在教材编写中，得到了重庆工业职业技术学院机械工程学院各位领导、东南大学出版社，以及刘伟、熊丽君、黄黎的大力支持，在此表示衷心的感谢。

由于编者水平有限，书中难免会出现谬误和不妥之处，恳请各位专家、同行和广大读者批评指正，以便进一步修改提高。

编者

2016 年 10 月

目　录

第一部分　电路基础知识

第二部分　电子技术基础知识

第一部分　电路基础知识

模块一　电路的基本概念

本模块内容主要介绍电路和电路模型；电路中电压、电流的正方向；电路元件和电路的基本定律。这些内容是进一步学习电路分析和电子技术的基础。

项目一　电路及电路模型

1. 电路

若干电器设备按照一定方式组合起来,构成电流的通路,称为电路。

2. 电路的作用

电路的作用是实现电能的输送与转换,或是信号的传递和处理,如供电系统、收音机电路等。电路通常都是由电源(或信号源)、负载和中间环节三部分组成。

(1) 电源　电源是为电路提供电能的装置,可以将化学能、机械能转换为电能或者把电能转换成为另一种形式的电能或者电信号。如电池、发电机、信号源等。

(2) 负载　负载是取用电能的装置或者器件,可将电能转换为其他形式的能量,如导线、电炉、电动机、电灯、扬声器等设备和器件。

(3) 中间环节　中间环节是连接电源和负载的部分,它起到传输、分配和控制电路的作用,如变压器、输电线、放大器、开关等。

如图 1-1(a)所示的手电筒电路是最简单的电路。其中,干电池是电源,灯泡是负载,开关和导线是中间环节。由发电机、变压器、电动机、电池、电灯、电容、电感线圈、二极管、三极管等功能不同的实际元件或器件组成的电路称为实际电路。

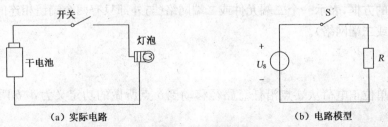

(a) 实际电路　　　　　　(b) 电路模型

图 1-1　手电筒电路

为了便于对实际电路进行分析计算,将实际元件加以理想化,用一个或多个表征其理想化电路元件代替。由理想元件组成的电路,称为实际电路的电路模型(简称电路)。

图 1-1(b)为图 1-1(a)所示实际的手电筒电路的电路模型。其中灯泡为理想电阻元件,干电池(忽略其内阻)为理想电源 U_s,导线和开关被认为是无电阻的理想导线。

理想电器元件主要有理想电阻元件(简称电阻)、理想电感元件(简称电感)、理想电容元件(简称电容)、理想电压源、理想电流源等。

项目二　电路中的基本物理量

1. 电流

电流是电荷(带电粒子)有规则的定向运动形成的,在单位时间内通过某一导体横截面的电荷量,定义为电流强度,简称电流,即

$$i = \frac{q}{t}$$

式中:q——电荷量;

　　t——时间。

上式表示电流是随时间而变化的,用小写字母 i 表示(国标规定,随时间变化的物理量用小写字母表示,不随时间变化的物理量用大写字母表示)。若 $\frac{q}{t}$ 等于常数,则该电流称为恒定电流,简称直流,用大写字母 I 表示。

习惯上把正电荷移动的方向,规定为电流的实际方向。

在分析计算电路前,往往很难事先断定电路中电流的实际方向,为此,在分析计算电路前,可先任意选定某一方向作为电流的参考方向(又称正方向)。如图 1-2 中所示箭头方向,表示选定的电流的正方向是从 a 端流向 b 端,又可用 i_{ab} 来表示该电流的正方向,且 $i_{ab} = -i_{ba}$。

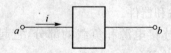

图 1-2　电流的参考方向

若计算结果 i 为正值,则表示电流的实际方向与参考方向相同;如 i 为负值,则表示其实际方向与参考方向相反。

图 1-2 中的方框,表示一个二端元件或二端网络(与外部只有两个端钮相连的元件或网络称为二端元件或二端网络)。

2. 电压

电场力将单位正电荷从 a 点沿任意路径移动到 b 点所做的功定义为 a、b 两点之间的电压,即

$$u_{ab} = \frac{W}{q}$$

式中：W——电场力在时间 t 内将电荷 q 从 a 点移动到 b 点所做的功。

电场力对正电荷做功的方向，就是电势降低的方向，故规定电压的实际方向（极性）为由高电位指向低电位。

同样，在分析计算电路中的电压前，先任意选定电路中两点间电压的参考方向（极性），用"＋"代表高电位，"－"代表低电位。图 1-3 中，电压 u 的参考方向（极性）是 a 点为高电位端，b 点为低电位端，亦可用双下标 u_{ab} 来表示该参考方向，且 $u_{ab} = -u_{ba}$。

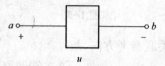

图 1-3　电压的参考方向

当电流和电压选取的参考方向相同则称为关联参考方向，如图 1-4(a)所示，若电流和电压的参考方向相反，则称为非关联参考方向，如图 1-4(b)所示。

（a）关联参考方向　　　　　　　　　　（b）非关联参考方向

图 1-4　关联参考方向与非关联参考方向

当采用关联参考方向时，电路中只要标出电流或电压中的一个参考方向即可。本书在分析计算电路时，如未作特殊说明，均采用关联参考方向。

要特别指出的是，欧姆定律在关联参考方向下才可写为 $u = Ri$。在非关联参考方向下，则写为 $u = -Ri$。

3. 功率

在单位时间内电路吸收或释放的电能定义为该电路的功率，即

$$P = \frac{W}{t}$$

一个二端元件或二端网络，当电压、电流采用如图 1-4(a)所示的关联参考方向时，其吸收（或消耗）的功率由上式可得

$$P = \frac{W}{t} = \frac{W}{q} \cdot \frac{q}{t} = ui$$

采用图 1-4(b)所示非关联方向，则其吸收（或消耗）的功率为

$$P = -ui$$

若 $p > 0$，表示该二端元件（或网络）吸收功率，为负载；若 $p < 0$，表示该二端元件（或网

络)发出(或产生)功率,为电源。

【例1-1】 求图1-5(a)、(b)、(c)所示二端网络的功率,并说明是吸收功率还是发出功率。

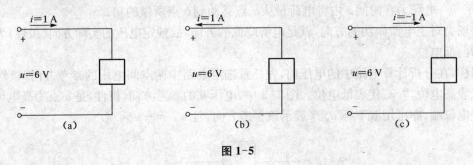

图1-5

【解】 在图(a)中,u 与 i 为关联参考方向,故

$p = ui = 6 \times 1 = 6\,\text{W} > 0$ 　　　　　该二端网络吸收功率

在图(b)中,u 与 i 为非关联参考方向,故

$p = -ui = -6 \times 1 = -6\,\text{W} < 0$ 　　　该二端网络发出功率

在图(c)中,u 与 i 为关联参考方向,故

$p = ui = 6 \times (-1) = -6\,\text{W} < 0$ 　　　该二端网络发出功率

项目三　电路的工作状态

电源有开路、有载和短路三种工作状态,现以直流电路为例进行讨论。

1. 电源有载工作状态

如图1-6(a)所示 E 为电源的电动势,R_0 为电源的内阻,当电源与负载 R_L 接通时,电路中

$$I = \frac{E}{R_0 + R_L}$$

故

$$U = IR_L = E - IR_0$$

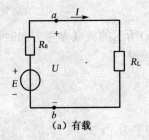
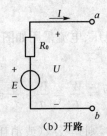
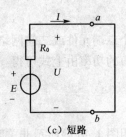

(a) 有载　　　　　　　(b) 开路　　　　　　　(c) 短路

图1-6　电源的三种工作状态

电源输出功率,即负载获得功率为

$$P = UI$$

若电源额定输出功率 $P_N = U_N I_N$，当电源输出功率 $P = P_N$ 时称满载，当 $P < P_N$ 时称为轻载。当 $P > P_N$ 时称为过载，过载会导致电气设备的损害，应注意防止。

2. 电源开路

当图 1-6(a)中，a、b 两点断开时（$R_L = \infty$），电源处于开路（空载）状态，如图 1-6(b)所示。开路的特点是开路处电流为零，故图 1-6(b)中电源电流 $I = 0$，其端电压（称开路电压 U_0）$U = U_0 = E$，电源输出功率 $P = 0$。

3. 电源短路

当图 1-6(a)中 a、b 两点间由于某种原因被短接（$R_L = 0$）时，电源处于短路状态，如图 1-6(c)所示。短路的特点是短路处电压为零。故图 1-6(c)中电源的端电压 $U = 0$，此时电源的电流（称为短路电流 I_s）$I = I_s = \dfrac{E}{R_0}$ 很大，电源的输出功率 $P = 0$，电源产生的功率全部消耗在内阻上，造成电源过热而损伤或毁坏，故应尽力防止或采用保护措施。

开路和短路也可以发生在电路的任意两点之间，其特点是开路处电流为零，短路处电压为零。

项目四　电路元件

理想电路元件（简称元件）是组成电路的基本单元，本节主要讨论电阻、电感、电容和电源等两端元件的概念及其电压、电流间的关系。

1. 电阻元件

电阻器、电灯、电炉、扬声器等器件是消耗电能的，反映其主要特性的电路模型是理想电阻元件（简称电阻）。

（1）定义

一个两端元件，当任一瞬间，它的电压 u 和流过它的电流 i 两者之间的关系是由 u-i 平面上的特性曲线来决定的，此两端元件就称为电阻。如图 1-7 所示为电阻的图形符号。

（2）电压与电流关系

对于线性电阻，电压、电流间的关系符合欧姆定律，即

$$u = Ri \quad 或 \quad i = u/R = Gu$$

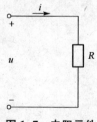

图 1-7　电阻元件

式中：$G = \dfrac{1}{R}$ 称为电导，单位为西门子(S)。

（3）电阻串联与电阻并联

① 电阻串联

图 1-8 为电阻串联及其等效电阻电路。电阻串联的特点是,同一电流流过各电阻,其关系式如表 1-1 所示。

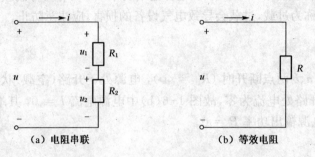

（a）电阻串联　　　　　　　　　　　（b）等效电阻

图 1-8　电阻串联及其等效电阻

表 1-1　电阻串联与电阻并联电路的关系式

连接方式项目	串联	并联
等效电阻或等效电导	$R = R_1 + R_2$	$R = R_1 /\!/ R_2$ $= R_1 \cdot R_2/(R_1 + R_2)$
电压与电流关系	$i = \dfrac{u}{R}$	$u = Ri$
分压或分流公式	$u_1 = \dfrac{R_1}{R}u$ $u_2 = \dfrac{R_2}{R}u$	$i_1 = \dfrac{R}{R_1}i$ $i_2 = \dfrac{R}{R_2}i$
功率比	$\dfrac{P_1}{P_2} = \dfrac{R_1}{R_2}$	$\dfrac{P_1}{P_2} = \dfrac{R_2}{R_1}$

② 电阻并联

图 1-9 为两个电阻并联及其等效电阻电路。电阻并联的特点是各电阻两端加的是同一电压,其关系式如表 1-1 所示。

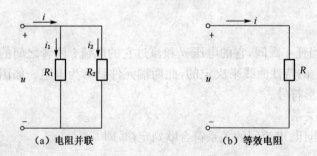

（a）电阻并联　　　　　　　　　　　（b）等效电阻

图 1-9　电阻并联及其等效电阻

2. 电感

用导线绕制的线圈（有空心线圈和铁心线圈等）通过电流时将产生磁通 $\varPhi$,因此它是储存磁通的元件。其主要特点是储存磁场能量。它的近似化电路模型为理想电感元件（简称电感）。

（1）定义

一个二端元件，当任意瞬间，它所流经的电流 i 和它的磁通链 ψ 两者之间的关系是由 $i\text{-}\psi$ 平面的一条曲线决定的，此二端元件称为电感。图形符号如图 1-10 所示。

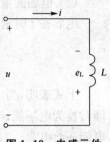

（2）电压与电流关系

对于线性电感　　$\psi = N\Phi = Li$

当电感中的磁通 Φ 或电流 i 发生变化时，则电感中产生感应电动势 e_L。当电感中的电压与电流和电动势采用如图 1-10 所示的参考方向时：

图 1-10　电感元件

$$e_L = -N\frac{\Phi}{t} = -\frac{\psi}{t} = -L\frac{i}{t}$$

$$u = -e_L = L\frac{i}{t}$$

由上式可见，电感的端电压与电流的变化率成正比。当流过电感的电流为恒定的直流电流时，其端电压 $U=0$，故在直流电路中电感可视为短路。

（3）磁场能量

电感在 t 时刻储存的磁场能量为

$$W_L = \frac{1}{2}Li^2$$

上式表明，当流过电感的电流增大时，磁场能量增大，电感从电源吸收电能转换为磁能；当电流减小时，磁场能量减小，电感释放出能量，磁能转换为电能还给电源。

3. 电容

两块金属极板间介以绝缘材料组成的电容器，加上电压后，两极板上能储存电荷，在介质中建立电场。所以电容器是能储存电场能量的元件。其近似化电路模型为理想电容元件（简称电容）。

（1）定义

一个二端元件，在任一瞬间，它所储存的电荷 q 和端电压 u 两者之间的关系是由 $q\text{-}u$ 平面上的一条曲线来决定的，此二端元件称为电容。其图形符号如图 1-11 所示。

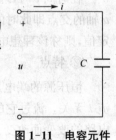

（2）电压与电流关系

对于线性电容，C 为常数。

$$q = Cu$$

图 1-11　电容元件

当电容的电压和电流采用如图 1-11 所示的关联方向时，两者的关系为

$$i = \frac{q}{t} = C\frac{u}{t}$$

上式可见电容的电流与其两端电压的变化率成正比。当电容两端加恒定的直流电压时，

其电流 $i = 0$，故在直流电路中,电容可视为开路。

（3）电场能量

电容在 t 时刻存储的电场能量为

$$W_C = \frac{1}{2}Cu^2$$

上式表明,当电容上的电压增大时(电容充电),电场能量增大,电容从电源吸收能量,将电能转换为电场能;当电压减小时(电容放电),电场能量减小,电容放出能量,将电场能量转换为电能还给电源。

4. 电源

电阻、电感、电容在电路中不能提供能量或信号,它们被称为无源元件。电源则是在电路中提供能量或信号的元件,它们被称为有源元件。理想的电源元件包括理想电压源和理想电流源。

（1）理想电压源

① 定义

如果一个二端元件接到任一电路后,该元件两端均能保持其规定的电压值 u_s 时,则此二端元件称为理想电压源,又称恒压源,如图 1-12(a)所示。

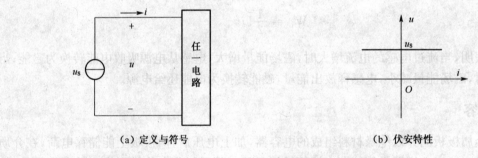

（a）定义与符号 （b）伏安特性

图 1-12 理想电压源

在时间 t 时,理想电压源在 u-i 平面的特性(称伏安特性)是一条平行于 i 轴的直线,它与 u 轴的交点即此时的 u_s 值,如图 1-12(b)所示。如果 u_s 是与时间 t 无关的常数,即 $u_s = U_g$ 为定值,则称该理想电压源为直流恒压源。

② 特点

恒压源的端电压 u_s 为定值(例如 E)或一定的时间函数(例如 $220\sqrt{2}\sin\omega t$),与流过它的电流 i 无关。流过它的电流 i 不是由恒压源本身决定的,主要由与之连接的外电路决定,即随外电路的改变而改变。

若恒压源的电压值等于零(即 $u_s = 0$),则该恒压源实际上就是短路,其伏安特性与 i 轴重合。不管流过它的电流为何值,其端电压恒为零。

（2）理想电流源

① 定义

如果一个二端元件,接到任一电路后,该元件流入电路的电流均能保持其规定的值 i_s 时,则此二端元件称为理想电流源(又称恒流源),如图 1-13(a)所示。

在 t 时刻,理想电流源在 $i-u$ 平面的特性曲线(伏安特性),是一条平行于 u 轴的直线,它与 i 轴的交点即此时的 i_s 值,如图 1-13(b)所示。

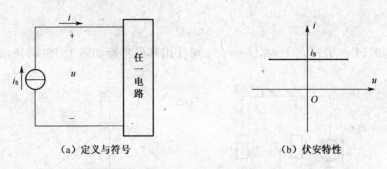

(a) 定义与符号   (b) 伏安特性

图 1-13 理想电流源

如果 i_s 是与时间 t 无关的常数,即 $i_s = I_S$ 为定值,则称该理想电流源为直流恒流源。

② 特点

恒流源的电流 i_s 为定值或一定的时间函数,与其端电压 u 无关。其端电压 u 不是由恒流源本身决定的,主要由与之连接的外电路决定,即随外电路的改变而改变。

若恒流源的电流恒等于零(即 $i_s = 0$),则恒流源就是开路,其伏安特性与 u 轴重合。不管它的端电压为任何值,其电流恒为零。

(3) 实际电源模型

实际电源都是有内阻的,一个实际电源可用两种电路模型来表示,一种是电压源模型(简称电压源),另一种是电流源模型(简称电流源)。下面以直流电源为例进行介绍。

① 电压源

一个实际电源可用一个恒压源 U_g 与一个内阻 R_0 串联的电路模型表示,该电路模型称为电压源模型(简称电压源),如图 1-14(a)所示,由图可得

$$U = U_g - IR_0$$

令 $I = 0$ 时,$U = U_g$;$U = 0$ 时,$I = \dfrac{U_g}{R_0}$。可作出其伏安特性(又称外特性)曲线,如图 1-14(b)所示。

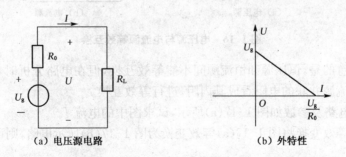

(a) 电压源电路   (b) 外特性

图 1-14 电压源

② 电流源

一个实际电源还可以用一个恒流源 I_s 与内导 G_0(或内阻 R_0)并联的电路模型表示。该电路模型称为电流源模型(简称电流源),如图 1-15(a)所示。由图可得

$$I = I_s - UG_0$$

令 $U = 0$ 时,$I = I_s$;$I = 0$ 时,$U = \dfrac{I_s}{G_0}$。可作出其外特性如图 1-15(b)所示。

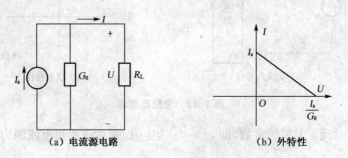

(a) 电流源电路　　(b) 外特性

图 1-15　电流源

③ 等效变换

电压源和电流源之间,当其外特性相同,即对外电路等效的前提下,两种模型间可以互换。由图 1-14(b)和图 1-15(b)可得两种模型(如图 1-16 所示)互换时,参数间的关系:

$$\begin{cases} U_g = \dfrac{I_s}{G_0} \\ R_0 = \dfrac{1}{G_0} \end{cases} \quad 或 \quad \begin{cases} I_s = \dfrac{U_g}{R_0} \\ G_0 = \dfrac{1}{R_0} \end{cases}$$

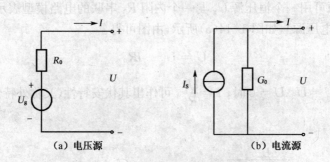

(a) 电压源　　　　　　　　　　(b) 电流源

图 1-16　电压源与电流源等效互换

需要特别注意的是,恒压源和恒流源间不能等效互换,但在电路分析时,可将与恒压源串联的电阻或与恒流源并联的电阻看成其内阻,进行等效互换。

【例 1-2】　电路及参数如图 1-17(a)所示,试求图中的电流 I。

【解】　利用等效变换将图 1-17(a)等效变换为图 1-17(b)所示电路,则可得

$$I = \frac{5-1}{1+1+2} = 1 \text{ A}$$

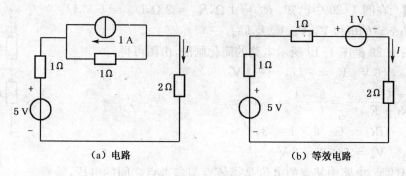

（a）电路　　　　　　　　　（b）等效电路

图 1-17

项目五　电路中电位的计算

在电路的分析中,尤其是电子电路中,常常要计算电路中某点的电位。所谓电路中各点的电位就是该点到参考点之间的电压。因此,为了计算电路中各点的电位必须选定电路中的某一点作为参考点,取该点的电位为零。通常工程上选大地为参考点,机壳需接地的设备,可选机壳做参考点。机壳不接地的设备,为分析方便,通常把元件汇集的公共端或公共线选做参考点,也称为"地",并用符号"⊥"表示。如图 1-18 所示。

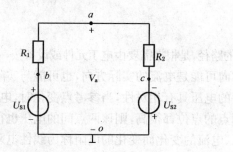

图 1-18　电路中的参考点

在电子电路中,当电源有一端接地时,为了简便,习惯上把电源的接地端省去不画,只画出电源不接地的一端。如图 1-19(a)所示的电路可简化为图 1-19(b)。

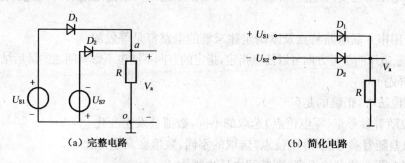

（a）完整电路　　　　　　　　　（b）简化电路

图 1-19　电子电路中的简化画法

【例1-3】 在图 1-20 中已知：$R_1 = 1\ \Omega, R_2 = 2\ \Omega, U_{s1} = 6\ V, U_{s2} = 3\ V$，试求 a、b、c 点的电位 V_a、V_b、V_c 及 U_{ba}。

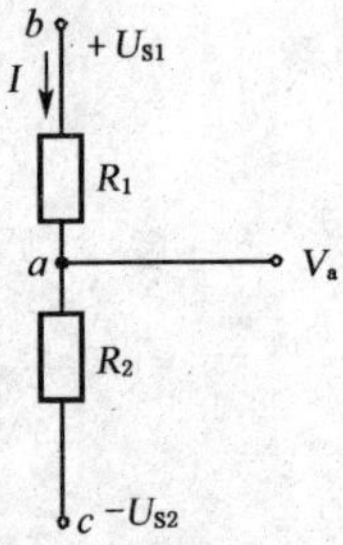

【解】 图 1-20 是图 1-19 所示电路的简化画法，由图可得

$$V_b = U_{s1} = 6\ V \quad V_c = -U_{s2} = -3\ V$$

$$I = \frac{U_{s1} - (-U_{s2})}{R_1 + R_2} = \frac{6+3}{1+2} = 3\ A$$

$$V_a = U_{s1} - IR_1 = 6 - 3 \times 1 = 3$$

$$U_{ba} = V_b - V_a = 6 - 3 = 3\ V$$

图 1-20

必须指出的是，电路中某点的电位是指该点与参考点之间的电压，随着参考点的改变，电路中某点的电位值也改变，而两点间的电压（即两点的电位差）是不变的，与参考点无关。

例如图 1-20 中选 c 点为参考点，则

$$V_c = 0$$

$$V_a = V_c + IR_2 = 3 \times 2 = 6\ V$$

$$V_b = U_{s2} + U_{s1} = 9\ V$$

$$U_{ba} = V_b - V_a = 9 - 6 = 3\ V$$

习　题

一、判断题

1. 电路是电流通过的路径，是根据需要由电工元件或设备按一定方式组合起来的。　　（　　）

2. 电流的参考反方向可能是电流的实际方向，也可能与实际方向相反。　　（　　）

3. 电路中某两点间的电压具有相对性，当参考点变化时，电压随着发生变化。　　（　　）

4. 如果电路中某两点的点位都很高，则该两点间的电压也很大。　　（　　）

5. 电阻值不随电压、电流的变化而变化的电阻称为线性电阻。　　（　　）

6. 在直流电路中，可以通过电阻的并联达到分流的目的，电阻越大，分到的电流越大。

　　（　　）

7. 理想电压源与理想电流源之间也可以进行等效变换。　　（　　）

8. 实际电压源与实际电流源之间的等效变换不论对内电路还是对外电路都是等效的。

　　（　　）

9. 无法用串并联电路特点及欧姆定律求解的电路都是等效的。　　（　　）

10. 电流、电压的参考方向可以任意指定，指定的方向不同也不影响问题的最后结论。（　　）

二、选择题

1. 下列说法中，正确的是（　　）。

A. 电位随着参考点（零电位点）选取的不同，数值会发生变化

B. 电位差随着参考点（零电位点）选取的不同，数值会发生变化

C. 电路上两点的电位很高，则其间电压也很大

D. 电路上两点的电位很低，则其间电压也很小

2. 在下列规格的白炽灯中,电阻最大的是( )。

A. 200 W、220 V   B. 100 W、220 V   C. 60 W、220 V   D. 40 W、220 V

3. 电路中标出的电流参考方向如图 1-21 所示。电流表读数为 2 A,则可知电流 I 是( )。

A. $I=2$ A   B. $I=-2$ A   C. $I=0$ A   D. $I=-4$ A

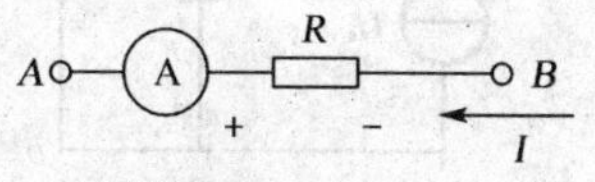

图 1-21 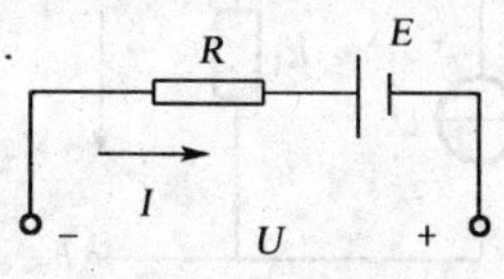   图 1-22

4. 如图 1-22 所示的电路中,电流 I 与电动势 E、电压 U 的关系是 $I=$ ( )。

A. $\dfrac{E}{R}$ B. $\dfrac{U+E}{R}$ C. $\dfrac{U-E}{R}$ D. $-\dfrac{U+E}{R}$

5. 若电源供电给电阻 R_L 时,电源电动势 E 和电阻 R_L 均保持不变,为了使电源输出功率最大,应调节内阻值等于( )。

A. 0   B. R_L C. ∞   D. $R_L/2$

三、填空题

1. 电源的功能是将_____能转换成_____能。

2. 电压的方向规定由_____端指向_____端。

3. 对于负载来说,一个实际的电源既可用_____表示,也可用_____表示。

四、计算题

1. 试计算图 1-23 中各元件的功率,并说明元件是吸收还是发出功率。

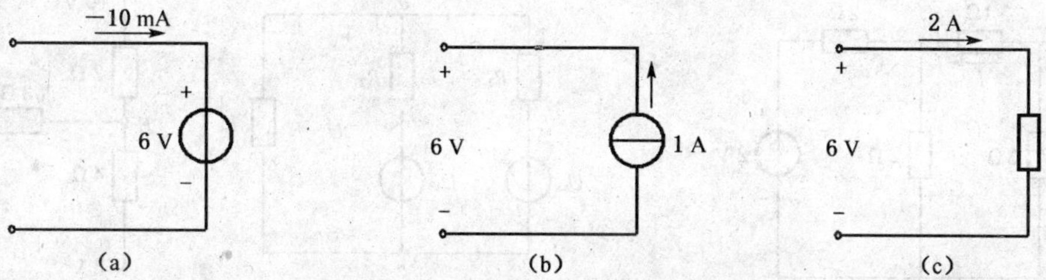

图 1-23

2. 图 1-24 中,已知 $u=2$ V,$i=1$ A,试计算各元件的功率,并说明哪个是电源,哪个是负载。

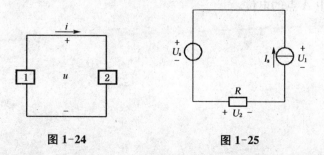

图 1-24   图 1-25

3. 图 1-25 中,已知 $U_s = 6\,\text{V}, I_s = 1\,\text{A}, R = 2\,\Omega$。求图中的 U_1、U_2 和各元件的功率,并验证功率平衡关系。

4. 试求图 1-26(a)中的 U_0 和图 1-26(b)中的 I_s。

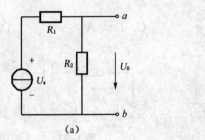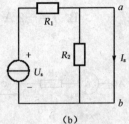

图 1-26

5. 图 1-27(a)中,已知 U_{s1}、U_{s2},求等效电源 U_s,并写出图 1-27(b)中已知 I_{s1}、I_{s2} 时,等效电源 I_s 的表达式。

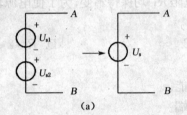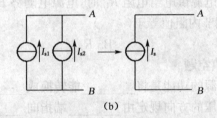

图 1-27

6. 试用电源等效变换求图 1-28 中的电流 I。

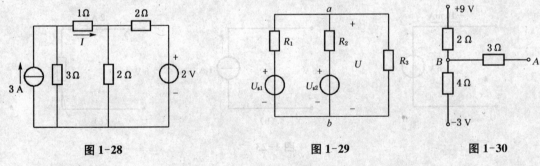

图 1-28　　　　图 1-29　　　　图 1-30

7. 电路参数如图 1-29 所示,试用电源等效变换求 a、b 两节点间的电压 U。

8. 求图 1-30 中 A 点的电位。

模块二

复杂直流电路分析方法

本模块以直流电路为例,研究与电路连接方式有关的基本规律——基尔霍夫定律。介绍几种复杂电路的分析方法,包括支路电流法、叠加原理、戴维南定理。这些都是分析电路的基本原理和方法。

项目一　基尔霍夫定律

基尔霍夫定律是分析和计算电路的基本定律,包括基尔霍夫电流定律和基尔霍夫电压定律。为了便于介绍,现以图 2-1 为例,先介绍有关电路结构的几个术语。

支路:电路中通过同一个电流的每一分支称为支路。如图 2-1 中 ab、ac、cd 等共有 6 条支路。

节点:3 条或 3 条以上支路的连接点,称为结点。如图 2-1 中 a、b、c、d 等共有 4 个结点。

回路:电路中任一闭合路径称为回路。如图 2-1 中 abcda、acda 等共有 7 个回路。

网孔:内部不含支路的回路称为网孔。如图 2-1 中有 abca、acda、cbdc 共 3 个网孔。

一个平面电路,设支路数为 b,结点数为 n,网孔数为 m,则它们的关系是

$$b = (n-1) + m$$

如图 2-1 中 ,图中的支路数:$b = (4-1) + 3 = 6$

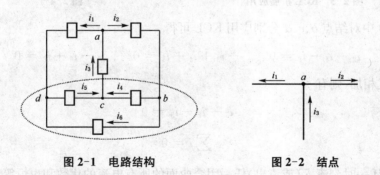

图 2-1　电路结构　　　　　　图 2-2　结点

1. 基尔霍夫电流定律

基尔霍夫电流定律(简称 KCL),又称结点(节点)电流定律,也称基尔霍夫第一定律。是用以确定连接到结点上的各支路电流之间关系的。对任一结点,流入结点的电流之和等于流出结点的电流之和。

在图 2-1 所示电路中的结点 a,另见图 2-2 可得出

$$i_3 = i_1 + i_2$$

或

$$i_3 - i_2 - i_1 = 0$$

上式表示任意时刻流入结点 a 的所有支路电流的代数和等于零。

因此,基尔霍夫电流定律可表述为:电路的任一结点,流入该结点的所有支路电流的代数和恒等于零。用公式表示为

$$\sum i = 0$$

上式中,根据电流的正方向,流入结点的电流前面取正号,流出结点的电流前面取负号,反之亦然。

在直流电路中为

$$\sum I = 0$$

基尔霍夫电流定律用公式也可表示为 $\sum I_i = \sum I_o$。上述可表示为:电路中的任一结点,流入该结点的电流之和等于流出该节点的电流之和。

基尔霍夫电流定律还可以推广应用于包围局部电路的任一假设的闭合曲面(高斯面)。例如图 2-1 中虚线所示的闭合曲面(另见图 2-3)。

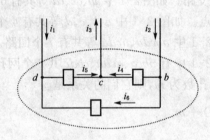

图 2-3 KCL 扩展应用

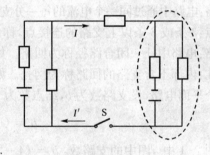

图 2-4

在图 2-3 中对结点 b、c、d 分别应用 KCL 可得

$$i_2 - i_4 - i_6 = 0 \qquad -i_3 + i_4 + i_5 = 0 \qquad i_1 - i_5 + i_6 = 0$$

上列三式相加,则有

$$i_1 + i_2 - i_3 = 0$$

或

$$\sum i = 0$$

可见,在任一时刻流入(或流出)任一闭合曲面的所有电流的代数和也恒等于零。

【例 2-1】 图 2-1 中,已知 $i_3 = 1\,\mathrm{A}$,$i_2 = -2\,\mathrm{A}$,求 i_1。

【解】 根据图 2-1 中各点电流的正方向,可得

$$i_1 = i_3 - i_2 = 1 - (-2) = 3\,\mathrm{A}$$

本例可见公式中有由电流的正方向决定的正负号,另外电流本身又有正负号。

【例 2-2】 图 2-4 中(1)已知 S 闭合时 $I = 1\,\mathrm{A}$,求 I';(2)S 断开时,求 I。

【解】 取一闭合曲面,如图 2-3 中虚线所示,根据 KCL 可得

S 闭合时　$I' = I = 1 \text{ A}$

S 断开时　$I = I' = 0 \text{ A}$

2. 基尔霍夫电压定律

基尔霍夫电压定律(简称 KVL),又称回路电压定律,也称为基尔霍夫第二定律。是用以确定回路中各段电压间关系的。其依据为电路中任意瞬时电位具有单值性,即如果从电路中某点出发以顺时针或逆时针方向沿任一回路循行一周回到原出发点时,该点的瞬时电位是不会发生变化的。亦即沿该回路循行方向上的所有电位之和等于零。

例如图 2-5 中,从 a 点出发按虚线所示循行方向沿 $abcda$ 回路循行一周回到 a 点(如图中虚线所示)。

根据该回路中各段电压所标正方向可列出

$$u_2 + u_4 + u_5 = u_1$$

即

$$u_2 + u_4 + u_5 - u_1 = 0$$

上式表示任一时刻沿该方向回路中所有各段电压的代数和等于零。

因此,基尔霍夫电压定律可表述为:电路中任一时刻,沿任一回路绕行方向,回路中所有各段电压的代数和恒等于零。用公式表示为

$$\sum u = 0$$

在直流电路中

$$\sum U = 0$$

其中,电压的正方向与绕行方向一致时,前面取正号,相反时取负号,反之亦然。基尔霍夫电压定律也可推广应用于局部电路。

基尔霍夫电压定律用公式也可表示为 $\sum E = \sum I_R$。上述也可表示为:电路中任一回路,该回路的电压源电压总和等于该回路电流产生的电压总和。

如图 2-6 所示的电路中,可列出

$$U - IR - U_s = 0$$

即

$$U = IR + U_s$$

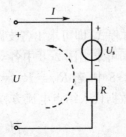

图 2-5　基尔霍夫电压定律　　　　图 2-6　KVL 推广应用于局部电路

或 $$U - U_s = IR$$

【例 2-3】 图 2-7 所示电路中,已知 $U_s = 9\,\text{V}, I_s = 2\,\text{A}, R = 3\,\Omega$,试求恒流源的端电压 U。

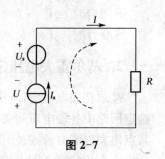

图 2-7

【解】 由 KVL 可得

$$IR + U - U_s = 0$$
$$U = U_s - IR = U_s - I_s R = 9 - 2 \times 3 = 3\,\text{V}$$

或 $U_s - U = IR$

$$U = U_s - IR$$
$$= U_s - I_s R$$
$$= 9 - 2 \times 3 = 3\,\text{V}$$

项目二 支路电流法

支路电流法是以支路电流为变量,直接运用基尔霍夫结点电流定律和回路电压定律列方程,然后联立求解的方法,它是电路分析最基本的方法。如图 2-8 所示电路,共有 3 条支路,2 个结点,2 个网孔,运用支路电流法分析的一般步骤如下:

(1) 确定各个支路电流的参考方向,并在图中标出。

(2) 根据 KCL 列结点电流方程,n 个结点的电路可列出 $(n-1)$ 个独立方程。在图 2-8 中,有 2 个结点 a 和 b。

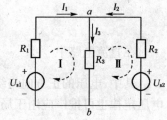

图 2-8 支路电流法

对结点 a:$I_1 + I_2 - I_3 = 0$

对结点 b:$-I_1 - I_2 + I_3 = 0$

2 个结点只能列出 1 个独立的结点电流方程。

(3) 根据 KVL 列回路电压方程。为保证所列方程为独立方程,每次选取回路时最少应包含一条前面未曾用过的新支路,最好选用网孔作回路。如果电路有 m 个网孔则可列出 m 个独立的回路电压方程。

在图 2-8 中有 2 个网孔,标出网孔的绕行方向。

对左边网孔:$R_1 I_1 + R_3 I_3 - U_{s1} = 0$

对右边网孔:$-R_3 I_3 - R_2 I_2 + U_{s2} = 0$

应用 KCL 和 KVL 共可列出 $(n-1) + m = b$ 个独立方程,根据它们的关系可知 b 正好为支路数。

(4) 联立求解方程式,即可求出各支路电流。

联立求解方程即可求出图 2-8 中各支路电流 I_1、I_2 和 I_3。

【例 2-4】 图 2-8 中,若 $R_1 = R_2 = R_3 = 1\,\Omega, U_{s1} = 3\,\text{V}, U_{s2} = 1\,\text{V}$,求各支路电流。

【解】 将已知数据代入结点电流方程式和网孔电压方程式可得

$$\begin{cases} I_1 + I_2 - I_3 = 0 \\ I_1 + I_3 = 3 \\ I_2 + I_3 = 1 \end{cases}$$

解之得

$$
\begin{cases}
I_1 = \dfrac{5}{3} \text{ A} \\[2mm]
I_2 = -\dfrac{1}{3} \text{ A} \\[2mm]
I_3 = \dfrac{4}{3} \text{ A}
\end{cases}
$$

【例 2-5】 试用支路电流法求图 2-9 中的电流 I_1 和 I_2。

【解】 图 2-9 中共有 3 条支路,其中一条支路的电流已知为 I_s。求另外 2 条支路电流 I_1 和 I_2,故只需列 2 个独立方程。

(1) I_1 和 I_2 的正方向和所选回路绕行方向如图 2-9 所示。

(2) 根据 KCL 由结点 a: $I_1 - I_2 = I_s$

(3) 根据 KVL 由右边网孔: $R_1 I_1 + R_2 I_2 = U_s$

(4) 联立求解得

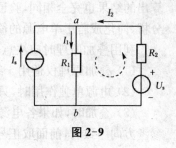

图 2-9

$$
I_1 = \frac{U_s + R_2 I_s}{R_1 + R_2} \qquad I_2 = \frac{U_s - R_1 I_s}{R_1 + R_2}
$$

项目三 叠加原理

叠加原理是线性电路普遍适用的基本原理,其内容是:在线性电路中,任一支路的电流(或电压)都是电路中各个电源单独作用时在该支路产生的电流(或电压)的代数和。所谓电源单独作用,即令其中一个电源作用,其余电源为零(恒流源以开路代替,恒压源以短路代替)。如图 2-10(a)中所示电路的支路电流 I_1 和 I_2 是电路中恒流源 I_s 单独作用(如图 2-10(b)所示)和恒压源 U_s 单独作用(如图 2-10(c)所示)时,在该支路产生的电流的代数和。

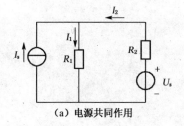 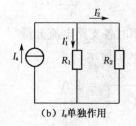 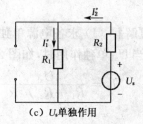

(a) 电源共同作用　　　　　(b) I_s 单独作用　　　　　(c) U_s 单独作用

图 2-10　叠加原理

由图 2-10(b)可得

$$
I_1' = \frac{R_2}{R_1 + R_2} I_s
$$

$$
I_2' = \frac{R_1}{R_1 + R_2} I_s
$$

由图 2-10(c)可得 $\qquad I_1'' = I_2'' = \dfrac{U_s}{R_1 + R_2}$

则 $\qquad I_1 = I_1' + I_1'' = \dfrac{R_2 I_s}{R_1 + R_2} + \dfrac{U_s}{R_1 + R_2} = \dfrac{U_s + R_2 I_s}{R_1 + R_2}$

$$I_2 = - I_2' + I_2'' = -\dfrac{R_1 I_s}{R_1 + R_2} + \dfrac{U_s}{R_1 + R_2} = \dfrac{U_s - R_1 I_s}{R_1 + R_2}$$

图 2-10(a)所示电路与图 2-9 完全一样,用叠加原理计算出的 I_1 和 I_2 与用支路电流法计算出的结果也完全相同,验证了叠加原理。由此可见,利用叠加原理可将含有多个电源的电路分析,简化成若干单电源的简单电路分析。

利用叠加原理时应注意以下几点:

(1) 叠加原理仅适用于线性电路。

(2) 电源单独作用时,只能将不作用的恒压源短路,恒流源开路,电路的结构不变。

(3) 叠加时,如果各电源单独作用时,电流(或电压)分量的参考方向与总电流(或电压)的参考方向一致时,前面取正号,不一致时取负号。

(4) 电路中电压、电流可叠加,功率不可叠加,例如图 2-10(a)中,R_1 消耗的功率:

$$P_1 = I_1^2 R_1 = (I_1' + I_1'')^2 R_1 \neq I_1'^2 R_1 + I_1''^2 R_1$$

【例 2-6】 图 2-11(a)所示电路中,已知:$R_1 = R_2 = R_3 = 1\,\Omega$,$U_{s1} = 3\,\text{V}$,$U_{s2} = 1\,\text{V}$。试用叠加原理计算各支路电流。

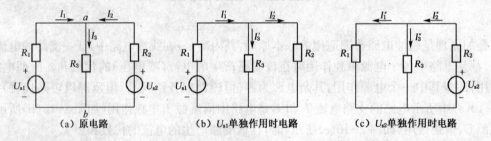

(a) 原电路 　　　　　 (b) U_{s1} 单独作用时电路 　　　　　 (c) U_{s2} 单独作用时电路

图 2-11

【解】 (1) 求各电源单独作用时各支路电流分量

当 U_{s1} 单独作用时,如图 2-11(b)所示:

$$I_1' = \dfrac{U_{s1}}{R_1 + R_2 \,/\!/\, R_3} = \dfrac{3}{1 + \dfrac{1}{2}} = 2\,\text{A}$$

$$I_2' = \dfrac{R_3}{R_2 + R_3} I_1' = \dfrac{1}{2} \times 2 = 1\,\text{A}$$

$$I_3' = \dfrac{R_2}{R_2 + R_3} I_1' = \dfrac{1}{2} \times 2 = 1\,\text{A}$$

当 U_{s2} 单独作用时,如图 2-11(c)所示:

$$I_2'' = \dfrac{U_{s2}}{R_2 + R_1 \,/\!/\, R_3} = \dfrac{1}{1 + \dfrac{1}{2}} = \dfrac{2}{3}\,\text{A}$$

$$I_1'' = \frac{R_3}{R_1 + R_3} I_2'' = \frac{1}{2} \times \frac{2}{3} = \frac{1}{3} \text{ A}$$

$$I_3'' = \frac{R_1}{R_1 + R_3} I_2'' = \frac{1}{2} \times \frac{2}{3} = \frac{1}{3} \text{ A}$$

（2）叠加可得

$$I_1 = I_1' - I_1'' = 2 - \frac{1}{3} = \frac{5}{3} \text{ A}$$

$$I_2 = I_2'' - I_2' = \frac{2}{3} - 1 = -\frac{1}{3} \text{ A} \qquad I_3 = I_3' + I_3'' = 1 + \frac{1}{3} = \frac{4}{3} \text{ A}$$

项目四　戴维南定理

　　任何一个线性含源二端网络 N，如图 2-12(a)所示，就其两个端点 a、b 而言，总可以用一个恒压源 U_s 和一个内阻 R_0 串联电路来等效代替，如图 2-12(b)所示。其中恒压源的电压 U_s 等于该二端网络的开路电压 U_0，如图 2-12(c)所示；内阻 R_0 等于该有源二端网络中所有的电源皆为零值时，所得无源二端网络 N_0（如图 2-12(d)所示）的等效电阻 R_{ab}，这就是戴维南定理。戴维南定理常用于求电路中某一支路的电流（或电压）。

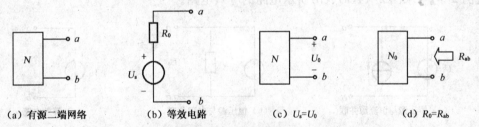

（a）有源二端网络　　　　（b）等效电路　　　　（c）$U_s = U_0$　　　　（d）$R_0 = R_{ab}$

图 2-12　戴维南定理

【例 2-7】　图 2-13(a)所示电路中，已知 $R_1 = R_2 = R_3 = R_4 = 1\ \Omega$，$I_{s1} = 2\ \text{A}$，$U_{s2} = 1\ \text{V}$。

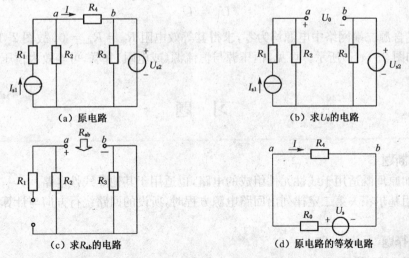

（a）原电路

（b）求 U_0 的电路

（c）求 R_{ab} 的电路

（d）原电路的等效电路

图 2-13

求通过 R_4 支路的电流 I。

【解】 (1) 断开所求支路,求含源二端网络的开路电压 U_0(如图 2-13(b)所示)。

$$U_0 = I_{s1}R_2 - U_{s2} = 2 \times 1 - 1 = 1 \text{ V}$$

(2) 令图 2-13(b)中所有电源为零(恒压源短路,恒流源开路),得无源二端网络如图 2-13(c)所示,求入端电阻 R_{ab}。

$$R_{ab} = R_2 = 1 \text{ }\Omega$$

(3) 作出图 2-13(b)中所示含源二端网络的戴维南等效电路,U_s 极性应与 U_0 一致(a 端为高电位端,b 端为低电位端),接上被断开支路(如图 2-13(d)所示),求支路电流 I。

$$U_s = U_0 = 1 \text{ V}$$

$$R_0 = R_{ab} = 1 \text{ }\Omega$$

则

$$I = \frac{U_s}{R_0 + R_4} = \frac{1}{1 + 1} = 0.5 \text{ A}$$

由本例可见,与恒流源串联的电阻 R_1 和与恒压源并联的电阻 R_3,对计算 I 并无影响。

【例 2-8】 求图 2-14(a)、(b)所示电路的等效电路。

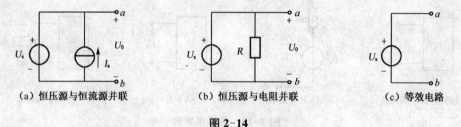

(a) 恒压源与恒流源并联　　　　(b) 恒压源与电阻并联　　　　(c) 等效电路

图 2-14

【解】 根据戴维南定理:图 2-14(a)、(b)中有源二端网络的开路电压均为

$$U_0 = U_s$$

令上述含源二端网络中电源均为零,求得其等效电阻 $R_0 = R_{ab} = 0$,故图 2-14(a)、(b)的等效电路如图 2-14(c)所示。可见,恒压源与恒流源(或电阻)并联,可等效为恒压源。

习　题

一、判断题

1. 叠加原理既适用于线性元件组成的电路,也适用于其他非线性电路。　　　　( )

2. 利用基尔霍夫第二定律列出回路电源方程时,所设的回路绕行方向与计算结果有关。

( )

二、选择题

1. 如图 2-15 所示,$I_1 = 1 \text{ A}$,$I_2 = 6 \text{ A}$,$I_3 = 10 \text{ A}$,则 I_4 为( )A。

A. 1   B. 3

C. 6   D. 17

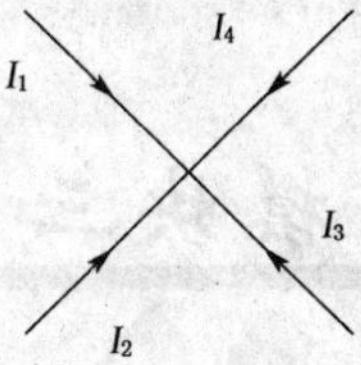

2. 3 条或 3 条以上支路的连接点，成为结点称为(　　)。

A. 支路   B. 结点

C. 回路   D. 网孔

3. 电路中任一闭合路径称为(　　)。

A. 支路   B. 结

C. 回路   D. 网孔

图 2-15

三、填空题

1. 应用基尔霍夫电压定律求解电路时，必须要选定_____方向和_____方向。

2. 利用戴维南定理计算某电路电流和电压的步骤如下：(1)将待求支路与_____分离；(2)求有源两端网络(等效电源)的_____和_____；(3)作等效电路，用欧姆定律计算出支路的电流和电压。

四、计算题

1. 图 2-16 中已知 $i_1 = 11\,\text{mA}$，$i_4 = 12\,\text{mA}$，$i_5 = 6\,\text{mA}$，试求 i_2、i_3、i_6。

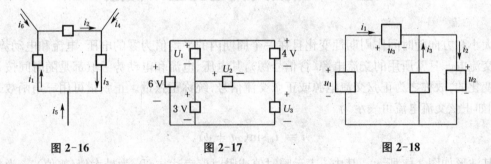

图 2-16　　　　　　　图 2-17　　　　　　　图 2-18

2. 电路如图 2-17 所示，求 U_1、U_2、U_3。

3. 电路如图 2-18 所示，已知 $u_1 = 16\,\text{V}$，$u_3 = 6\,\text{V}$，$i_1 = 1\,\text{A}$，$i_2 = 1\,\text{A}$，求 u_3 和 i_3。

4. 图 2-19 所示电路中，已知 $U_{s1} = 12\,\text{V}$，$U_{s2} = 15\,\text{V}$，$R_1 = 3\,\Omega$，$R_2 = 1.5\,\Omega$，$R_3 = 9\,\Omega$，试用支路电流法求各支路的电流。

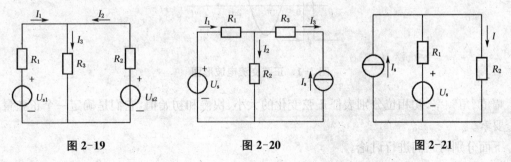

图 2-19　　　　　　　图 2-20　　　　　　　图 2-21

5. 图 2-20 所示电路中，已知 $U_s = 120\,\text{V}$，$I_s = 5\,\text{A}$，$R_1 = R_3 = 3\,\Omega$，$R_2 = 12\,\Omega$，试用叠加原理求各支路电流。

6. 图 2-21 所示电路中，已知 $I_s = 5\,\text{A}$，$U_s = 10\,\text{V}$，$R_1 = 2\,\Omega$，$R_2 = 3\,\Omega$，试分别用戴维南定理求图中电流 I。

模块三

正弦交流电路

正弦交流电路是指含有正弦交流电源而且电路中各部分所产生的电压和电流均按正弦规律变化的电路,简称交流电路。正弦交流电具有容易产生、传输经济、便于使用等特点,目前,在工农业生产和生活中得到广泛应用。

本模块内容首先介绍正弦交流电的基本概念、基本理论,然后讨论正弦交流电路的基本分析方法,为学习后续模块内容和电子技术打基础。

项目一　正弦交流电的基本概念

大小和方向随时间作周期性变化且在一个周期内的平均值为零的电压、电流和电动势,统称为交流电。日常所用的交流电源(含信号源),其电压、电流和电动势一般都是随时间按正弦规律变化的,故称之为正弦交流电源或正弦交流信号,统称正弦量。正弦量可用三角函数式表示,例如正弦交流电流可表示为

$$i = I_\mathrm{m}\sin(\omega t + \psi)$$

其波形如图 3-1 所示。其中 i 表示瞬时值或瞬时值表达式,I_m 为最大值(幅值),ω 为角频率,ψ 为初相位。

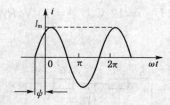

图 3-1　正弦交流电波形图

幅值、角频率、初相位分别表征正弦变化的大小、快慢和初始值,它们是确定一个正弦量的三个要素。

下面分别对它们进行讨论。

1. 周期、频率、角频率

正弦量变化一周所需的时间称为周期,用 T 表示,单位为秒(s)。每秒钟变化的次数称为频率,用 f 表示,单位为赫兹(Hz)。周期和频率互为倒数,即

$$f = \frac{1}{T}$$

我国和世界上很多国家电网工业频率(简称工频)为 50 Hz,美国、日本等国家的工业频率为 60 Hz。

正弦量变化的快慢还可用角频率 ω 来表示,因为正弦量一周期内经历弧度为 2π,所以其角频率为

$$\omega = \frac{2\pi}{T} = 2\pi f$$

它的单位为弧度每秒(rad/s)。

2. 最大值与有效值

正弦量在任一瞬间的值称为瞬时值,用小写字母表示,如 i、u、e 分别表示电流、电压和电动势的瞬时值。瞬时值中最大的值称为最大值(或幅值),用带下标 m 的大写字母表示,如 I_m、U_m 和 E_m 分别表示电流、电压和电动势的最大值。

通常计量交流电大小的既不是瞬时值,也不是最大值,而是用交流电的有效值。它是这样定义的:如果某一个周期交流电流 i 通过电阻 R 在一个周期 T 内产生的热量和另一个直流电流 I 通过同样大小的电阻在相等的时间内产生的热量相等,则把这一直流电流 I 的值定义为该交流电流 i 的有效值。

故交流电的有效值为

$$I = \frac{I_m}{\sqrt{2}}$$

同理,对于正弦电压和电动势,有

$$U = \frac{U_m}{\sqrt{2}}$$

$$E = \frac{E_m}{\sqrt{2}}$$

由上式可见,正弦量的最大值是有效值的 $\sqrt{2}$ 倍,式中大写字母 I、U 和 E 分别表示电流、电压和电动势的有效值。

通常所说的交流电压和电流的大小,例如交流电压 220 V 和 380 V,以及一般交流测量仪表所指示的电压、电流的数值都是指的有效值。

3. 初相位

正弦量在不同时刻 t 由于具有不同的 $(\omega t + \psi)$ 值,正弦量也就变化到不同的数值,所以 $(\omega t + \psi)$ 反映出正弦量变化的进程,称为正弦量的相位角,简称相位。

$t = 0$ 时的相位称为初相位。显然,初相位与所选时间的起点有关。原则上,计时的起点是可以任选的。但同一个电路中所有的电流、电压和电动势只能有一个共同的计时起点。初相位决定了 $t = 0$ 时正弦量的大小和正负。

在同一线性正弦交流电路中,电压、电流与电源的频率是相同的,但初相位不一定相同。两个同频率的正弦量的相位之差称为相位差,用 φ 表示,如图 3-2 所示。

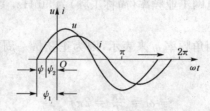

图 3-2 u 和 i 的相位差

$$u = U_\mathrm{m}\sin(\omega t + \psi_1)$$

$$i = I_\mathrm{m}\sin(\omega t + \psi_2)$$

它们的相位差:

$$\varphi = (\omega t + \psi_1) - (\omega t + \psi_2) = (\psi_1 - \psi_2)$$

可见,同频率正弦量的相位差也就是初相位之差。

当两个同频率的正弦量的计时起点($t = 0$)改变时,它们的相位和初相位也随之改变,但两者之间的相位差保持不变。

由图 3-2 可见,由于 $\psi_1 > \psi_2$,$\varphi = \psi_1 - \psi_2 > 0$,所以,$u$ 较 i 先到达正的最大值(或零值),这时称在相位上 u 比 i 超前 φ 角,或称 i 比 u 滞后 φ 角;若 $\varphi < 0$,则正好相反。若 $\varphi = 0$,即 $\psi_1 = \psi_2$,则称 u 和 i 相位相同,或称 u 与 i 同相,如图 3-3(a)所示。

若 $\varphi = \pm \pi$,则称 u 与 i 相位相反,或称 u 与 i 反相,如图 3-3(b)所示。

（a）同相   （b）反相

图 3-3 同频率正弦量的同相与反相

项目二 正弦量的相量表示法

如上面所述,正弦量有幅值、频率及初相位三个要素,可用三角函数式和波形图表示一个正弦量。在交流电路的分析和计算中,常需将频率相同的正弦量进行加减等运算,若采用三角运算和波形图法都不够方便。因此,正弦交流电常用相量表示,以便将三角运算简化成复数形式的代数运算。

在图 3-4(a)所示的复平面中,有一个长度为 r,与实轴正方向夹角(初始角)为 ψ,角速度为 ω,逆时针方向旋转的矢量 A,任一瞬间在虚轴上的投影为 $r\sin(\omega t + \psi)$,波形如图 3-4(b)

所示。正好与正弦交流电的波形图相同。因而,如果用一个旋转矢量来表示正弦量,就是用矢量的长度、旋转角速度和初始角分别代表正弦量的最大值、角频率和初相位,那么同频率正弦量之间的三角运算可以简化为复平面中的矢量运算。

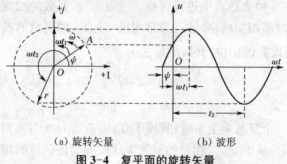

（a）旋转矢量　　　（b）波形

图 3-4　复平面的旋转矢量

由于同频率的正弦量用旋转矢量表示时,它们的旋转角速度相等,任一瞬间它们的相对位置不变。为简化运算,可以将它们固定在初始位置,用复平面中处于起始位置的固定矢量来表示一个正弦量,如图 3-5 所示,由于正弦交流电不是矢量,故称该表示正弦量的固定矢量为相量,并用大写字母上面加"·"的方式表示。如果相量长度等于最大值则称为最大值相量,符号为 $\dot{U}_\mathrm{m}$、$\dot{I}_\mathrm{m}$、$\dot{E}_\mathrm{m}$,如图 3-6 所示。该图又称相量图。

由于正弦量的大小通常是用有效值表示的,且 $I = \dfrac{I_\mathrm{m}}{\sqrt{2}}$,故正弦量也可用复平面中长度等于正弦量的有效值,初始角等于正弦量的初相位的固定矢量来表示,并称之为有效值相量,用 $\dot{U}$、$\dot{I}$、$\dot{E}$ 表示,如图 3-6 表示。

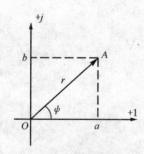
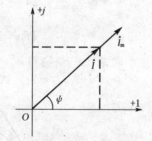

图 3-5　矢量与复数　　　　　图 3-6　向量图

复平面中的任一矢量都可以用复数来表示,因而相量也可以用复数来表示。如图 3-5 所示复平面上的矢量 A,长度为 R,与实轴正方向的夹角为 ψ,在实轴上的投影为 a,在虚轴上的投影为 b,可表示为

$$A = a + jb \qquad\qquad\qquad\text{(代数式)}$$
$$= r \angle \psi \qquad\qquad\qquad\text{(极坐标式)}$$
$$= re^{j\psi} \qquad\qquad\qquad\text{(指数式)}$$
$$= r\cos\psi + jr\sin\psi \qquad\text{(三角函数式)}$$

它们之间的关系为

$$r = \sqrt{a^2 + b^2} \qquad \psi = \arctan\frac{b}{a}$$

$$a = r\cos\psi \qquad b = r\sin\psi$$

利用这些关系可在 4 种表达式中进行转换。一般来说,复数的加减运算用代数式,其实部与实部相加减,虚部与虚部相加减;乘除运算常用极坐标式,两复数的模相乘除,辐角相加减。

其中 $j = \sqrt{-1}$ 是虚数的单位,其极坐标式为

$$j = 1\angle 90°$$

同理 $\qquad\qquad\qquad\qquad -j = 1\angle -90°$

在复数运算中,当一个复数乘上 j 时,其模不变,辐角增大 $90°$;而当一个复数除以 j(或乘以 $-j$)时,其模不变,辐角减少 $90°$。相量的复数表达式即为正弦量的相量表示式。

据此,两个同频率的正弦量

$$i = 5\sqrt{2}\sin(314t + 30°)\ \text{A}$$

$$u = 50\sqrt{2}\sin(314t + 45°)\ \text{V}$$

用最大值相量表示为

$$\dot{I}_m = 5\sqrt{2}\angle 30°\ \text{A}$$

$$\dot{U}_m = 50\sqrt{2}\angle 45°\ \text{V}$$

有效值相量表示为

$$\dot{I} = 5\angle 30°\ \text{A}$$

$$\dot{U} = 50\angle 45°\ \text{V}$$

其相量图如图 3-7 所示。

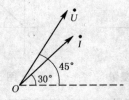

图 3-7 i 与 u 的相量图

必须指出,正弦量可以用相量表示,但相量不等于正弦量。例如 $\dot{U}_m = U\angle\psi_u \neq U_m\sin(\omega t + \psi_u)$,读者应注意区分 i、I_m、I、$\dot{I}_m$、$\dot{I}$(或 u、U_m、U、$\dot{U}_m$、$\dot{U}$) 5 种符号的不同含义。

【例 3-1】 已知 $i_1 = 6\sqrt{2}\sin\omega t\ \text{A}, i_2 = 8\sqrt{2}\sin(\omega t + 90°)\text{A}$。求 $i = i_1 + i_2$。

【解】 由 $\dot{I}_1 = 6\angle 0°\ \text{A} \qquad \dot{I}_2 = 8\angle 90°\ \text{A}$

$$\dot{I} = \dot{I}_1 + \dot{I}_2 = 6\angle 0° + 8\angle 90° = 10\angle 53.1°\ \text{A}$$

所以　$i = i_1 + i_2 = 10\sqrt{2}\sin(\omega t + 53.1°)$ A

也可先画出相量图,如图 3-8 所示。

根据平行四边形法则,由图可得

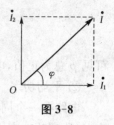

图 3-8

$$I = \sqrt{I_1^2 + I_2^2} = \sqrt{6^2 + 8^2} = 10 \text{ A}$$

$$\varphi = \arctan\frac{8}{6} = 53.1°$$

$$i = 10\sqrt{2}\sin(\omega t + 53.1°) \text{ A}$$

项目三　单一元件的正弦交流电路

电阻、电感和电容是组成电路的基本元件,本内容分别讨论正弦交流电路中电阻、电感和电容的电压与电流的关系及其相量模型和功率。

1. 纯电阻电路

（1）电压与电流关系

图 3-9 所示电阻电路中,为了方便起见,以 $\dot{I}$ 为参考相量

$$i = I_m\sin\omega t$$

根据　　　　$u = Ri = RI_m\sin\omega t = U_m\sin\omega t$

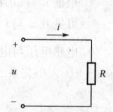

图 3-9　电阻电路

可见 u 与 i 不但是同频率的正弦量,而且 u、i 同相。

电阻的电压与电流之间的关系为:

① 大小关系　　　　$U_m = RI_m$

　　　　　　　　　　$U = RI$

② 相位关系　　　　$\psi_u = \psi_i$

③ 相量关系　　　　$\dot{U} = R\dot{I}$

其相量图如图 3-10(a)所示,图 3-10(b)称为电阻的相量模型。

（a）相量图　　　　　　　　　（b）相量模型

图 3-10　电阻的电压、电流相量图和相量模型

（2）功率

① 瞬时功率

$$p = ui = U_m I_m \sin^2 \omega t$$
$$= \frac{U_m I_m}{2}(1 - \cos 2\omega t)$$
$$= UI(1 - \cos 2\omega t)$$

可见 p 总为正值,电阻总是吸收能量,将电能转换为热能,所以电阻是耗能元件。

② 平均功率

电路在一个周期内消耗电能的平均值,即瞬时功率在一个周期内的平均值,称为平均功率,又称有功功率,用大写字母 P 表示,即电阻元件的平均功率

$$P = UI = I^2 R = \frac{U^2}{R}$$

2. 纯电感电路

(1) 电压与电流的关系

图 3-11 所示的电感电路中,设

$$i = I_m \sin \omega t$$

根据 $u = \omega L I_m \cos \omega t = \omega L I_m \sin(\omega t + 90°) = U_m \sin(\omega t + 90°)$

可见其 u 与 i 是同频率的正弦量,且 u 比 i 超前 $90°$。

电感电压与电流之间的关系为:

① 大小关系

$$U_m = \omega L I_m$$

$$\frac{U_m}{I_m} = \frac{U}{I} = \omega L = X_L$$

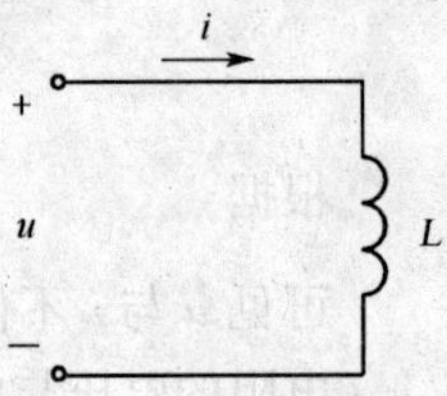

图 3-11　电感电路

上式中 X_L 为电压有效值与电流有效值之比,称为感抗。由

$$X_L = \omega L = 2\pi f L$$

可见电感对交流电流有阻碍作用,频率越高,则感抗越大,其阻碍作用越强。在直流电路中,$f = 0$,$X_L = 0$,电感可视为短路。

② 相位关系

$$\psi_u = \psi_i + 90°$$

③ 相量关系

$$\dot{U} = U\angle 90° = \omega L I (0° + 90°) = \omega L I \angle 0° \cdot 1 \angle 90° = j\omega L \dot{I}$$

即

$$\frac{\dot{U}}{\dot{I}} = j\omega L = jX_L$$

电感的电压与电流的相量图如图 3-12 所示。

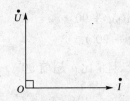

图 3-12　电感的电压与电流相量图

（2）功率

① 瞬时功率

$$p = ui = U_m \sin(\omega t + 90°) \cdot I_m \sin\omega t$$
$$= U_m I_m \sin\omega t \cos\omega t$$
$$= \frac{1}{2} U_m I_m \sin 2\omega t$$
$$= UI \sin 2\omega t \omega t$$

② 平均功率

$$P = 0$$

可见电感元件不消耗能量，只与电源交换能量，是储能元件。

③ 无功功率

$$Q = UI = I^2 X_L = \frac{U^2}{X_L}$$

为了与有功功率区别，其单位用乏（var）或千乏（kvar）。

【例 3-2】　图 3-11 所示电路中，已知 $u = 200\sqrt{2}\sin(\omega t + 60°)$ V，$L = 0.318$ H。求：（1）$f = 50$ Hz 时，电流 i 和无功功率 Q；（2）$f = 500$ Hz 时，电流 i 又是多少？

【解】　（1）$f = 50$ Hz 时

$$X_L = \omega L = 2\pi f L = 2 \times 3.14 \times 50 \times 0.318 = 100 \ \Omega$$

$$\dot{I} = \frac{\dot{U}}{jX_L} = \frac{200\angle 60°}{j100} = 2\angle -30° \ A$$

$$i = 2\sqrt{2}\sin(314t - 30°) \ A$$

$$Q = UI = 200 \times 2 = 400 \ \text{var}$$

（2）$f = 500$ Hz 时

$$X_L = 2\pi f L = 1\,000 \ \Omega$$

$$\dot{I} = \frac{\dot{U}}{jX_L} = \frac{200\angle 60°}{j1\,000} = 0.2\angle -30° \ A$$

$$i = 0.2\sqrt{2}\sin(3\,140t - 30°) \ A$$

3. 纯电容电路

（1）电压与电流的关系

图 3-13 所示的电容电路中，设

$$i = \omega C U_\mathrm{m} \sin(\omega t + 90°)$$
$$= I_\mathrm{m} \sin(\omega t + 90°)$$

可见其 u 与 i 是同频率的正弦量,且 i 比 u 超前 $90°$。

① 大小关系

$$I_\mathrm{m} = \omega C U_\mathrm{m}$$

或

$$\frac{U}{I} = \frac{1}{\omega C} = X_\mathrm{C}$$

上式中 X_C 为电压与电流有效值之比,称为容抗。由

$$X_\mathrm{C} = \frac{1}{\omega C} = \frac{1}{2\pi f C}$$

可见电容对交流电流有阻碍作用,频率越低,则容抗越大,其阻碍作用越强。在直流电路中,$f = 0$,$X_\mathrm{C} = \infty$,电容可视为开路。

② 相位关系

$$\psi_i = \psi_u + 90°$$

③ 相量关系

$$\dot{I} = I\angle 90° = \omega C U\angle(0° + 90°) = \omega C U\angle 0° \cdot j\angle 90° = j\omega C \dot{U}$$

即

$$\frac{\dot{U}}{\dot{I}} = \frac{1}{j\omega C} = -jX_\mathrm{C}$$

电容的电压与电流相量图如图 3-14 所示。

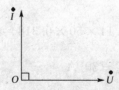

图 3-14　电容的电压与电流相量图

(2) 功率

① 瞬时功率

$$p = ui = U_\mathrm{m}\sin\omega t \cdot I_\mathrm{m}\sin(\omega t + 90°)$$
$$= U_\mathrm{m} I_\mathrm{m}\sin\omega t \cos\omega t = UI\sin 2\omega t$$

② 平均功率

$$P = 0$$

可见电容元件不消耗能量,只与电源交换能量,是储能元件。

③ 无功功率

$$Q = -UI = -I^2 X_C = -\frac{U^2}{X_C} = -U^2 B_C$$

即电容的无功功率取负值,以示区别。

【例3-3】　图3-13所示电路中,已知 $u = 200\sqrt{2}\sin(314t + 30°)\,\mathrm{V}$, $C = 31.8\,\mu\mathrm{F}$。求:电流 i,无功功率 Q 和电容的最大储能 W_{Cm}。

【解】　$X_C = \dfrac{1}{wC} = \dfrac{1}{314 \times 31.8 \times 10^{-6}} = 100\,\Omega$

$$\dot{I} = \frac{\dot{U}}{X_C} = jX_C^{-1}\dot{U} = 10^{-2} - \angle 90° \times 200\angle 30° = 2\angle 120°\,\mathrm{A}$$

$$i = 2\sqrt{2}\sin(314t + 120)°\,\mathrm{A}$$

$$Q = -UI = -200 \times 2 = -400\,\mathrm{var}$$

$$W_{Cm} = \frac{1}{2}CU_m^2 = \frac{1}{2} \times 31.8 \times 10^{-6} \times (200\sqrt{2})^2 = 1.27\,\mathrm{J}$$

项目四　RLC 串联的正弦交流电路

电阻、电感和电容元件串联的交流电路如图 3-15(a)所示,图 3-15(b)是它的相量模型。设 $i = I_m\sin\omega t$,即以 $\dot{I}$ 为参考相量。

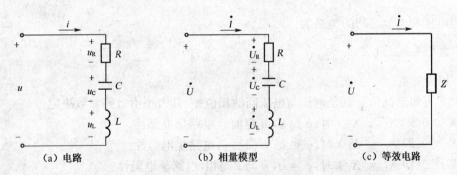

(a) 电路　　　　　(b) 相量模型　　　　　(c) 等效电路

图 3-15　RLC 串联电路

1. 电压与电流关系

根据 KVL 有

$$u = u_R + u_L + u_C$$

用相量表示,则

$$\dot{U} = \dot{U}_R + \dot{U}_L + \dot{U}_C = R\dot{I} + jX_L - jX_C$$

$$= \dot{I}[R + j(X_L - X_C)] = \dot{I}(R + jX) = \dot{I}Z$$

式中，$X = X_L - X_C$ 称为电抗，Z 则称为电路的等效阻抗。如图 3-15(c)所示。

$$Z = |Z| \angle \varphi = R + j(X_L - X_C)$$

可知：

阻抗模 $$|Z| = \sqrt{R^2 + X^2} = \sqrt{R^2 + (X_L - X_C)^2}$$

阻抗角 $$\varphi = \arctan \frac{X}{R} = \arctan \frac{X_L - X_C}{R}$$

由上式可知，R、X 和 $|Z|$ 组成一直角三角形，称为阻抗三角形，如图 3-16 所示。

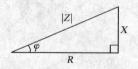

图 3-16　阻抗三角形

电压与电流的相量关系式

$$\dot{U} = \dot{I} Z$$

也称为相量形式的欧姆定律。

由于 $$Z = \frac{\dot{U}}{\dot{I}}$$

可得电压和电流之间的关系为：

(1) 大小关系　$|Z| = \dfrac{U}{I}$

(2) 相位关系　$\varphi = \psi_u - \psi_i$

由上式可知阻抗角 φ 就是电压与电流间的相位差，其大小由电路参数决定。

当 $X > 0$（即 $X_L > X_C$）时，$\varphi > 0$，u 超前 i，电路呈电感性。

当 $X < 0$（即 $X_L < X_C$）时，$\varphi < 0$，u 滞后 i，电路呈电容性。

当 $X = 0$（即 $X_L = X_C$）时，$\varphi = 0$，u 与 i 同相，电路呈电阻性。

以电流为参考相量，根据纯电阻、电感和电容的电压与电流的相量关系及总电压相量等于各部分电压相量之和，可画出电路中的电流和各部分电压的相量图（如图 3-17 所示），图中各电压组成一个直角三角形，利用相量图也可得到电压与电流的关系。

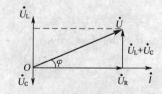

图 3-17　RLC 串联电路的相量图

$$U = \sqrt{U_R^2 + (U_L - U_C)^2}$$
$$= I\sqrt{R^2 + (X_L - X_C)^2} = I\,|\,Z\,|$$

$$\varphi = \arctan\frac{U_L - U_C}{U} = \arctan\frac{X_L - X_C}{R}$$

2. 电路的功率

（1）瞬时功率

$$p = ui = U_m\sin(\omega t + \varphi)I_m\sin\omega t$$
$$= UI[\cos\varphi - \cos(2\omega t + \varphi)]$$

（2）有功功率

$$P = UI\cos\varphi$$

上式表明交流电路中,有功功率的大小不仅取决于电压和电流的有效值,而且和电压、电流间的相位差 φ(阻抗角)有关,即与电路的参数有关,式中 $\cos\varphi$ 称为电路的功率因数。

由相量图中的电压三角形可知

$$U\cos\varphi = U_R = IR$$

故

$$P = UI\cos\varphi = U_R I = I^2 R = \frac{U_R^2}{R}$$

这说明交流电路中只有电阻元件消耗功率,电路中电阻元件消耗的功率就等于电路的有功功率。

（3）无功功率

电路中电感和电容元件要与电源交换能量,相应的无功功率为

$$Q = U_L I - U_C I = I(U_L - U_C) = UI\sin\varphi$$

（4）视在功率

交流电路中,电压有效值 U 与电流有效值 I 的乘积称为电路的视在功率,用 S 表示。即 $S = UI$,视在功率的单位为伏安(V·A)或千伏安(kV·A)。

根据前面的分析,由于

$$P = UI\cos\varphi$$

$$Q = UI\sin\varphi$$

$$S = UI$$

可知有功功率 P、无功功率 Q 和视在功率 S 之间也组成一个直角三角形,称为功率三角形,如图 3-18 所示,三者之间的关系为

$$S = \sqrt{P^2 + Q^2}$$

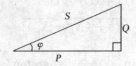

图 3-18　功率三角形

$$P = S\cos\varphi$$

$$Q = S\sin\varphi$$

功率三角形、电压三角形和阻抗三角形都是相似三角形。

【例 3-4】　如图 3-15(a)所示的 RLC 串联电路中,已知 $u = 220\sqrt{2}\sin(314t + 30°)\text{V}, R = 30\,\Omega, L = 127\text{ mH}, C = 40\,\mu\text{F}$。求:(1)感抗 X_L,容抗 X_C;(2)电路中的电流 i 及各元件电压 $U_R、U_L$ 和 U_C;(3)电路的有功功率 P、无功功率 Q 和视在功率 S。

【解】　该电路的相量模型如图 3-15(b)所示。

(1) $X_L = \omega L = 314 \times 127 \times 10^{-3} = 40\,\Omega$

$$X_C = \frac{1}{\omega C} = \frac{1}{314 \times 40 \times 10^{-6}} = 80\,\Omega$$

(2) 电路的等效复阻抗

$$Z = R + j(X_L - X_C) = 30 + j(40 - 80) = 30 - j40 = 50\angle -53°\,\Omega(\text{电容性})$$

$$\dot{I} = \frac{\dot{U}}{Z} = \frac{220\angle 30°}{50\angle -53°} = 4.4\angle 83°\text{ A}$$

$$i = 4.4\sqrt{2}\sin(314t + 83°)\text{ A}$$

$$\dot{U}_R = R\dot{I} = 30 \times 4.4\angle 83° = 132\angle 83°\text{ V}$$

$$u_R = 132\sqrt{2}\sin(314t + 83°)\text{ V}$$

$$\dot{U}_L = jX_L\dot{I} = 40\angle 90° \times 4.4\angle 83° = 176\angle 173°\text{ V}$$

$$u_L = 176\sqrt{2}\sin(314t + 173°)\text{ V}$$

$$\dot{U}_C = -jX_C\dot{I} = 80\angle -90° \times 4.4\angle 83° = 352\angle -7°\text{ V}$$

$$u_C = 352\sqrt{2}\sin(314t - 7°)\text{ V}$$

(3) $P = UI\cos\varphi = 220 \times 4.4 \times \cos(-53°) = 581\text{ W}$

$\quad\;\; Q = UI\sin\varphi = 220 \times 4.4 \times \sin(-53°) = -774\text{ var}$

$\quad\;\; S = UI = 220 \times 4.4 = 968\text{ V}\cdot\text{A}$

RLC 串联电路包含了 3 种性质不同的参数,是具有一定意义的典型电路。当电路中只有其中两种参数串联,分析时,可视为 RLC 串联电路在 R、X_L、X_C 中某个等于零的特例。

项目五　RLC 并联的正弦交流电路

电阻、电感和电容元件并联的交流电路如图 3-19 所示,设 $u = U_m\sin\omega t$。

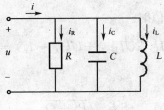

图 3-19　RLC 并联电路

1. 电压与电流关系

根据 KCL

$$i = i_R + i_C + i_L$$

用相量表示,则

$$\dot{I} = \dot{I}_R + \dot{I}_C + \dot{I}_L = \frac{\dot{U}}{R} + \frac{\dot{U}}{-jX_C} + \frac{\dot{U}}{jX_L}$$

以电压为参考相量,根据纯电阻、电容和电感的电流与电压的相量关系,以及总电流相量等于各支路电流相量之和,可画出电路中电压和各电流的相量图(如图 3-20 所示)。各电流组成一电流三角形。

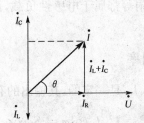

图 3-20　RLC 并联电路相量图

利用相量图也可得到电压与电流关系:

$$I = \sqrt{I^2 R + (I_C - I_L)^2}$$

$$\theta = \arctan \frac{I_C - I_L}{I_R}$$

2. 功率

用与 RLC 串联电路同样的方法可推得:

(1) 瞬时功率

$$p = ui = UI\left[\cos\theta - \cos(2\omega t + \theta)\right]$$

(2) 有功功率

$$P = UI\cos\theta = UI\cos\varphi = UI_R = I_R^2 R$$

（3）无功功率

当电容的无功功率定义为负值时

$$Q = -UI_C + UI_L = -U(I_C - I_L) = UI\sin\varphi$$

（4）视在功率

$$S = \sqrt{P^2 + Q^2}$$

P、Q 和 S 组成的功率三角形，与电流三角形亦为相似三角形。

项目六　功率因数的提高

通过前面的分析，已知交流电路的有功功率的大小不仅取决于电压和电流的有效值，而且和电压、电流间的相位差 φ 有关。即

$$P = UI\cos\varphi$$

$\cos\varphi$ 为电路的功率因数，它与电路的参数有关。纯电阻电路 $\cos\varphi = 1$，纯电感和纯电容的电路 $\cos\varphi = 0$。一般电路中，$0 < \cos\varphi < 1$。目前，在各种用电设备中，除白炽灯、电阻炉等少数电阻性负载外，大多属于电感性负载。例如，工农业生产中广泛使用的三相异步电动机和日常生活中大量使用的日光灯、电风扇等都属于电感性负载，而且它们的功率因数往往比较低。功率因数低，会引起下列两个问题：

1. 降低了供电设备的利用率

供电设备的额定容量 $S_N = U_N I_N$ 是一定的，其输出的有功功率为

$$P = U_N I_N \cos\varphi = S_N \cos\varphi$$

当 $\cos\varphi = 1$ 时，$P = S_N$ 供电设备的利用率最高；一般 $\cos\varphi < 1$，$P < S_N$；$\cos\varphi$ 越低，则输出的有功功率 P 越小，而无功功率 Q 越大，电源与负载交换能量的规模越大，供电设备所提供的能量就越不能充分利用。

2. 增加了供电设备和线路的功率的损耗

负载从电源取用的电流为

$$I = \frac{P}{U\cos\varphi}$$

在 P 和 U 一定的情况下，$\cos\varphi$ 越低，I 就越大，供电设备和输电线路的功率损耗就越大。因此，提高电路的功率因数就可以提高供电设备的利用率，减少供电设备和输电线路的功率损耗，具有非常重要的经济意义。

提高电路功率因数的方法是在电感性负载两端并联电容器，如图 3-21(a) 所示。以电压为参考相量，可画出其相量图（如图 3-21(b) 所示）。

由图可知,并联电容前,电路的电流为电感性负载的电流$\dot{I}_1$,电路的功率因数为电感性负载的功率因数$\cos\varphi_1$;并联电容后,电路的总电流$\dot{I}=\dot{I}_1+\dot{I}_C$。电路的功率因数变为$\cos\varphi$。可见,并联电容器后,流过感性负载的电流及其功率因数没有变,而整个电路的功率因数$\cos\varphi>\cos\varphi_1$,比并联电容前提高了;电路的总电流$I<I_1$,比并联电容前减少了。这是由于并联电容器后电感性负载所需的无功功率大部分可由电容的无功功率补偿,减小了电源与负载之间的能量交换。但要注意,并联电容后,电路的有功功率并未改变。根据相量图可得

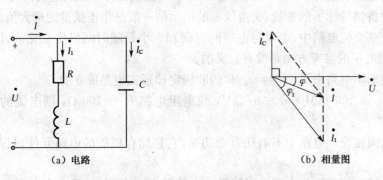

(a) 电路　　　　　　　　　　(b) 相量图

图 3-21　提高功率因数的方法

$$I_C=I_1\sin\varphi_1-I\sin\varphi=\frac{P}{U\cos\varphi_1}\sin\varphi_1-\frac{P}{U\cos\varphi}\sin\varphi$$

$$=\frac{P}{U}(\tan\varphi_1-\tan\varphi)$$

又因　　　　　　　　　　　$I_C=UB_C=U_\omega C$

所以　　　　　　　　　　　$C=\frac{P}{\omega U^2}(\tan\varphi_1-\tan\varphi)$

根据此公式可计算出将功率因数由$\cos\varphi_1$提高到$\cos\varphi$所需并联的电容器的容量。

目前我国有关部门规定,电力用户功率因数不得低于0.9。但是,当$\cos\varphi=1$时,电路发生谐振。在电力电路中,这是不允许的,通常单位用户应把功率因数提高到略小于1。

【例 3-5】　有一电感性负载,接到220 V、50 Hz的交流电源上,消耗的有功功率为4.8 kW,功率因数为0.5,试问并联多大的电容才能将电路的功率因数提高到0.95?

【解】　据题意　$P=4.8\text{ kW}$　　$U=220\text{ V}$　　$f=50\text{ Hz}$

未加电容时　$\cos\varphi_1=0.5$　　$\varphi_1=\arccos 0.5=60°$

并联电容后　$\cos\varphi=0.95$　　$\varphi=\arccos 0.95=18.19°$

$$C=\frac{P}{2\pi fU^2}(\tan\varphi_1-\tan\varphi)$$

$$=\frac{4.8\times 10^3}{2\times 3.14\times 50\times 220^2}(\tan 60°-\tan 18.19°)$$

$$=433\ \mu\text{F}$$

习　题

一、判断题

1. 交流电的方向、大小都随时间做周期性变化，并且在一周期内的平均值为零，这样的交流电就是正弦交流电。　　　　　　　　　　　　　　　　　　　　（　　）

2. 用交流电压表测得某一元件两端电压是 6 V，则该元件电压的最大值为 6 V。（　　）

3. 电器设备铭牌标示的参数，交流仪表的指示值一般是指正弦量的最大值。　（　　）

4. 鉴于正弦交流电路中，电流与电压的方向和大小是随时间发生变化的，因此在交流电路中引入电流、电压的参考方向是没有意义的。　　　　　　　　　　　　（　　）

5. 对于纯电阻电路来说，$i_R = u_R/R$ 的欧姆定律形式也是成立的。　　　　（　　）

6. 已知 $u_R = 100\sin(100\pi t + \pi/2)$ V，纯电阻电路 $R = 100\ \Omega$，则电流的有效值 $I_R = 10$ A。　　　　　　　　　　　　　　　　　　　　　　　　　　　　　　（　　）

7. 电感线圈在交流电路中不消耗有功功率，它是储存磁能的电路元件，只是与电源之间进行能量交换。　　　　　　　　　　　　　　　　　　　　　　　　　（　　）

8. 为了描述电感元件与电源进行能量交换的最大速率，定义无功功率 $Q_L = I_L U_L$，其单位仍采用 W。　　　　　　　　　　　　　　　　　　　　　　　　　　　　　（　　）

9. 两个同频率的正弦交流电 i_1 和 i_2，它们同时达到零值，并且同时达到峰值，则这两个交流电的相位差必是零。　　　　　　　　　　　　　　　　　　　　　　（　　）

10. 如果一个线圈的电阻的作用可以小到忽略不计，则能够把这种线圈作为纯电感电路来研究。

11. 电路如图 3-22 所示，若 $U = 8$ V，则可知 $U_L = 0$ V，$U_C = 8$ V。　　　　　　　　　　　　　　　　　　　　　　（　　）

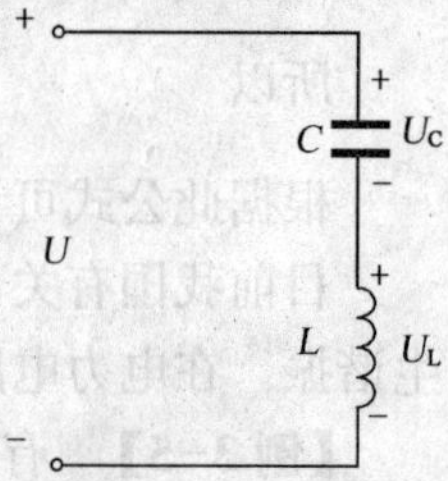

12. 电感元件电压相位超前于电流 90°，所以电路中总是先有电压后有电流。　　　　　　　　　　　　　　　　　　　　　　（　　）

13. 功率因数就是指电路中总电压与总电流之间的相位差。（　　）

14. 电感性负载并联电容后，总电流一定比原来电流小，因而电网功率因数一定会提高。　　　　　　　　　　　　　　（　　）

二、选择题

1. 若 $i_1 = 10\sin(\omega t + 30°)$ A，$i_2 = 20\sin(\omega t - 10°)$ A，则 i_1 的相位比 i_2 超前（　　）。

　A. 20°　　　　　　　B. -20°　　　　　　　C. 40°　　　　　　　D. -40°

2. 两个同频率正弦交流 i_1、i_2 的有效值各为 40 A 和 30 A。当 $i_1 + i_2$ 的有效值为 70 A 时，i_1 与 i_2 的相位差是（　　）。

　A. 0°　　　　　　　B. 180°　　　　　　　C. 90°　　　　　　　D. 270°

3. 常用电容器上标有电容量和耐压值，使用时可根据加在电容器两端电压的（　　）值来选取电容器。

　A. 有效值　　　　　B. 平均值　　　　　C. 最大值　　　　　D. 瞬时值

图 3-22

4. 图 3-23 所示波形的周期和频率分别是(　　)。

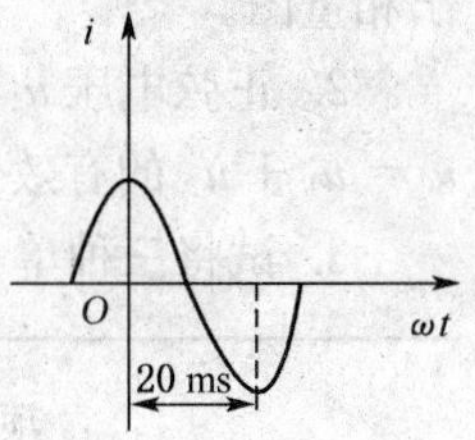

A. 10 ms、100 Hz　　　　　　　　　B. 20 ms、50 Hz

C. 5 ms、200 Hz　　　　　　　　　D. 40 ms、25 Hz

5. 提高功率因数的目的是(　　)。

A. 节约用电,增加电动机的输出功率

B. 提高电动机效率

C. 增大无功功率,减少电源的利用率

D. 减少无功功率,提高电源的利用率

图 3-23

6. 在感性负载电路中,提高功率因数最有效、最合理的方法是(　　)。

A. 串联阻性负载　　　　　　　　　B. 并联适当的电容性

C. 并联电感性负载　　　　　　　　D. 串联纯电感

7. 荧光灯所耗的电功率 $P = UI\cos\varphi$,并联适当电容器后,使电路的功率因数提高,则荧光灯消耗的电功率将(　　)。

A. 增大　　　　　　B. 减小　　　　　　C. 不变　　　　　　D. 不能确定

8. 发生 RLC 串联谐振的条件是(　　)。

A. $wL = uC$　　　　　B. $L = C$　　　　　C. $wL = \dfrac{1}{uC}$

三、填空题

1. 我国供电的工频,周期 $T = $ _____ ms,频率 $f = $ _____ Hz,角频率 $\omega = $ _____ rad/s。

2. 单相正弦交流电解析式 $i = \sin\left(100\pi t - \dfrac{\pi}{6}\right)$ A,则可知有效值 $I = $ _____ mA,周期 $T = $ _____ ms,初相位 $\varphi_{oi} = $ _____ 。

3. 如图 3-24 所示波形,则电压的解析式 $u(t) = $ _____ V。

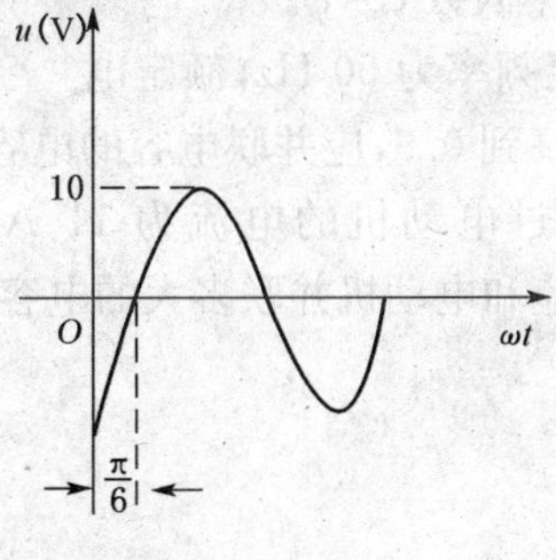

图 3-24 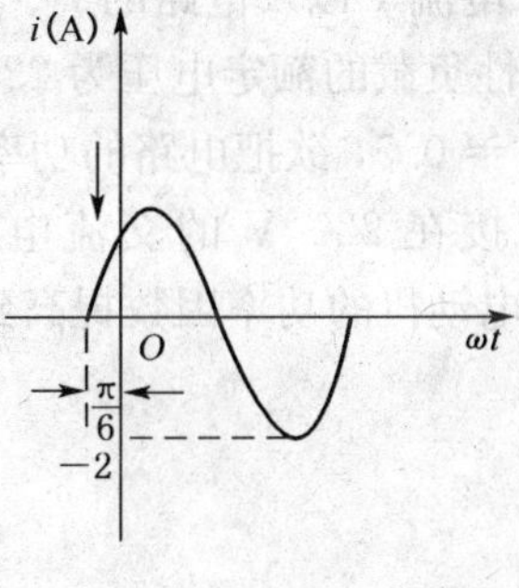　　　　　　　　　　　　图 3-25

4. 如图 3-25 所示波形,则电流的解析式 $i(t) = $ _____ A。

5. 一个电感器的电感 $L = 0.1$ H,接在工频的交流电源上,测得 $I = 2$ A,则电压 $U = $ _____ 。

6. 负载的功率因数低,给整个电路带来的不利因素表现为:一是电源设备 _____ ;二是输电线路上的 _____ 。

四、简答题

1. 已知 $u = 10\sqrt{2}\sin(314t + 45°)$ V,$i = 2\sqrt{2}\sin(314t - 30°)$ A,试写出其相量表达式并画

出相量图。

2. 正弦电压 u_1 和 u_2 的有效值分别为 $U_1 = 100\,\text{V}$，$U_2 = 60\,\text{V}$，且 u_1 超前 u_2 60°，求总电压 $u = u_1 + u_2$ 的有效值，并画出相量图。

3. 试将三种单一参数交流电路的主要结论填入下表中。

项目		参 数		
		R	L	C
电阻或电抗				
电压与电流的关系	有效值			
	相位			
	相量式			
功率	有功功率			
	无功功率			

五、计算题

1. 在图 3-26 所示电路中，已知 $u = 100\sqrt{2}\sin314t\,\text{V}$，$R = 100\,\Omega$，$L = 31.8\,\text{mH}$，$C = 318\,\mu\text{F}$。求开关 S 分别合向 a、b、c 位置时，电流 I 和各元件的有功功率和无功功率。

2. 在 RLC 串联电路中，已知 $R = 50\,\Omega$，$L = 0.8\,\text{H}$，$C = 10\,\mu\text{F}$，电源端电压，$u = 220\sqrt{2}\sin(314t + 30°)\,\text{V}$，试求电路中电流 $\dot{I}$ 和电压 $\dot{U}_R$、$\dot{U}_L$ 和 $\dot{U}_C$，并画出相量图。

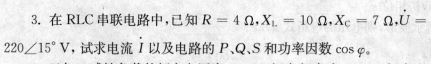

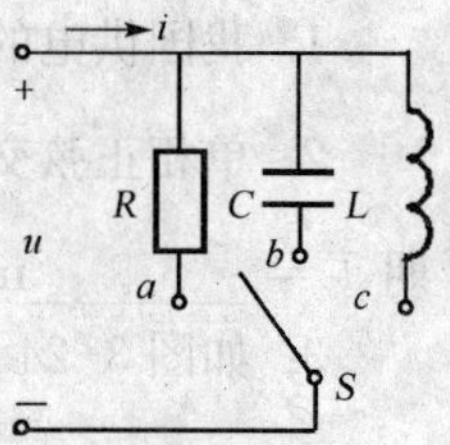

3. 在 RLC 串联电路中，已知 $R = 4\,\Omega$，$X_L = 10\,\Omega$，$X_C = 7\,\Omega$，$\dot{U} = 220\angle15°\,\text{V}$，试求电流 $\dot{I}$ 以及电路的 P、Q、S 和功率因数 $\cos\varphi$。

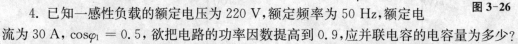

图 3-26

4. 已知一感性负载的额定电压为 220 V，额定频率为 50 Hz，额定电流为 30 A，$\cos\varphi_1 = 0.5$，欲把电路的功率因数提高到 0.9，应并联电容的电容量为多少？

5. 某电动机接在 220 V 的交流电源上，通过电动机的电流为 11 A，其输入功率为 1.21 kW，若要将电动机的功率因数提高到 0.91，应和电动机并联多大的电容？

三相电路

目前世界上交流电所采用的供电方式绝大多数是三相制。作为生产用电中最主要的负载,交流电动机大多数是三相。本模块内容主要介绍三相对称正弦交流电源的产生、连接和电能的输送方式;三相负载的连接和特点;三相正弦交流电路的分析与计算。

项目一 三相电压

三相正弦交流电是由三相交流发电机产生的,图 4-1 是三相交流发电机的原理图。定子铁心的内圆周表面有冲槽,用来放置三相定子(电枢)绕组。每个绕组都是相同的,它们的始端标为 A、B、C,末端标为 X、Y、Z。每个绕组的两边放在相应的定子铁心的槽内,3 个绕组的始端之间彼此相隔 120°。磁极是转子,是可以转动的。当转子在原动机的带动下,以均匀速度按顺时针方向转动时,每相定子绕组依次切割磁力线。定子绕组中产生频率相同,幅值相等的正弦电动势 e_A、e_B 及 e_C。3 个电动势的参考方向由定子绕组的末端指向始端。

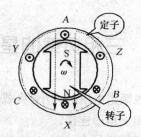

图 4-1 三相交流发电机的原理图

假定三相发电机的初始位置如图 4-1 所示,产生的电动势幅值为 E_m,频率为 ω,E 是有效值。如果以 A 相为参考,则可得出

$$\begin{cases} e_A = E_m \sin\omega t \ \text{V} \\ e_B = E_m \sin(\omega t - 120°) \ \text{V} \\ e_C = E_m \sin(\omega t + 120°) \ \text{V} \end{cases}$$

用相量可表示为

$$\begin{cases} \dot{E}_A = E\angle 0° \text{ V} \\ \dot{E}_B = E\angle -120° \text{ V} \\ \dot{E}_C = E\angle 120° \text{ V} \end{cases}$$

其对应的正弦波形和相量如图4-2所示。

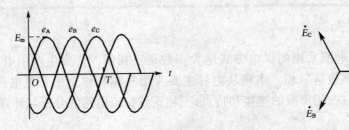

图4-2 正弦波形和相量图

如上面所述,三相电动势的大小相等,频率相同,彼此间的相位差也相等(120°),这3个电动势称为三相对称电动势。

提示:从相量图很显然可得到这样的结论:三相对称电动势在任一时刻的和为零。

即
$$e_A + e_B + e_C = 0$$

或
$$\dot{E}_A + \dot{E}_B + \dot{E}_C = 0$$

三相交流电出现正幅值(或相应零值)的顺序称为相序。图4-2中三相交流电中的相序为 $A \rightarrow B \rightarrow C$,称为正序(或顺序)。若相序为 $C \rightarrow B \rightarrow A$,则称为逆序(或反序)。

提示:相序是三相交流电应用中一个值得注意的问题。本书中若无特别说明,相序均为正序。

项目二 三相负载的星形连接

在三相四线制电路中,根据负载额定电压的大小,负载以恰当的形式连接到三相电源上。负载的连接形式有两种:星形连接和三角形连接。

如图4-3所示,将三相负载的末端连接在一起,这个连接点用 N' 表示,与三相电源的中性点 N 相连,三相负载的首端分别接到3根火线上,这种连接形式称为三相负载的星形连接,每相负载的阻抗为 Z_A、Z_B、Z_C。此时每相负载的额定电压等于电源的相电压。

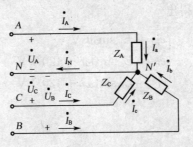

图4-3 三相负载的星形连接

三相电路中流过火线的电流 i_A、i_B、i_C 称为线电流,其有效值用 I_L 表示;流过负载的电流 i_a、i_b、i_c 称为相电流,其有效值用 I_P 表示。显然

$$\begin{cases} i_a = i_A \\ i_b = i_B \\ i_c = i_C \end{cases}$$

当 $Z_A = Z_B = Z_C = Z$ 时,称为三相对称负载。

由三相对称负载组成的三相电路称为三相对称电路,否则为三相不对称电路。

1. 三相负载不对称的情况

在三相负载不对称的情况下,对于三相电路的计算,应每相电路分别计算。以电源 A 相相电压为参考相量,有

$$\dot{U}_A = U_P \angle 0° \text{ V}, \dot{U}_B = U_P \angle -120° \text{ V}, \dot{U}_C = U_P \angle 120° \text{ V}$$

则

$$\dot{I}_A = \frac{\dot{U}_A}{Z_A} = \frac{U_P \angle 0°}{|Z_A| \angle \varphi_A} = \frac{U_P}{|Z_A|} \angle -\varphi_A$$

$$\dot{I}_B = \frac{\dot{U}_B}{Z_B} = \frac{U_P \angle -120°}{|Z_B| \angle \varphi_B} = \frac{U_P}{|Z_B|} \angle -120° - \varphi_B$$

$$\dot{I}_C = \frac{\dot{U}_C}{Z_C} = \frac{U_P \angle 120°}{|Z_C| \angle \varphi_C} = \frac{U_P}{|Z_C|} \angle 120° - \varphi_C$$

中性线中的电流可按图 4-3 所示参考方向,根据基尔霍夫定律得到:

$$\dot{I}_N = \dot{I}_A + \dot{I}_B + \dot{I}_C$$

2. 三相负载对称的情况

三相负载对称,即

$$Z_A = Z_B = Z_C = Z = |Z| \angle \varphi$$

同样,以电源 A 相相电压为参考相量:

$$\dot{U}_A = U_P \angle 0° \text{ V}, \dot{U}_B = U_P \angle -120° \text{ V}, \dot{U}_C = U_P \angle 120° \text{ V}$$

所以

$$\dot{I}_A = \frac{\dot{U}_A}{Z_A} = \frac{U_P \angle 0°}{|Z| \angle \varphi} = \frac{U_P}{|Z|} \angle -\varphi$$

$$\dot{I}_B = \frac{\dot{U}_B}{Z_B} = \frac{U_P \angle -120°}{|Z| \angle \varphi} = \frac{U_P}{|Z|} \angle -120° - \varphi$$

$$\dot{I}_C = \frac{\dot{U}_C}{Z_C} = \frac{U_P \angle 120°}{|Z| \angle \varphi} = \frac{U_P}{|Z|} \angle 120° - \varphi$$

可见: $\dot{I}_A$、$\dot{I}_B$、$\dot{I}_C$ 大小相等,频率相同,彼此间相位差等于 $120°$,称之为三相对称电流。此

时，$\dot{I}_N = \dot{I}_A + \dot{I}_B + \dot{I}_C = 0$。

其电压、电流相量如图 4-4 所示。

中性线中没有电流通过，可以去掉中线性，如图 4-5 所示。这就是三相三线制供电电路。在实际生产中，三相负载（如三相电动机）一般都是对称的，因此，三相三线制电路在工业生产中较常见。

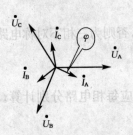

图 4-4 对称负载的电压、电流相量图

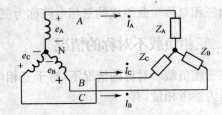

图 4-5 三相三线制电路

由于对称负载的电压和电流都是对称的，因此在负载对称的三相电路中，只需要计算一相电路即可。

【例 4-1】 图 4-5 所示星形连接的三相负载，每相负载的电阻 $R = 5\ \Omega$，感抗 $X_L = 8\ \Omega$。电源电压对称，设 $u_{AB} = 380\sqrt{2}\sin(\omega t + 30°)\text{V}$，试求各线电流。

【解】 因为负载对称，只需计算一相（如 A 相）即可。

$$U_A = \frac{U_{AB}}{\sqrt{3}} = \frac{380}{\sqrt{3}} = 220\ \text{V}$$

u_A 比 u_{AB} 滞后 30°，即

$$u_A = 220\sqrt{2}\sin\omega t\ \text{V}$$

A 相线电流

$$I_A = \frac{U_A}{|Z_A|} = \frac{220}{\sqrt{6^2 + 8^2}} = 22\ \text{A}$$

i_A 比 u_A 滞后 φ 角，即

$$\varphi = \arctan\frac{X_L}{R} = \arctan\frac{8}{6} = 53°$$

所以

$$i_A = 22\sqrt{2}\sin(\omega t - 53°)\ \text{A}$$

因为电流对称，其他两相的电流则为

$$i_B = 22\sqrt{2}\sin(\omega t - 53° - 120°) = 22\sqrt{2}\sin(\omega t - 173°)\ \text{A}$$

$$i_C = 22\sqrt{2}\sin(\omega t - 53° + 120°) = 22\sqrt{2}\sin(\omega t + 67°)\ \text{A}$$

【例4-2】 如图4-6所示,已知三相电源的线电压 $\dot{U}_{AB} = 380\angle30°$ V,阻抗 $Z_A = 10\angle37°\ \Omega, Z_B = 10\angle30°\ \Omega, Z_C = 10\angle53°\ \Omega$。求各线电流和中线电流。

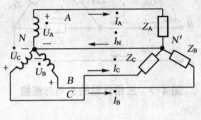

图4-6

【解】 在负载不对称的情况下,每相负载单独计算。显然,每相负载两端的电压与对应的电源相电压相等。

$$\dot{U}_{AB} = 380\angle30°\ \text{V}$$

则 $\dot{U}_A = 220\angle0°\ \text{V}, \dot{U}_B = 220\angle-120°\ \text{V}, \dot{U}_C = 220\angle120°\ \text{V}$

所以 $\dot{I}_A = \dfrac{\dot{U}_A}{Z_A} = \dfrac{220\angle0°}{10\angle37°} = 22\angle-37°\ \text{A}$

$\dot{I}_B = \dfrac{\dot{U}_B}{Z_B} = \dfrac{220\angle-120°}{10\angle30°} = 22\angle-150°\ \text{A}$

$\dot{I}_C = \dfrac{\dot{U}_C}{Z_C} = \dfrac{220\angle120°}{10\angle53°} = 22\angle67°\ \text{A}$

$\dot{I}_N = \dot{I}_A + \dot{I}_B + \dot{I}_C$
$= 22\angle-37° + 22\angle-150° + 22\angle67°$
$= 17.57 - j13.24 - 19.05 - j11 + 8.6 + j20.25$
$= 7.12 - j3.99 = 8.18\angle-29.5°\ \text{A}$

提示:(1) 负载不对称而且没有中性线时,负载两端的电压就不对称,则必将引起有的负载两端电压高于负载的额定电压,有的负载两端电压却低于负载的额定电压,负载无法正常工作。

(2) 中性线的作用在于使星形连接的不对称负载的两端电压对称。不对称负载的星形连接一定要有中性线;这样,各相相互独立,一相负载的短路或开路,对其他相无影响,例如照明电路。因此,中性线(指干线)上不能接入熔断器或闸刀开关。

项目三 三相负载的三角形连接

如图4-7所示的三相负载的连接形式,称为三相负载的三角形连接。在此连接形式中,负载的额定电压等于电源线电压。

当 $Z_{AB} = Z_{BC} = Z_{CA} = Z$ 时,称为三相负载对称,否则,三相负载不对称。

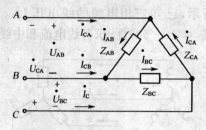

图 4-7　三相负载的三角形连接

1. 三相负载不对称的情况

三相负载不对称时,三相电路的每相负载需分别进行计算。

$$\begin{cases} \dot{I}_{AB} = \dfrac{\dot{U}_{AB}}{Z_{AB}} \\[2ex] \dot{I}_{BC} = \dfrac{\dot{U}_{BC}}{Z_{BC}} \\[2ex] \dot{I}_{CA} = \dfrac{\dot{U}_{CA}}{Z_{CA}} \end{cases}$$

$$\begin{cases} \dot{I}_{A} = \dot{I}_{AB} - \dot{I}_{CA} \\[1ex] \dot{I}_{B} = \dot{I}_{BC} - \dot{I}_{AB} \\[1ex] \dot{I}_{C} = \dot{I}_{CA} - \dot{I}_{BC} \end{cases}$$

2. 三相负载对称的情况

三相负载对称时,即: $Z_{AB} = Z_{BC} = Z_{CA} = Z = |Z| \angle \varphi$

以电源线电压为参考相量,即

$$\dot{U}_{AB} = U_L \angle 0° \text{ V}, \dot{U}_{BC} = U_L \angle -120° \text{ V}, \dot{U}_{CA} = U_L \angle 120° \text{ V}$$

则相电流为　　$\dot{I}_{AB} = \dfrac{\dot{U}_{AB}}{Z_{AB}} = \dfrac{U_L \angle 0°}{|Z| \angle \varphi} = \dfrac{U_L}{|Z|} \angle -\varphi$

$$\dot{I}_{BC} = \dfrac{\dot{U}_{BC}}{Z_{BC}} = \dfrac{U_L \angle -120°}{|Z| \angle \varphi} = \dfrac{U_L}{|Z|} \angle -120° - \varphi$$

$$\dot{I}_{CA} = \dfrac{\dot{U}_{CA}}{Z_{CA}} = \dfrac{U_L \angle 120°}{|Z| \angle \varphi} = \dfrac{U_L}{|Z|} \angle 120° - \varphi$$

显然, $\dot{I}_{AB}$、$\dot{I}_{BC}$、$\dot{I}_{CA}$ 也是三相对称电流。根据基尔霍夫电流定律,可得到 3 个线电流

$$\begin{cases} \dot{I}_{A} = \dot{I}_{AB} - \dot{I}_{CA} = \sqrt{3}\,\dot{I}_{AB}\angle -30° \\ \dot{I}_{B} = \dot{I}_{BC} - \dot{I}_{AB} = \sqrt{3}\,\dot{I}_{BC}\angle -30° \\ \dot{I}_{C} = \dot{I}_{CA} - \dot{I}_{BC} = \sqrt{3}\,\dot{I}_{CA}\angle -30° \\ I_{l} = \sqrt{3}I_{P} \end{cases}$$

相量图如图 4-8 所示。

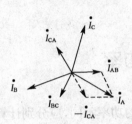 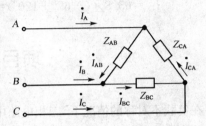

图 4-8 线电流和相电流的相量图   图 4-9

【例 4-3】 如图 4-9 所示,阻抗 $Z_{AB} = Z_{BC} = (8+j6)\Omega$，$Z_{CA} = (6+j8)\Omega$。求:三相电路中的相电流和线电流。(已知电源线电压 $U_{l} = 380\text{ V}$)

【解】 以电源线电压为参考相量,即有

$$\dot{U}_{AB} = 380\angle 0°\text{ V}, \dot{U}_{BC} = 380\angle -120°\text{ V}, \dot{U}_{CA} = 380\angle 120°\text{ V}$$

$$\dot{I}_{AB} = \frac{\dot{U}_{AB}}{Z_{AB}} = \frac{380\angle 0°}{8+j6} = \frac{380\angle 0°}{10\angle 37°} = 38\angle -37°\text{ A}$$

$$\dot{I}_{BC} = \frac{\dot{U}_{BC}}{Z_{BC}} = \frac{380\angle -120°}{8+j6} = \frac{380\angle -120°}{10\angle 37°} = 38\angle -157°\text{ A}$$

$$\dot{I}_{CA} = \frac{\dot{U}_{CA}}{Z_{CA}} = \frac{380\angle 120°}{6+j8} = \frac{380\angle 120°}{10\angle 53°} = 36\angle 67°$$

根据基尔霍夫电流定律

$$\dot{I}_{A} = \dot{I}_{AB} - \dot{I}_{CA} = 15.5 - j57.85 = 59.9\angle -75°\text{A}$$

同理:

$$\dot{I}_{B} = \dot{I}_{BC} - \dot{I}_{AB} = 65.8\angle -7°\text{ A}$$

$$\dot{I}_{C} = \dot{I}_{CA} - \dot{I}_{BC} = 70.5\angle 45°\text{ A}$$

【例 4-4】 图 4-9 所示负载对称的三角形连接电路,已知线电压 $\dot{U}_{AB} = 380\angle 0°\text{ V}$，各相负载阻抗相同,均为 $Z = 10\angle 37°\ \Omega$。求:电路中的相电流和线电流。

【解】 由于是三相对称电路,因此,相电流是对称的,线电流也是对称的。

由 $\quad \dot{I}_{AB} = \dfrac{\dot{U}_{AB}}{Z} = \dfrac{380\angle 0°}{10\angle 37°} = 38\angle -37° \text{ A}$

所以 $\quad \dot{I}_{BC} = 38\angle -157° \text{A}, \dot{I}_{CA} = 38\angle 83° \text{A}$

$\dot{I}_A = \sqrt{3}\dot{I}_{AB}\angle -30° = \sqrt{3}\times 38\angle(-37°-30°) = 65.8\angle -67° \text{A}$

$\dot{I}_B = 65.8\angle(-157°-30°) = 65.8\angle -187° = 65.8\angle 173° \text{A}$

$\dot{I}_C = 65.8\angle(-67°+120°) = 65.8\angle 53° \text{A}$

项目四　三相功率

在负载不对称的情况下,三相电路中每相负载消耗的功率不同,应分别计算。三相电路的有功功率应为各相负载的有功功率之和。对于负载星形连接的三相电路,有以下关系:

$$P = P_A + P_B + P_C$$
$$= U_A I_A \cos\varphi_A + U_B I_B \cos\varphi_B + U_C I_C \cos\varphi_C$$

其中,φ_A、φ_B、φ_C 分别为 A 相、B 相、C 相负载的阻抗角。

对于负载三角形连接的三相电路,有

$$P = P_{AB} + P_{BC} + P_{CA}$$
$$= U_{AB} I_{AB} \cos\varphi_{AB} + U_{BC} I_{BC} \cos\varphi_{BC} + U_{CA} I_{CA} \cos\varphi_{CA}$$

其中,φ_{AB}、φ_{BC}、φ_{CA} 分别是 AB 相、BC 相、CA 相负载的阻抗角。

在负载对称的三相电路中,每相负载的有功功率相同。因此,三相电路的有功功率为每相负载有功功率的 3 倍。对于负载星形连接的三相对称电路有

$$P = 3P_A = 3U_A I_A \cos\varphi = 3U_P I_P \cos\varphi$$

又由 $\qquad\qquad U_P = \dfrac{1}{\sqrt{3}}U_l, I_P = I_l$

有 $\qquad\qquad P = 3 \cdot \dfrac{1}{\sqrt{3}}U_l I_l \cos\varphi = \sqrt{3}U_l I_l \cos\varphi$

其中,φ 为每相负载阻抗的阻抗角,也即为该相负载两端电压与流过该负载的相电流的相位差。对于负载为三角形连接的三相对称电路,有以下关系:

$$P = 3P_{AB} = 3U_{AB} I_{AB} \cos\varphi = 3U_l I_P \cos\varphi$$

由 $\qquad\qquad I_P = \dfrac{1}{\sqrt{3}}I_l$

有 $\qquad\qquad P = 3U_l \cdot \dfrac{1}{\sqrt{3}}I_l \cos\varphi = \sqrt{3}U_l I_l \cos\varphi$

同理,φ 为每相负载阻抗的阻抗角。

提示：只要是三相对称电路，三相有功功率 $P = \sqrt{3}U_l I_l \cos\varphi$。

同理，三相对称电路的三相无功功率 $Q = \sqrt{3}U_l I_l \sin\varphi$

三相对称电路的三相视在功率 $S = \sqrt{3}U_l I_l$

【例 4-5】 电路如图 4-10 所示，三相负载星形连接电路，已知三相电源的线电压 $\dot{U}_{AB} = 380\angle30° \text{ V}$，阻抗 $Z_A = 20\angle37° \Omega$，$Z_B = 20\angle30° \Omega$，$Z_C = 20\angle53° \Omega$。求：三相功率 P。

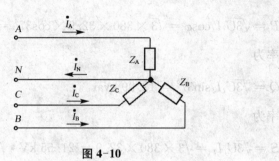

图 4-10

【解】 由 $\dot{U}_{AB} = 380\angle30° \text{ V}$，可得

$$\dot{U}_A = 220\angle0° \text{ V}, \dot{U}_B = 220\angle-120° \text{ V}, \dot{U}_C = 220\angle120° \text{ V}$$

$$\dot{I}_A = \frac{\dot{U}_A}{Z_A} = \frac{220\angle0°}{20\angle37°} = 11\angle-37° \text{ A}$$

$$P_A = U_A I_A \cos\varphi_A = 220 \times 11 \times \cos37° = 1.93 \text{ kW}$$

$$\dot{I}_B = \frac{\dot{U}_B}{Z_B} = \frac{220\angle-120°}{20\angle30°} = 11\angle-150° \text{ A}$$

$$P_B = U_B I_B \cos\varphi_B = 220 \times 11 \times \cos30° = 2.10 \text{ kW}$$

$$\dot{I}_C = \frac{\dot{U}_C}{Z_C} = \frac{220\angle120°}{20\angle53°} = 11\angle67° \text{ A}$$

$$P_C = U_C I_C \cos\varphi_C = 220 \times 11 \times \cos53° = 1.46 \text{ kW}$$

有三相电路的有功功率为

$$P = P_A + P_B + P_C = 5.49 \text{ kW}$$

【例 4-6】 在线电压 $U_l = 380 \text{ V}$ 的三相电源上接入一个对称的三角形连接的负载，每相负载阻抗 $Z = (16+j12)\Omega$。求：负载的相电流、线电流和三相有功功率 P、三相无功功率 Q、三相视在功率 S。

【解】 负载三角形连接时，负载两端的电压大小等于电源的线电压的大小。

负载阻抗是

$$Z = (16+j12) = 20\angle37° \Omega$$

因此，相电流是

$$I_P = \frac{U_l}{|Z|} = \frac{380}{20} = 19 \text{ A}$$

线电流是

$$I_l = \sqrt{3}I_P = 32.9 \text{ A}$$

三相有功功率为

$$P = \sqrt{3}U_lI_l\cos\varphi = \sqrt{3} \times 380 \times 32.9 \times \cos37° = 17.32 \text{ kW}$$

三相无功功率为

$$Q = \sqrt{3}U_lI_l\sin37° = 12.99 \text{ kvar}$$

三相视在功率为

$$S = \sqrt{3}U_lI_l = \sqrt{3} \times 380 \times 32.9 = 21.65 \text{ kV} \cdot \text{A}$$

习 题

一、判断题

1. 三相三线制供电系统中,只有当负载对称时,3 个线电流之和才等于零。 （　　）
2. 对称三相负载的总视在功率为一相负载视在功率的 3 倍。 （　　）
3. 凡是三相电路,其总有功功率总是等于一相电路有功功率的 3 倍。 （　　）
4. 三相四线制中,两中性点间电压为零,中线电流一定为零。 （　　）
5. 只有负载星形连接且对称的三相电路,负载的线电流才等于相电流。 （　　）
6. 三相负载三角形连接时,测出各线电流都相等,则各项负载必然对称。 （　　）
7. 负载做星形连接时,线电流必等于相电流。 （　　）
8. 三相交流电的相电压一定大于线电压。 （　　）
9. 对称三相负载做星形连接时,中线电流为零。 （　　）
10. 开关一定要接在相线(即火线)上。 （　　）

二、选择题

1. 三相负载不对称时应采用的供电方式为(　　)。

A. 三角形连接　　　　　　　　　　　B. 星形连接

C. 星形连接并加装中线　　　　　　　D. 星形连接并在电线上加装保险丝

2. 在计算三相对称负载有功功率的公式中,角度 φ 是指(　　)。

A. 相电压与相电流的相位差　　　　　B. 线电压与相电流的相位差

C. 相电压与线电流的相位差　　　　　D. 线电压与线电流的相位差

3. 三相额定电压为 220 V 的电热丝,接到线电压 380 V 的三相电源上,最佳接法是(　　)。

A. 三角形连接　　　B. 星形连接无中线　　　C. 星形连接有中线

4. 对称三相四线制供电线路,若端线上的一根保险丝熔断,则保险丝两端的电压为(　　)。

A. 线电压   B. 相电压

C. 相电压＋线电压   D. 线电压的一半

5. 在对称三相四线制供电线路上,每相负载连接相同的白炽灯(正常发光),当中线断开时,将会出现(　　)。

A. 3 个白炽灯都变暗

B. 3 个白炽灯都应过亮而被烧坏

C. 仍能正常发光

三、填空题

1. 对称三相负载原来是星形连接时总功率为 10 kW,线电流为 2 A。现若改为三角形连接接到同一个对称三相电源上,则总功率为_____ kW,线电流为_____ A。

2. 负载做星形连接的三相四线制电路中,各项负载所承受的电压为电源的_____,各项负载的相电流与线电流的关系是_____。

3. 目前,我国低压三相四线制供电线路供给用户的相电压是_____,线电压是_____。

4. 在工厂供电的三相负载中,按其每相所接负载不同,可分为_____三相负载和_____三相负载两种情况。

5. 三相照明线路必须采用_____制连接的电路。

6. 我国供电系统可提供相、线两种电压。日常生活中民用交流电压 220 V 是指交流电源的_____电压;工厂企业用交流电压 380 V 是指_____电压。

7. 在负载星形连接的三相电路中,中线起的作用是_____。

四、计算题

1. 图 4-11 所示电路,负载阻抗 $Z = (6+j8)\Omega$,电源线电压 $\dot{U}_{AB} = 380\angle 30° \text{V}$。求相电流 $\dot{I}_{AB}$ 和线电流 $\dot{I}_A$,计算电路的三相功率 P、Q、S 的值。

2. 如图 4-12 所示电路,已知 $Z = (25 + j25)\Omega$,三相四线制电源相电压 $u_A = 220\sqrt{2}\sin 314t \text{ V}$,求电流 i_A,并画出 $\dot{U}_{AB}$、$\dot{U}_A$ 和 $\dot{I}_A$ 的相量图。

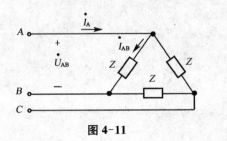

图 4-11

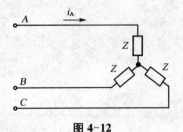

图 4-12

3. 如图 4-13 所示电路,阻抗 $Z_1 = Z_2 = (8+j6)\Omega$,阻抗 $Z_3 = (6+j8)\Omega$,求三相电路中所有的相电流和线电流。已知电压 $\dot{U}_{AB} = 380\angle 30° \text{V}$。

4. 如图 4-14 所示电路,在三相对称电源上接入了一组不对称的 Y 形连接的电阻负载,已知 $Z_1 = 20.17\ \Omega$,$Z_2 = 24.2\ \Omega$,$Z_3 = 60.5\ \Omega$,$\dot{U}_A = 220\angle 0° \text{V}$,求电路中各线电流。

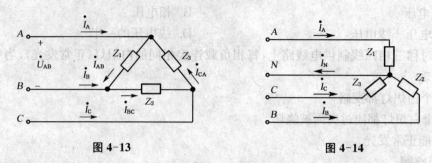

图 4-13   图 4-14

5. 在图 4-15 所示电路中,三相四线制电路上接有对称星形连接的白炽灯负载,其总功率为 180 W。此外,在 C 相上接有额定电压为 220 V、功率为 40 W、功率因数 $\cos\varphi = 0.5$ 的日光灯 1 只。试求电流 $\dot{I}_A$、$\dot{I}_B$、$\dot{I}_C$ 和 $\dot{I}_N$。设 $\dot{U}_A = 220\angle 0°$ V。

6. 在线电压为 380 V 的三相电源上,接 2 组电阻性对称负载,如图 4-16 所示,试求线路电流 I。

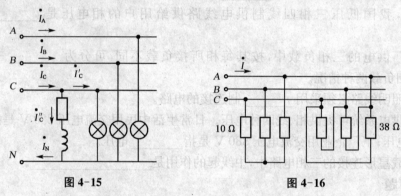

图 4-15   图 4-16

模块五

工业企业供电与安全用电

随着工农业、国防和科学技术的电气化和自动化水平迅速提高，城乡人民物质文化生活的日益丰富，人们接触电的机会日益增加。在这种情况下，学习安全用电常识，减少和避免各种电气不安全事故的发生已显得十分必要。本模块将就这方面的内容作些简要的介绍，了解安全用电的基本知识，重视安全用电。

项目一　工业企业输电和配电

1. 发电和输电

发电厂按照所利用的能源种类可分为水力、火力、风力、核子能、太阳能及沼气等几种。世界各国主要是水力发电厂和火力发电厂。近二十多年来，核电站也发展得很快。

各种发电厂中的发电机几乎都是三相交流发电机。我国生产的交流发电机的电压等级有 400/230 V 和 3.15 kV、6.3 kV、10.5 kV、13.8 kV、15.75 kV、18 kV 等多种。

大中型发电厂大多建在水力资源丰富的地区或产煤地区附近，距离用电地区往往是几十公里、几百公里甚至一千公里以上，所以发电厂生产的电能要用高压输电线输送到用电地区，然后再降压分配给各用户。电能从发电厂传输到用户，要通过导线系统，这个系统称为电力网，图 5-1 所示的是一例输电线路。

电力网的供电质量可以由以下指标来评判：

（1）电力网的供电电压要稳定。1983 年 8 月颁布的我国《全国供用电规则》规定用户受电端的电压变动幅度不得超过：

35 kV 及以上和对电压质量有特殊要求的用户为额定电压的 ±5%；

10 kV 及以下高压供电和低压电力用户为额定电压的 ±7%；

低压照明用户为额定电压的 +5%、−10%。

（2）正常情况下，交流供电频率为 50 Hz。如果频率发生上下波动，则交流电动机的转速也会上下波动。《全国供用电规则》规定，供电局供电频率的允许偏差为：

电网容量在 300 kV 及以上者，为 ±0.2 Hz；

电网容量在 300 kV 及以下者，为 ±0.5 Hz。

（3）供电可靠性也是供电质量的一个重要指标。对于不能停

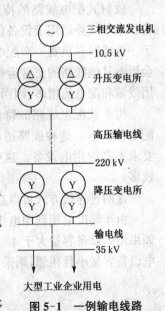

图 5-1　一例输电线路

三相交流发电机
10.5 kV
升压变电所
高压输电线
220 kV
降压变电所
输电线
35 kV
大型工业企业用电

电的工厂、医院等重要用电场所应由两条线路供电。

为了节约电能,必须做到送电距离越远,输电线的电压就要越高。我国国家标准中规定输电线的额定电压为 35 kV、110 kV、220 kV、330 kV 和 500 kV 等。

2. 配电系统

配电系统是工业企业和城乡居民供电的重要组成部分。下面以工业企业供电为例来阐述配电过程。

大型工业企业设有中央变电所和车间变电所。变电所内通常装有变压器、配电设备(包括开关和电工测量仪表等)以及控制设备(包括控制电器、电工测量仪表和信号器等)。中央变电所接受送来的电能,然后分配到各车间,再由车间变电所将电能分配给各配电箱,各配电箱再将电能输送给所管辖的用电设备。通常,工业企业配电系统主要由高压配电线路、变电所、低压配电线路等部分组成,如图 5-2 所示。高压配电线路的额定电压有 3 kV、6 kV 和 10 kV 三种,而低压配电线路的额定电压是 380/220 V。这是因为工厂用电设备繁多,而且各设备所使用的额定电压相差甚大,如大功率电动机的额定电压可达 3 000～6 000 V,而机床局部照明设备的额定电压只有 36 V。

中央变电所一般进线电压为 35 kV,它的任务是经过降压变压器,将 35 kV 的电压降为 (3～10)kV 的电压,再分配给车间的高压用电设备和车间变电所。这属于高压配电线路。

车间变电所一般进线电压为 (3～10)kV,其任务是经过降压变压器,将 (3～10)kV 的电压降低为 380 V/220 V 的电压,以供低压用电设备之用。

通常,由变电所输出的线路不会直接连接到用电设备,而是必须经过车间配电箱。车间配电箱是放在地面上的一个金属柜,其中装有闸刀开关和管状熔断器,起通断电源和短路保护作用。配出线路有 4～8 个不等。

从车间变电所到车间配电箱的线路就属于低压配电线路。其连接方式主要是放射式和树干式,如图 5-2 所示。

放射式配电线路的特点是由车间变电所的低压配电瓶引出若干独立线路到各个用电设备。这种线路适用于设备位置稳定但分散、设备容量大、对供电可靠性要求高的用电设备。由于一条线路只负责一个配电箱,所以,当某条线路发生故障时只需切断该线路进行检修,而不会影响其他线路的正常运行,从而保证了供电的高可靠性。但是,由于独立的干线太多,导致用线量和配电箱增多,因而初期投资大。

树干式配电线路的特点是由车间变电所的低压配电瓶引出的线路同时向几个相邻的配电箱供电。这种线路适用于分布集中且位于变电所同一侧的用电设备,或适用于对供电要求不高的用电设备。这种线路可以节约用线量,但是一旦有故障发生,受影响的负载比较多。

这两种连接方式可以在同一线路中根据实际情况混合使用。

由车间配电箱到用电设备的连接方式可分为独立连接和链状连接,如图 5-3 所示。通常,如果用电设备容量大于 4.5 kW,则采用独立连接方式,将用电设备单个接到配电箱上;如果用电设备容量小且相邻,则采用链状连接方式,但同一链状连接的设备不超过 3 个。

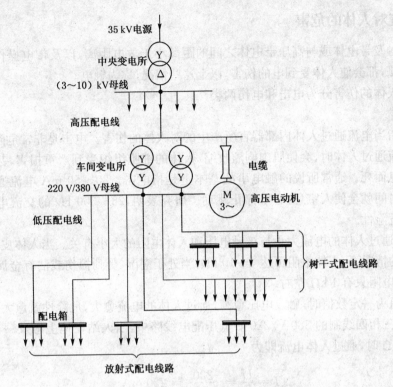

图 5-2　大型工业企业供电示意图

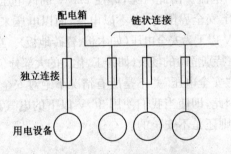

图 5-3　用电设备和配电箱之间的线路

项目二　安全用电

为了有效安全地使用电能,除了要认识和掌握电的性能及其客观规律外,还必须了解安全用电知识、技术及措施。如果对于电能及其电气设备使用不合理、安装不妥当、维修不及时或违反电气操作规程等,则可能造成停电停产、损坏设备、引起火灾,甚至造成人身伤亡等严重事故,因此必须十分重视安全用电知识和安全用电措施。

1. 电流对人体的危害

当人体触及带电体或与高压带电体之间的距离小于放电距离,以及带电操作不当时所引起的强烈电弧,都会使人体受到电的伤害,以上这些情况,称为触电。

电流对人体的伤害分为电击和电伤两类。

(1) 电击

电击是指当电流通过人体内部器官所产生的对人体的伤害。电击是非常危险的。当有一定强度的电流通过人体时,会使肌肉剧烈收缩,人体的细胞组织受到严重损害,甚至使心脏停止跳动或窒息而死。通常所说的触电事故基本上是指电击。30~50 mA 电流通过人体心脏只要很短的时间就会使人窒息,心脏停止跳动。研究表明,25~300 Hz 的交流电比其他频率的电流更具危险性。

触电时,通过人体的电流大小与接触电压和人体电阻的大小有关。当人体皮肤处于干燥、清洁和无损的情况下,人体电阻可达 4~10 kΩ;当处于潮湿、受到损伤或沾有金属或其他导电粉尘时,人体电阻只有 1 kΩ 左右。

人体电阻为一定数值时,触及电压愈高,通过人体的电流愈大,危险性就愈大。

例如,在三相四线制的 380 V/220 V 低压配电线路中,当人站在地上触及一根火线,人体电阻为 1 000 Ω 时,通过人体电流即为

$$I = \frac{U}{R} = \frac{220}{1\ 000} = 220\ \text{mA}$$

这远远超过使人致死的电流。由此可见,即使 220 V 的低电压也能够造成触电死亡。

在实际工作中,我们确定安全界限时,常不以电流,而以电压来区分。根据环境条件不同,50 Hz 交流电一般规定为 36 V 以下为安全电压(如木板、瓷砖地板)。在泥土、钢筋混凝土建筑物中规定为 24 V 为安全电压。在特别危险的场所(如铸工、化工的大部分车间),安全电压规定为 12 V。

应当注意,这里所指的"安全电压"并不是所有情况下绝对安全,只不过在一般情况下触电死亡的可能性小些罢了。因此,即使当我们使用 36 V 以下的电气设备时,在安装和操作使用上也必须符合规程要求,否则还是不安全的。

(2) 电伤

电流的热效应、化学效应或机械效应对人体外部造成的局部伤害,包括电弧烧伤、烫伤、电烙印,都称电伤。如强烈电弧引起人体的灼伤、强烈电弧的放射作用引起眼睛失明、触电者自高处跌下所导致的摔伤、人体接触电流时皮肤表面引起的烙伤等都是电伤。

2. 触电方式

按照人体触及带电体的方式和电流通过人体的途径,触电方式大致有三种,即单相触电、两相触电和跨步触电。

(1) 单相触电

指人体在地面或其他接地导体上,人某一部位触及一相带电体的触电事故。触电大部分都是单相触电事故。单相触电又分中性点接地系统单相触电(如图 5-4(a)所示)和中性点不接地系统单相触电(如图 5-4(b)所示)。一般来说,前者更具危险性。

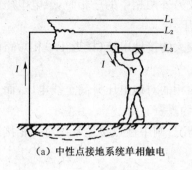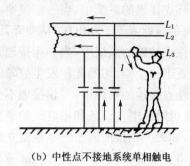

（a）中性点接地系统单相触电　　　　　（b）中性点不接地系统单相触电

图 5-4　单相触电情况

（2）两相触电

如图 5-5 所示，是指人体两处同时触及两带电体的触电事故，这种触电方式人体承受的电压更高，是最危险的触电。

（3）跨步电压触电

指人在接地点附近，由两脚之间的跨步电压引起的触电事故。当带有电的电线掉落在地面上时，以电线落地的一点为中心，画许多同心圆，这些同心圆之间有不同的电位差。跨步电压系指人站在地上具有不同对地电压的两点，在人的两脚之间所承受的电压差，见图 5-6 所示。跨步电压与跨步大小有关，人的跨步距离一般按 0.8 m 考虑。

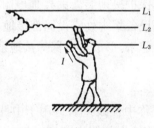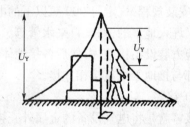

图 5-5　两相触电　　　　　　　**图 5-6　跨步电压触电**

触电事故是突发性事故，在很短的时间内造成极为严重的后果，这是必须认真注意、尽量防止的。

触电事故究其原因很多。如电气设备质量不合格、电气线路或电气设备安装不符合要求等会直接造成触电事故；电气设备运行管理不当，绝缘损坏漏电也会造成触电事故；非电工作人员处理电气事务，错误操作和违章操作等容易造成触电事故；用电现场混乱，线路错接，特别是插座接线错误更容易造成触电事故等。对于这些，应建立严格的安全用电制度和有效的安全保护措施加以防范。如安全操作规程，安全运行管理和维护检修制度以及其他有关规章制度，定期进行电气安全检查并进行经常的群众性的安全教育。

3. 防止触电的保护措施

（1）工作接地

电力系统由于运行和安全需要，常常将中性点接地，如图 5-4（a）所示。这种接地方式称为工作接地。

在中性点接地的系统中,当一相接地而人体触及另外两相中的一相时,触电电压就不会是线电压,而是接近或等于相电压,从而降低了触电电压。

在中性点接地的系统中,当一相接地时会产生较大的接地电流(接近于单相短路电流),短路保护装置迅速动作,切断此相发生故障的电路。

在中性点接地的系统中,一相接地不会使另外两相的对地电压升高至线电压,而是接近于相电压,故可降低电气设备和输电线的绝缘水平,节约投资。

当然,如果一相接地属于一显现就立即消失的情况,则中性点接地系统对一相接地的灵敏反应就显得多余,同时也不方便寻找故障和修复。

(2)保护接地和保护接零

大部分触电事故并不是由于人体直接接触到火线而造成的,而是由于人体接触到正常情况下不带电的物体而造成的。例如,电机的外壳正常情况下是不带电的,但是,如果绕组绝缘损坏,就会使得绕组与电机外壳相接触,而使电机外壳带电。人体触及带电的电气设备外壳,就相当于单相触电。为了防止此类触电事故,对电气设备通常采用保护接地和保护接零的保护装置。

① 保护接地

保护接地就是将电气设备的金属外壳接地,适用于中性点不接地的低压系统。如图5-7(a)所示,当某相绕组的绝缘损坏而使外壳带电时,由于人体电阻远大于保护接地装置的电阻,所以漏电电流几乎不从人体通过,从而防止了触电事故。

《电气安装规程》规定:1 000 V以下的电气设备,其保护接地装置的接地电阻不大于4 Ω;接地体可用埋入地下的钢管、自来水管等。通常在电气设备集中处安设局部接地体,在接地条件较好的地方装设主接地体,然后各接地体用干线连接起来,形成一个保护接地系统。凡需接地的设备都与接地干线直接相连接。

② 保护接零

保护接零就是将电气设备的金属外壳接到零线(或称中性线)上,适用于中性点接地的低压系统。如图5-7(b)所示,当某相绕组的绝缘损坏而使外壳与绕组直接短接时,就会形成单相短路,迅速使这一相的保险丝熔断,从而外壳不再带电。即使保险丝因某种情况而未熔断,也由于人体电阻远大于线路电阻,使得通过人体的电流极其微小,防止了触电事故。

为什么在中性点接地的系统中不采用保护接地呢?因为如果采用保护接地,则当电气设备的绝缘损坏,外壳带电时,接地电流 I_e 和外壳对地电压 U_e 分别为

$$I_e = \frac{U_P}{R_0 + R_0'}; \ U_e = \frac{U_P}{R_0 + R_0'}R_0$$

式中:U_P——系统的相电压;

R_0 和 R_0'——保护接地和工作接地的接地电阻。

如果系统的相电压是220 V,$R_0 = R_0'$,则 $U_e = 110$ V,这个电压值已经大大超过了安全电压。所以,在中性点接地的系统中采用保护接地一定要谨慎,要合理配置保险丝和保证可靠接地,否则,非但无法起到保护作用,还会带来安全隐患。

(3)重复接地

工作接地使得系统拥有了一根零线,但是零线可能由于某种原因在某处断开而一分为二,

结果就会使得后面这部分零线形同虚设,与后面这部分零线相连接的保护接零将失去作用,从而带来用电的安全隐患。为了确保安全,可以每隔一定距离就将零线进行接地,这种多处接地方式称为重复接地,如图 5-7(b)所示。

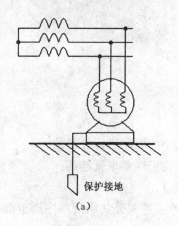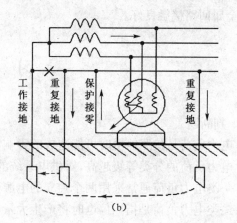

图 5-7　接地与接零

（4）工作零线和保护零线

在实际生活中,三相负载往往不对称,所以,三相四线制系统中的零线上总是有电流存在。为了确保用电安全,零干线必须连接牢固,开关和熔断器不能装在零干线上;同时,由于零线电流的客观存在,导致零线对地电压不为零,而且距离供电处越远的点,其电压值越高,但一般都在安全电压值以下,无危险性。这种常常有电流存在的零线称为工作零线。工作零线在进建筑物入口处要接地。为了确保电气设备外壳的对地电压为零,通常会在零干线入户处专门另外引出一根保护零线,保护零线上要确保无电流,设备外壳必须接在保护零线上。这样,系统就变为三相五线制系统。

4. 电气防火、防爆和防雷保护

（1）电气防火、防爆保护

在用电过程中引发火灾或爆炸的主要原因有二:

① 电气设备使用不当。例如,设备长时间过载运行,通风环境不佳,导体间连接不良,都会有可能造成设备温度过高,引燃周围的可燃物质而发生火灾甚至爆炸。

② 电气设备自身发生故障。例如,绝缘损坏造成短路而引发火灾;或者由于灭弧装置损坏而导致在切断电路时产生较大电弧,引发火灾。

电气防火、防爆的主要措施如下:合理选用电气设备并保持其正常运行;保持设备间的必要安全距离;保持良好的通风环境;装设可靠的接地装置。

（2）电气防雷保护

雷电对电气设备的破坏,可以通过直击、侧击、电磁感应等多种方式造成。当架空输电线上方有带着大量电荷的雷云时,架空输电线会由于静电感应而感应出异性电荷。这些电荷被雷云束缚着,一旦束缚解除(如雷云对其他目标放电),它们就变为自由电荷,形成感应过电压,产生强大的雷电流,并通过输电线进入室内,破坏电气设备。

为了防止这种破坏的产生,可在被保护电气设备的进线和大地之间装设避雷器。当雷电流沿输电线传向室内的电气设备时,它首先会到达避雷器,使避雷器产生短时击穿而短路,雷电流由避雷器流入大地。雷电流过后,避雷器又恢复正常的断路状态。

为防止雷电通过电磁感应方式对设备造成破坏,可以用金属网对电气设备进行屏蔽,并使室内的金属回路接触良好。

习 题

一、判断题

1. 电力负荷是按照停电时可能造成的影响和损失大小的顺序进行分类的。 ( )

2. 电力负荷的分类等级越高,对供电系统的可靠性、稳定性要求就越高。 ( )

3. 一类电力负荷通常采用两个独立的电源系统来供电。 ( )

4. 二类电力负荷是指当停电时将产生大量废品、减产或造成公共场所秩序严重混乱的用电负荷。 ( )

5. 三类电力负荷的用电级别最低,因此允许长时间停电或不供电。 ( )

6. 电击伤害的严重程度只与人体通过的电流大小有关,而与电流的频率、时间无关。
( )

7. 只要触点电压不高,触电时流经人体电流再大也不会有危险。 ( )

8. 气体放电光源是借助两电极之间的气体电离激发而发光的。 ( )

9. 从用电角度来说,40 W 的荧光灯比 40 W 的白炽灯耗电量小。 ( )

10. 人体电阻为一定数值时,触及电压愈高,通过人体的电流愈大,危险性就愈大。
( )

二、选择题

1. 下列场所中,属于一类负荷的是( )。

A. 交通枢纽　　　　　B. 炼钢厂　　　　　C. 居民家庭　　　　　D. 电影院

2. 学校属于( )。

A. 一类　　　　　B. 二类　　　　　C. 三类　　　　　D. 四类

3. 两相触电时,人体承受的电压是( )。

A. 线电压　　　　　B. 相电压　　　　　C. 跨步电压

4. 人体的触电方式中,以( )最为危险。

A. 单相触电　　　　　B. 两相触电　　　　　C. 跨步电压触电

5. 根据环境条件,50 Hz 交流电一般规定为( )V 以下为安全电压(如木板、瓷砖地板)。

A. 48　　　　　B. 36　　　　　C. 24　　　　　D. 12

6. 在泥土、钢筋混凝土建筑物中规定为( )V 为安全电压。

A. 48　　　　　B. 36　　　　　C. 24　　　　　D. 12

7. 在特别危险的场所(如铸工、化工的大部分车间),安全电压规定为( )V。

A. 48　　　　　B. 36　　　　　C. 24　　　　　D. 12

三、填空题

1. 三峡电站属于_____发电站,大亚湾电站属于_____发电站。

2. 触电对人体的伤害一般分为_____和_____两种。

3. 触电方式一般有_____、_____和_____三种。

4. 在工厂车间,一般只允许使用_____电压作为局部照明。

5. 为了防止雷电对电气设备的破坏,可在被保护电气设备的_____和_____之间装设避雷器。

四、简答题

1. 为什么远距离输电要采用高电压?

2. 人体允许通过的安全电流是多少?为什么用安全电压不用安全电流?

3. 触电的形式有哪些?如何防止触电?

4. 在中性点接地的系统中,为什么要采用重复接地,为什么不能采用保护接地?工作接地与保护接地、重复接地有何区别?

5. 雷电对人们有何影响?如何防止雷击?

6. 当额定电压为 220 V 的照明负载连接于线电压为 220 V 的三相四线制电路,与连接于线电压为 380 V 的三相四线制电路时,连接形式是否相同?为什么?

第二部分 电子技术基础知识

模块一

半导体二极管和三极管

半导体器件是近代电子学中的重要组成部分。由于半导体器件具有体积小、重量轻、使用寿命长、反应迅速、灵敏度高、工作可靠等优点而得到广泛应用。本模块内容主要介绍二极管、三极管及场效应管的基本结构、工作原理、特征曲线和主要参数等。

项目一 半导体基本知识

自然界中容易导电的物质称为导体,金属一般都是导体。有的物质几乎不导电,称为绝缘体,如橡皮、陶瓷、塑料和石英。另有一类物质的导电特性处于导体和绝缘体之间,称为半导体,如锗、硅、砷化镓和一些硫化物、氧化物等。

半导体具有独特的导电性能。它对温度和光的反应特别灵敏,当温度升高或光照时,它的导电能力会显著增加。特别是,如果在纯净的半导体中加入适量的微量杂质后,其导电能力可增加数十万倍以上。这就使半导体能够得以广泛地应用。

1. 本征半导体

半导体中存在两种载流子:一种是带负电的自由电子,另一种是带正电的空穴。它们在外电场的作用下都有定向移动的效应,都能运载电荷形成电流,通常称为载流子。金属导体内的载流子只有一种,就是自由电子,但数目很多,远远超过半导体中载流子的数量,所以金属导体的导电性能比半导体好。

本征半导体又称为纯净半导体,其内部空穴的数量和自由电子的数量相等。例如,硅单晶体、锗单晶体,就是纯净半导体。

2. 杂质半导体

本征半导体导电能力很差,但如果在本征半导体中掺入微量的其他元素的原子,就会使其导电能力大大提高。这些微量元素的原子称为杂质。常用的杂质为三价和五价元素,如硼、磷等。掺入杂质后形成的半导体称为杂质半导体。根据掺入杂质的不同,杂质半导体有 N 型和 P 型两种。

(1) N 型半导体

在纯净的硅(或锗)晶体中,掺入少量五价元素,如磷、砷等,使半导体中自由电子的数目明显增加,这样就大大提高了半导体的导电性能。由于空穴数量远少于自由电子数量,故自由电子被称为多数载流子(简称多子),空穴被称为少数载流子(简称少子)。这种杂质半导体主要以电子导电为主,称为电子半导体,简称 N 型半导体。

(2) P 型半导体

在纯净的硅(或锗)晶体中,掺入少量三价元素,如硼、铝、硼原子等,使半导体中出现大量空穴。由于空穴数量远多于自由电子数量,故空穴被称为多数载流子,自由电子被称为少数载流子。这种杂质半导体主要靠空穴导电,称为空穴半导体,简称 P 型半导体。

项目二　PN 结

在一块完整的硅片上,用某种特定的工艺使其一边形成 N 型半导体,另一边形成 P 型半导体,那么在两种半导体的交界面附近就形成 PN 结。PN 结是构成各种半导体器件的基础。

1. PN 结的形成

P 型半导体和 N 型半导体结合在一起时,如图 1-1 所示。半导体内的载流子发生扩散:结果是在 N 区留下带正电的离子(图中用 ⊕ 表示),而在 P 区留下带负电的离子(图中用 ⊖ 表示),它们集中在交界面两侧形成一个很薄的空间电荷区,这就是 PN 结。

在 PN 结的形成过程中,刚开始时,以扩散运动为主,随着空间电荷区的加宽和内电场的加强,多数载流子运动逐渐减弱,漂移运动逐渐加强,使空间电荷区变窄。而空间电荷区的变窄,又会对扩散运动产生抑制作用。最终,扩散运动与漂移运动会达到动态平衡。此时,空间电荷区的宽度基本稳定下来,扩散电流等于漂移电流,通过 PN 结的电流为零,PN 结处于动态的稳定状态。

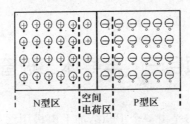

图 1-1　平衡状态下的 PN 结

2. PN 结的单向导电性

上面所讨论的 PN 结中扩散运动与漂移运动达到动态平衡时,扩散电流等于漂移电流,通过 PN 结的电流为零,是在 PN 结没有外加电压的情况下。如果在 PN 结上加电压,必然会破坏原有的动态平衡,使通过 PN 结的电流不为零。

(1) PN 结外加正向电压

如图 1-2 所示,电源的正极接 P 区,负极接 N 区,这种接法叫做给 PN 结外加正向电压,又叫正向偏置,简称正偏。这时外加电压在耗尽层中建立的外电场与内电场方向相反,削弱了内电场,使空间电荷区变窄,使多数载流子的扩散运动大于少数载流子漂移的运动。在电源的作用下,多数载流子就能越过空间电荷区形成较大的扩散电流。这个电流从电源的正极流入P区,经过PN结由N区流回电源的负极,称为正向电流。PN结处于导通(导电)状态,此时PN结呈现的电阻称为正向电阻。由于多数载流子浓度较大,当外加电压不太高时就可以形成很大的正向电流,所以PN结的正向电阻较小。

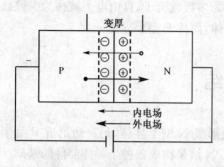

图1-2 PN结外加正向电压

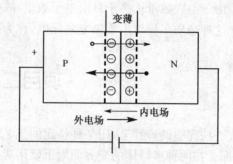

图1-3 PN结外加反向电压

(2) PN结外加反向电压

如图1-3所示,电源的正极接N区,负极接P区,这种接法叫做给PN结外加反向电压,又叫反向偏置,简称反偏。这时外加电压在耗尽层中建立的外电场与内电场方向一致,增强了内电场,使空间电荷区加宽,多数载流子的扩散运动难于进行,但有利于少数载流子漂移的运动。在外电场的作用下,N区的少数载流子空穴越过PN结进入P区,P区的少数载流子自由电子越过PN结进入N区,形成了漂移电流,这个电流由N区流向P区,故称为反向电流。由于少数载流子浓度很小,即使它们全部漂移,其反向电流还是很小的,PN结基本上可认为不导电,处于截止状态。此时的电阻称为反向电阻,它的数值很大。

由上述分析可知,PN结加正向电压时处于导通状态,PN结加反向电压时处于截止状态,这就是PN结的单向导电性。

项目三　半导体二极管

半导体二极管(简称二极管)是由一个PN结加上电极引线和管壳构成的,表示符号如图1-4所示。

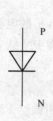

图1-4 半导体二极管符号

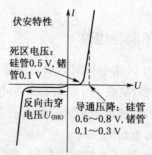

图1-5 二极管伏安特性曲线

1. 基本结构

半导体二极管按结构可分为点接触型和面接触型两类。

(1) 点接触型:其特点是 PN 结面积很小,因而结电容很小,其高频性能好,但不能通过大电流,主要用于高频检波和小电流的整流等。

(2) 面接触型:其特点是 PN 结面积大,因而结电容大,不适应工作在高频,只能在低频工作,但允许通过较大电流,主要用于整流电路。

半导体二极管按所用材料的不同又可分为硅二极管(如 2CP 型)和锗二极管(如 2AP 型)两种。

2. 伏安特性

二极管的伏安特性是指加到二极管两端的电压和通过二极管的电流之间的关系曲线,可通过实验测出,如图 1-5 所示。

(1) 正向特性

正向特性起始部分的电流几乎为零。这是因为外加正向电压较小,外电场还不足以克服内电场对多数载流子扩散运动的阻力,二极管呈现较大的电阻所造成的。当正向电压超过某一值后,正向电流增长得很快,称为正向导通,该电压值称为死区电压。其大小与材料和温度有关,通常,硅管的死区电压约为 0.5 V,锗管约为 0.1 V。正向导通时,硅管的电压约为 0.6~0.8 V,锗管的电压约为 0.2~0.3 V。理想二极管可近似认为正向电阻为零。

(2) 反向特性

当外加反向电压时,由于少数载流子的漂移运动,形成很小的反向电流。它有两个特点:一是随温度的上升数量增加很快;二是反向电压在一定的范围内变化,反向电流基本不变。

这是因为少数载流子的数量很少,在一定温度下的一段时间内,只能提供一定数量的载流子,外加反向电压即使再增加也不会使少数载流子的数目增加。因此,反向电流又称反向饱和电流。小功率硅管的反向电流一般小于 0.1 μA,而锗管通常为几十微安。理想二极管可认为反向电阻为无穷大。

当外加反向电压过高时,由于受到外加强电场的作用,载流子的数目会因为共价键中的部分价电子被自由电子碰击或被外加强电场拉出而急剧增加,造成反向电流急剧增加,二极管失去单向导电性,这种现象称为反向击穿。相应的反向电压称为反向击穿电压。二极管反向击穿一般是可逆的,但反向电流超过允许值,发生热击穿时会损坏。

3. 主要参数

描述二极管特性的物理量,称为二极管的参数。它是表示二极管的性能及适用范围的数据,是正确选择和使用二极管的重要依据。二极管的主要参数有:

(1) 最大整流电流 I_{FM}

I_{FM} 是指二极管长期运行时允许通过的最大正向平均电流。它是由 PN 结的结面积和外界散热条件决定的。当电流超过允许值时,容易造成 PN 结过热而烧坏管子。

(2) 最大反向工作电压 U_{RM}

U_{RM} 是指二极管在使用所允许加的最大反向电压。超过此值时二极管就有可能发生反向击穿。通常取反向击穿电压的一半值作为 U_{RM}。

（3）最大反向电流 I_{RM}

I_{RM} 是指在给二极管加最大反向工作电压时的反向电流值。I_{RM} 越小说明二极管的单向导电性越好，此值受温度的影响较大。

二极管的应用主要利用它的单向导电特性，因此它在电路中常用作整流、检波、整形、钳位、开关元件等。

【例 1-1】 如图 1-6(a)，设二极管是理想状态的，试分析并画出负载 R_L 两端的电压波形 u_o。

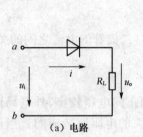

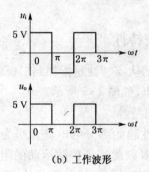

(a) 电路　　　　　　　　　　　　　　(b) 工作波形

图 1-6

【解】 当 u_i 为正半周时，a 点电位高于 b 点电位，二极管外加正向电压而导通，负载电阻 R_L 中有电流通过，R_L 两端电压为 u_o。假设二极管是在理想状态下，此时 $u_o = u_i$。

当 u_i 为负半周时，a 点电位低于 b 点电位，二极管外加反向电压而截止，R_L 中没有电流通过，其两端电压为零，即 $u_o = 0$。

【例 1-2】 根据图 1-7(b) 中给出的 U_A、U_B，分析图 1-7(a) 所示电路中二极管的工作状态，求 U_o 的值，并将结果添入图 1-7(b) 中。设二极管正向压降为 0.7 V。

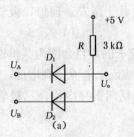

U_A(V)	U_B(V)	D_1	D_2	U_o(V)
0	0	导	导	0.7
0	3	导	截	0.7
3	0	截	导	0.7
3	3	导	导	0.7

(a)　　　　　　　　　　　　　　(b)

图 1-7

【解】 当 $U_A = U_B$ 时，两个二极管同时导通并钳位。若 $U_A = U_B = 0$ 时，$U_o = 0.7\,\text{V}$；若 $U_A = U_B = 3\,\text{V}$ 时，$U_o = 3.7\,\text{V}$。

当 $U_A \neq U_B$ 时，例如 $U_A = 0\,\text{V}$，$U_B = 3\,\text{V}$，因 U_A 端电位比 U_B 端低，所以 D_1 优先导通并钳位，使 $U_o = 0.7\,\text{V}$，此时 D_2 因反偏而截止。同理，当 $U_A = 3\,\text{V}$、$U_B = 0\,\text{V}$ 时，D_2 导通且钳位，$U_o = 0.7\,\text{V}$，此时 D_1 反偏而截止。

4. 特殊二极管

(1) 稳压管

稳压管是一种特殊的面接触型硅二极管。由于它在电路中与适当的电阻串联后，在一定的电流变化范围内，其两端的电压相对稳定，故称为稳压管。其表示符号和伏安特性如图 1-8 所示。

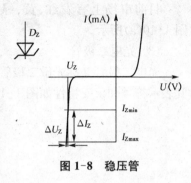

图 1-8　稳压管

稳压管的伏安特性与普通二极管相似，不同的是反向特性曲线比较陡。稳压管正是工作在特性曲线的反向击穿区域。从特性曲线可以看出，在击穿状态下，流过管子的电流在一定的范围内变化，而管子两端的电压变化很小，利用这一点可以实现稳压。

稳压管的主要参数：

① 稳定电压 U_Z

U_Z 指稳压管反向电流为规定值时，稳压管两端的反向电压。由于半导体器件参数的分散性，同一型号的稳压管，U_Z 的值也不完全相同，它一般是给出一个范围。但就某一管子而言，U_Z 应为确定值。

② 稳定电流 I_Z

I_Z 是指稳压管在正常工作时的电流值，其中：I_{Zmin} 为最小稳定电流，低于此值时稳压效果差，甚至失去稳压作用。I_{Zmax} 为最大稳定电流，高于此值时稳压管易击穿而损坏。当稳压管的电流在 I_{Zmin} 与 I_{Zmax} 之间时稳压性能最好。

③ 动态电阻 R_Z

R_Z 定义为 $R_Z = \dfrac{\Delta U_Z}{\Delta I_Z}$。对同一管子而言，$R_Z$ 值越小，特性曲线就越陡，稳压性能就越好。只有当限流电阻 R 取值合适时，稳压管才能安全地工作在稳压状态。

【例 1-3】　图 1-9 中，稳压管的稳定电流是 10 mA，稳压值为 6 V，耗散功率为 200 mW。试问：若电源电压 E 在 18 V 至 30 V 范围内变化，输出电压 U_o 是否基本不变？稳压管是否安全？

【解】　稳压管的稳定电流 $I_Z = 10$ mA。

$$I_{Zmax} = \frac{P_Z}{U_Z} = \frac{200}{6} = 33.3 (\text{mA})$$

$$E = 18\,\text{V}, I = \frac{E - U_Z}{R} = \frac{18 - 6}{1\,000} = 12 (\text{mA})$$

$$E = 18\,\text{V}, I = \frac{E - U_Z}{R} = \frac{30 - 6}{1\,000} = 24 (\text{mA})$$

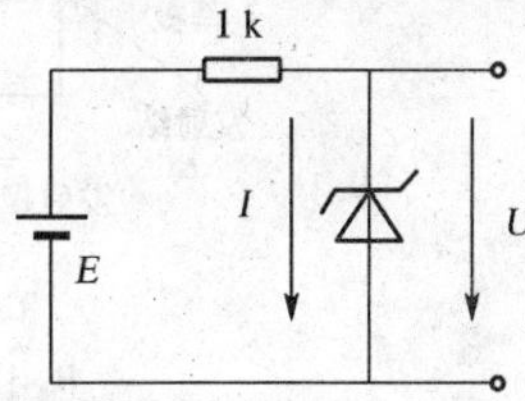

图 1-9

当电源电压在 18 V 至 30 V 范围内变化时，稳压管中的电流在 12 mA 至 24 mA 范围内变化，即 $I_Z < I < I_{Zmax}$，所以输出电压 U_o 基本不变，稳定工作在 6 V。

(2) 发光二极管

发光二极管是一种应用广泛的特殊二极管。

发光的材料不是硅晶体或锗晶体,而是利用化合物如砷化镓、磷化镓等。在电路中,当有正向电流流过时,能发出一定波长范围的光。目前发光管可以发出从红外到可见波段的光,其电特性与普通二极管类似。使用时,通常需串接合适的限流电阻。

目前市场上有发红、黄、绿、蓝等单色光的发光二极管和变色二极管,其表示符号见图 1-10(a)所示。

(3) 光电二极管

光电二极管又称光敏二极管,是一种具有随光照强度的增加,其反向电流上升的电特性。其表示符号和伏安特性如图 1-10(b)所示。

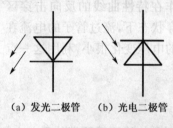

(a) 发光二极管 　　(b) 光电二极管

图 1-10　发光二极管和光电二极管

项目四　半导体三极管

1. 基本结构

半导体三极管(简称三极管)又称为晶体管,其基本结构是由两个 PN 结组成。三极管有 NPN 型和 PNP 型两种,其结构和表示符号如图 1-11 所示。

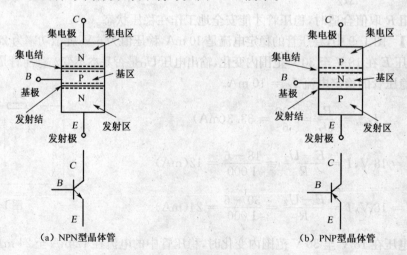

(a) NPN型晶体管　　　　　　　　　(b) PNP型晶体管

图 1-11　晶体管结构示意图和符号

从图中可以看出,三极管有发射区、基区和集电区三个区,分别引出发射极 E、基极 B 和集电极 C。发射区和基区之间的 PN 结称为发射结,集电区和基区之间的 PN 结称为集电结。

2. 放大原理

图 1-12 所示是 NPN 型三极管的电路接线图。从基极经过发射极组成的回路称为输入电路,从集电极经过发射极组成的回路称为输出电路。由于发射极为两个电路的公共端,所以称为共发射极电路。正常工作在放大区时发射结加的是正向电压,称为正向偏置(正偏);而集电结加的是反向电压,称为反向偏置(反偏)。可以得出

$$I_E = I_B + I_C$$

共发射极直流电流放大系数,用 $\bar{\beta}$ 表示。

$$\bar{\beta} = \frac{I_{C\mathrm{II}}}{I_{B\mathrm{II}}} = \frac{I_C - I_{CBO}}{I_B + I_{CBO}} \approx \frac{I_C}{I_B}$$

$\bar{\beta}$ 反映了基极电流与集电极电流的分配关系,也就是基极电流对集电极电流的控制关系。所以三极管是一个电流控制器件,当 I_B 有较小的变化时,将会引起 I_C 很大的变化。

可以得到:

$$I_C = \bar{\beta}I_B + (1+\bar{\beta})I_{CBO} = \bar{\beta}I_B + I_{CEO}$$

其中: $I_{CEO} = (1+\bar{\beta})I_{CBO}$,称为穿透电流。

综上所述,要使三极管能起正常的放大作用,发射结必须加正向偏置,集电结必须加反向偏置。对于 PNP 型三极管,所接电源极性正好与 NPN 相反。

3. 特性曲线

三极管的特性曲线主要有输入特性曲线和输出特性曲线。这些特性曲线可用晶体管特性图示仪进行显示或通过实验测绘出来。图 1-12 是共发射极接法时的输入特性曲线和输出特性曲线的实验电路图。

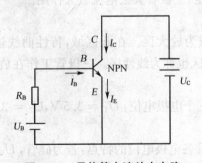

图 1-12　晶体管电流放大电路

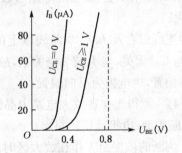

图 1-13　输入特性曲线

(1) 输入特性曲线

输入特性曲线是指当集射极电压 U_{CE} 为一定值时,基极电流 I_B 与基射极电压 U_{BE} 之间的关系曲线。如图 1-13 所示。

从图 1-13 可见,三极管的输入特性曲线和二极管的伏安特性曲线一样,也有一段死区。只有当发射结的外加电压大于死区电压时,三极管才会有基极电流 I_B 。硅管的死区电压约为 0.5 V,锗管约为 0.1～0.2 V。在正常工作情况下,硅管的发射结电压 $U_{BE} = 0.6 \sim 0.7$ V,锗

管的发射结电压 $U_{BE} = -0.2 \sim -0.3$ V。

（2）输出特性曲线

输出特性曲线是指基极电流 I_B 为一定值时，集电极电流 I_C 与集射极电压 U_{CE} 之间的关系曲线。即当 I_B 为不同值时，可得到不同的特性曲线。如图 1-14 所示。

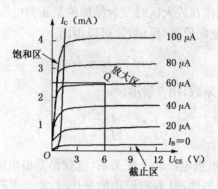

图 1-14　输出特性曲线

根据三极管的工作状态不同，输出的特性曲线可分为三个区域：

① 截止区

$I_B = 0$ 的曲线以下的区域称为截止区。这时集电结为反向偏置，发射结也为反向偏置，故 $I_B \approx 0$，$I_C \approx 0$，此时集电极与发射极之间相当于一个开关的断开状态。

② 饱和区

输出特性曲线的近似垂直上升部分与 I_C 轴之间的区域称为饱和区。这时 $U_{CE} < U_{BE}$，集电结为正向偏置，发射结也为正向偏置，都呈现低电阻状态。$U_{CE} = U_{BE}$ 称为临界饱和状态，所有临界拐点的连线即为临界饱和线。饱和时集电极与发射极之间的电压 U_{CES} 称为饱和压降。它的数值很小，特别是在深度饱和时，小功率管通常小于 0.3 V。在饱和区 I_C 不受 I_B 的控制，当 I_B 变化时，I_C 基本不变，而由外电路参数所决定，三极管失去电流放大作用。

③ 放大区

拐点的连线以右及 $I_B = 0$ 曲线以上的区域为放大区。在此区域，特性曲线近似于水平线，I_C 几乎与 U_{CE} 无关，与 I_B 成 β 倍关系，故放大区也称为线性区。三极管工作在放大区时，发射极为正向偏置，集电极为反向偏置。

【例 1-4】　测得工作在放大电路中晶体管三个电极电位：$U_1 = 3.5$ V，$U_2 = 2.8$ V，$U_3 = 12$ V，试判断管型、电极及所用材料。

【解】　判断的依据是工作在放大区时晶体管各电极电位的特点：若为硅管，$U_{BE} = 0.6 \sim 0.8$ V。若为锗管，$U_{BE} = 0.1 \sim 0.3$ V。NPN 型，则 $V_C > V_B > V_E$。PNP 型，则 $V_C < V_B < V_E$。由此可见，管型为 NPN 型，硅管，脚 1 为基极，脚 2 为发射极，脚 3 为集电极。

4. 主要参数

（1）电流放大系数

共射电路在静态（无信号输入）时，三极管的集电极电流 I_C 与基极电流 I_B 的比值称为直流电流放大系数，用 $\bar{\beta}$ 表示。即

$$\bar{\beta} = \frac{I_C}{I_B}$$

当三极管工作在动态(有信号输入)时,集电极电流的变化量 ΔI_C 与基极电流的变化量 ΔI_B 的比值称为交流电流放大系数,用 β 表示。即

$$\beta = \frac{\Delta I_C}{\Delta I_B}$$

β 与 $\bar{\beta}$ 的含义是不同的。但通常两者数值相近,在估算时,常用 $\beta \approx \bar{\beta}$。

由于制造工艺的分散性,即使同一型号的三极管,β 值也有很大的差别,常用的 β 值在 20~100 之间。

(2)极间反向电流

① 集-基极反向饱和电流 I_{CBO}

指发射极开路时,集电极与基极间的反向电流。

② 集-射极反向饱和电流 I_{CEO}

指基极开路时,集电极与发射极间的反向电流,也称为穿透电流。

$$I_{CEO} = (1+\beta)I_{CBO}$$

反向电流受温度的影响大,对三极管的工作影响很大,要求反向电流愈小愈好。常温时,小功率锗管 I_{CBO} 约为几微安,小功率硅管在 $1\ \mu A$ 以下,所以常选用硅管。

(3)集电极最大允许电流

集电极电流 I_C 超过一定值时,三极管的 β 值会下降。当 β 值下降到正常值的三分之一时的集电极电流,称为集电极最大允许电流 I_{CM}。

(4)集电极击穿电压 $U_{(BR)CEO}$

基极开路时,加在集电极与发射极之间的最大允许电压,称为集电极击穿电压 $U_{(BR)CEO}$。当三极管的集射极电压 U_{CE} 大于该值时,I_C 会突然大幅上升,说明三极管已被击穿。

(5)集电极最大允许耗散功率 P_{CM}

当集电极电流流过集电结时要消耗功率而使集电结温度升高,从而会引起三极管参数变化。当三极管因受热而引起的参数变化不超过允许值时,集电结所消耗的最大功率称为集电极最大允许耗散功率 P_{CM}。

$$P_{CM} = I_C U_{CE}$$

P_{CM} 值与环境温度和管子的散热条件有关,因此,为了提高 P_{CM} 值,常采用散热装置。

习 题

一、判断题

1. 二极管的电流—电压关系特性可理解为反向偏置导通、正向偏置截止。 (   )

2. 用万用表识别二极管的极性时,若测的是二极管的正向电阻,那么和标有"+"号的测试棒相连的是二极管的正极,而另一端是负极。 (   )

3. 晶体管由两个 PN 结组成,所以能用两个二极管反向连接起来充当晶体管。 （ ）

4. 发射结处于正向偏置的晶体管,其一定是工作在放大状态。 （ ）

5. 既然晶体管的发射区和集电区是由同一种类型的半导体(N 型或 P 型)构成,故 E 极和 C 极可以互换使用。 （ ）

二、选择题

1. 如果二极管的正、反向电阻都很大,则该二极管（ ）。

　　A. 正常 　　　　　　　B. 已被击穿 　　　　　　C. 内部断路

2. 用万用表欧姆挡测试二极管的电阻时,如果用双手分别捏紧测试笔和二极管引线的接触处,测得二极管正、反向电阻,这种测试方法引起显著误差的是（ ）。

　　A. 正向电阻 　　　　　　　　　　　　　B. 反向电阻

　　C. 正、反向电阻误差同样显著 　　　　　　D. 无法判断

3. 当晶体管的两个 PN 结都反偏时,晶体管处于（ ）。

　　A. 饱和状态 　　　　　B. 放大状态 　　　　　C. 截止状态

4. 晶体管处于饱和状态时,它的集电极电流将（ ）。

　　A. 随基极电流的增加而增加

　　B. 随基极电流的增加而减小

　　C. 与基极电流变化无关,只取决于 U_{CC} 和 R_C。

5. NPN 型硅晶体管各电极对地电位分别为 $U_C = 9\,V$,$U_B = 0.7\,V$,$U_E = 0\,V$,则该晶体管的工作状态是（ ）。

　　A. 饱和 　　　　　　B. 放大 　　　　　　C. 截止

三、填空题

1. PN 结的正向接法是 P 型区接电源的_____极,N 型区接电源的_____极。

2. 当加到二极管上的反向电压增大到一定数值时,反向电流会突然增大,此现象叫做_____现象。

3. 理想二极管正向导通时,其管压降为_____V。反向截止时,其电流为_____μA。

4. 晶体管的三个电极分别称为_____极、_____极和_____极,它们分别用字母_____、_____和_____来表示。

5. 为了使晶体管工作在放大状态,发射结必须加_____电压,集电结必须加_____电压。

6. 晶体管是由两个 PN 结构成的一种半导体器件,其中一个 PN 结叫做_____,另一个叫做_____。

7. NPN 型晶体管的发射区是_____型半导体,集电区是_____型半导体,基区是_____型半导体。

四、计算题

1. 二极管电路如图 1-15 所示,判断图中的二极管是导通还是截止,并求出 A、O 两端的电压 U_{AO}。（(a)D 导通,$U_{AO} = -6\,V$;(b)D 截止,$U_{AO} = -12\,V$;(c)D_1 截止,D_2 导通,$U_{AO} = 0\,V$;(d)D_1 导通,D_2 截止,$U_{AO} = -15\,V$）

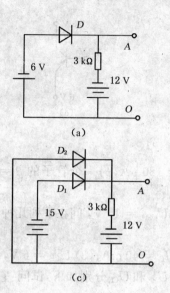
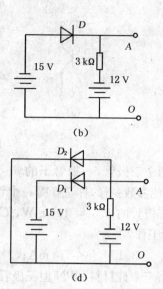

图 1-15

2. 试判断电路图 1-16，当 $U_i = 3\text{ V}$ 时哪些二极管导通？设二极管正向压降为 0.7 V。（D_1 截止，D_2、D_3、D_4 导通）

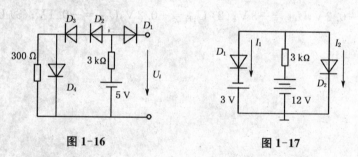

图 1-16　　　　　　图 1-17

3. 试计算电路图 1-17 中电流 I_1、I_2 的值。（设 D 为理想元件）（$I_1 = 5\text{ mA}, I_2 = 0\text{ mA}$）

4. 在图 1-18 所示电路中，设 $U_i = 6\sin\omega t\text{(V)}$，已知 U_D 为 0.7 V，画出 U_O 波形。

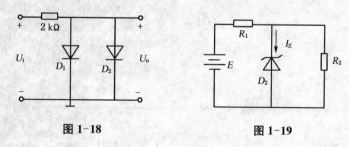

图 1-18　　　　　　图 1-19

5. 电路如图 1-19 所示，$E = 20\text{ V}$，$R_1 = 0.8\text{ k}\Omega$，$R_2 = 10\text{ k}\Omega$，稳压管 DZ 稳定电压 $U_Z = 10\text{ V}$，最大稳定电流 $I_{ZM} = 8\text{ mA}$。试求稳压管中通过电流 I_Z 是否超过 I_{ZM}？如果超过，应采取什么措施？（$I_Z = 11.5\text{ mA}$，超过 I_{ZM}。采取降低 R_2 阻值的方法可满足 $I_Z > I_{ZM}$，如 $R_2 = 2\text{ k}\Omega$）

6. 用万用表直流电压挡测得电路中的三极管三个电极对地电位如图 1-20 所示，试判断三极管的工作状态。

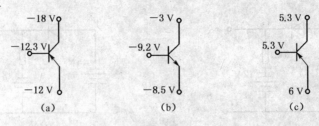

图 1-20

7. 有两个三极管,一根管子的 $\beta = 150, I_{CEO} = 180\ \mu A$,另一个管子的 $\beta = 150, I_{CEO} = 210\ \mu A$,其他参数一样,你选择哪一个管子?为什么?

8. 某三极管的 $P_{CM} = 100\ mW, IC_M = 20\ mA, U_{CEO} = 15\ V$,问在下列几种情况下,哪种情况能正常工作?

(1) $U_{CE} = 3.1\ V, I_C = 10\ mA$;(2) $U_{CE} = 2\ V, I_C = 40\ mA$;(3) $U_{CE} = 6\ V, I_C = 20\ mA$。

9. 测得三个硅材料 NPN 型三极管的极间电压 U_{BE} 和 U_{CE} 分别如下,试问:它们各处于什么状态?

(1) $U_{BE} = -6\ V, U_{CE} = 5\ V$;(2) $U_{BE} = 0.7\ V, U_{CE} = 0.5\ V$;(3) $U_{BE} = 0.7\ V, U_{CE} = 5\ V$。

10. 测得三个锗材料 PNP 型三极管的极间电压 U_{BE} 和 U_{CE} 分别如下,试问:它们各处于什么状态?

(1) $U_{BE} = -0.2\ V, U_{CE} = -3\ V$;(2) $U_{BE} = -0.2\ V, U_{CE} = -0.1\ V$;(3) $U_{BE} = 5\ V, U_{CE} = -3\ V$。

模块二

基本放大电路

放大电路是电子电路中一种常见的电路,本模块内容首先介绍晶体管共发射极放大电路的静态分析和动态分析;然后对共集电极放大电路和功率放大电路进行分析,并介绍了一种集成功率放大器件的使用。

项目一 共发射极放大电路

1. 共发射极放大电路的组成

由 NPN 三极管构成的共发射极如图 2-1 所示,这个电路被称为固定偏置的共发射极放大电路,u_i 为输入电压。这个电压可能来自于信号源或者传感器,也可能来自于前级放大电路。R_L 是负载,其两端电压 u_o 为输出电压。该电路中,发射极是输入回路和输出回路的公共端,这种方法晶体管放大电路称为共发射极放大电路。

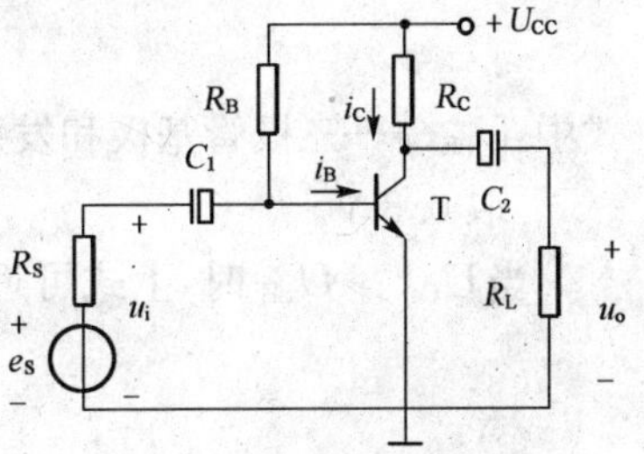

电路中各个元件的作用如下:

晶体管 T:电流放大元件,工作在放大状态,要求发射结正向偏置,集电结反向偏置。

图 2-1 基本放大电路

基极偏置电阻 R_B,简称基极电阻,主要为晶体管提供适当大小的静态基极电流 I_B,又称为偏置电流,简称偏流,以确保放大电路有较好的工作性能。R_B 的阻值约为几十千欧姆到几百千欧姆。

电源 U_{CC}:U_{CC} 为集电结提供反向偏置电压,保证三极管工作在放大状态。U_{CC} 还是放大电路的能量来源,以便放大电路将直流电能转换成交流电能。

集电极负载电阻 R_C:R_C 的主要作用是将集电极电流的变化转换为电压的变化,实现放大电路的电压放大。否则,三极管集电极的电位始终等于电源 U_{CC},输出 u_o 就不会有变化的电压输出。

耦合电容 C_1 和 C_2:这两个电容起着两种作用。一是交流耦合作用,即利用它们传递交流信号。为了减少交流信号的衰减,C_1 和 C_2 应该足够大,一般为几微法到几十微法。二是隔直作用,即阻断信号源、放大器、负载之间的支流通路,从而使直流互不影响。C_1 和 C_2 通常采用电解电容器,是有极性的。在连接时要注意它们的极性。

2. 放大电路的静态分析

当没有输入信号时，即 $u_i = 0$，放大电路中各个支路的电压和电流都不变化，是直流电路。这种状态称为直流工作状态或静止状态，简称静态。静态分析就是用估算法来计算静态值 I_B、I_C、U_{BE}、U_{CE} 等。

静态时，耦合电容 C_1 和 C_2 视为开路，放大电路简化成图 2-2，称为此放大电路的直流通路。

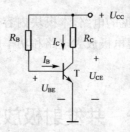

图 2-2　共发射极放大电路的直流通路

估算法是利用放大电路的直流通路计算各静态值的。

基极电流

$$I_B = \frac{U_{CC} - U_{BE}}{R_B}$$

式中：U_{BE}——三极管基极和发射极之间的电压，其近似值是已知的，硅管可取 0.7 V，锗管可取 0.3 V。

当 $U_{CC} \gg U_{BE}$ 时，上式可近似为

$$I_B = U_{CC}/R_B$$

集电极电流

$$I_C = \beta I_B$$

集电极、发射极之间的电压

$$U_{CE} = U_{CC} - I_C R_C$$

U_{BE}、I_B、U_{CE}、I_C 在输入特性和输出特性曲线上分别对应一个点，所以这些静态值也称为静态工作点。

【例 2-1】　用估算法求图 2-1 所示电路的静态工作点，电路中 $U_{CC} = 9$ V，$R_C = 3$ kΩ，$R_B = 300$ kΩ，$\beta = 50$。

【解】　由公式可计算各个静态值如下：

$$I_B = \frac{U_{CC}}{R_B} = \frac{9}{300 \times 10^3} = 30 \ \mu A$$

$$I_C = \beta I_B = 50 \times 30 \times 10^{-6} = 1.5 \ mA$$

$$U_{CE} = U_{CC} - R_C I_C = 9 - 3 \times 10^3 \times 1.5 \times 10^{-3} = 4.5 \ V$$

3. 放大电路的动态分析

放大电路的动态分析是在静态值确定后分析信号的传输情况,只考虑电流和电压的交流分量(信号分量)。微变等效电路法和图解法是放大电路动态分析的两种基本方法。本书只对微变等效电路法进行介绍,图解法不作介绍。

(1) 晶体管的微变等效电路

晶体管的等效电路如图 2-3 所示。

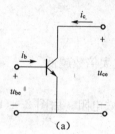
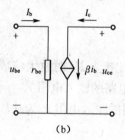

图 2-3 晶体管的简化微变等效电路

① 晶体管输入电阻 r_{be}:在手册中常用 h_{ie} 表示。

对于低频小功率晶体管,r_{be} 可用下式估算:

$$r_{be} = 300(\Omega) + (1+\beta)\frac{26(mV)}{I_E(mA)}$$

式中:I_E——发射极电流的静态值;

r_{be}——一般为几百欧姆到几千欧姆。

② 电流控制电流源 βi_b

在小信号条件下,β 是一个常数,确定 i_c 受 i_b 控制的关系。因此,晶体管的输出电路可以用一个等效恒流源 $i_c = \beta i_b$ 代替,以表示晶体管的电流控制作用。β 值一般在 $20\sim200$ 之间,在手册中常用 h_{fe} 表示。

(2) 放大电路的微变等效电路

直流电源 U_{CC} 的内阻很小,在电源内阻上的交流压降忽略不计,即电容 C_1、C_2 和直流电源对于交流分量都相当于短路,交流通路如图 2-4(a)所示。将交流通路中的晶体管用微变等效电路代替,即得到放大电路的微变等效电路,如图 2-4(b)所示。

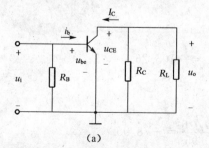
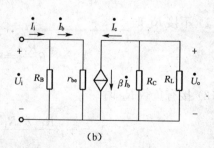

图 2-4 放大电路的微变等效电路

图 2-1 所示电路中，如果耦合电容 C_1、C_2 的取值足够大，则交流容抗可以忽略不计；放大电路的电压放大倍数 A_u 的计算

$$A_u = \frac{\dot{U}_o}{\dot{U}_i} = -\beta \frac{R'_L}{r_{be}}$$

式中的负号表示输出电压 $\dot{U}_o$ 与输入电压 $\dot{U}_i$ 的相位是相反的。其中，$R'_L = R_C /\!/ R_L$。

当放大电路输出端开路（即没有接 R_L 时），则放大电路的电压放大倍数

$$A_u = -\beta \frac{R_C}{r_{be}}$$

很显然，比接上 R_L 时放大倍数高。可见，R_L 越小，电压放大倍数越低。

① 放大电路的输入电阻 r_i

放大电路的输入电阻 r_i 为从放大电路输入端看进去的等效电阻。由图 2-4(b) 可得到

$$r_i = \frac{\dot{U}_i}{\dot{I}_i} = R_B /\!/ r_{be}$$

通常情况下，$R_B \gg r_{be}$，所以

$$r_i \approx r_{be}$$

② 放大电路的输出电阻 r_o

放大电路的输出电阻 r_o 定义为从放大电路的输出端看进去的等效电阻。

$$r_o = R_C$$

【例 2-2】 放大电路如图 2-1 所示，已知 $R_B = 300\ \text{k}\Omega$，$R_C = 2\ \text{k}\Omega$，$R_L = 6\ \text{k}\Omega$，$\beta = 50$，$U_{CC} = 12\ \text{V}$。试求：(1)放大电路不接负载电阻 R_L 时的电压放大倍数；(2)放大电路接有负载电阻 R_L 时的电压放大倍数；(3)放大电路的输入电阻 r_i 和输出电阻 r_o。

【解】 先计算 r_{be}。

$$I_B = \frac{U_{CC} - U_{BE}}{R_B} \approx \frac{U_{CC}}{R_B} = \frac{12}{300 \times 10^3} = 40\ \mu\text{A}$$

$$I_E = (1+\beta)I_B = (1+50) \times 40 \times 10^{-3} = 2.04\ \text{mA}$$

$$r_{be} = 300 + (1+\beta)\frac{26}{I_E} = 300 + (1+50)\frac{26}{2.04} = 0.95\ \text{k}\Omega$$

(1) 不接 R_L 时

$$A_u = -\beta \frac{R_C}{r_{be}} = -50 \times \frac{2}{0.95} = -105.26$$

(2) 接有负载 R_L 时

$$A_u = -\beta \frac{R_C /\!/ R_L}{r_{be}} = -50 \times \frac{2 /\!/ 6}{0.95} = -78.95$$

输入电阻 $\qquad r_i = R_B /\!/ r_{be} \approx r_{be} = 0.95\ \text{k}\Omega$

输出电阻　　　　$r_o = R_C = 2\,\text{k}\Omega$

4. 非线性失真

放大电路的一个基本要求就是输出信号尽可能不失真。所谓失真,指的是输出波形不像输入波形的情形。引起失真的原因有许多种,例如静态工作点不合适,使得放大电路的工作范围超出了晶体管特性曲线的放大区范围,这种失真称为非线性失真。

在图 2-5 中,由于电路参数选择不当或环境温度变化等原因,静态工作点 Q 的位置太低,i_B、i_C 和 i_{CE} 等电压、电流的后半个周期的部分或全部波形将被截去;此时输出波形不再是正弦波,即发生了失真。这种由于晶体管处于截止状态或接近截止状态而引起的失真,称为截止失真。

在图 2-6 中,如果静态工作点太高,则 i_C 和 u_{CE} 前半个周期的部分或全部波形被截去,输出也不是正弦波,即也发生了失真。这种由于晶体管处于或接近饱和区状态而引起的失真,称为饱和失真。

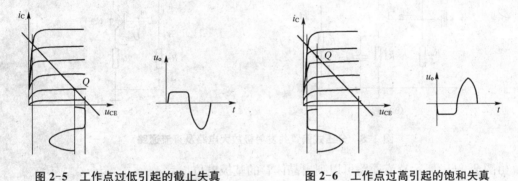

图 2-5　工作点过低引起的截止失真　　　　图 2-6　工作点过高引起的饱和失真

项目二　分压式偏置共发射极放大电路

1. 静态工作点的稳定

如前所述,对于固定偏置的放大电路,要得到合适的静态工作点是容易的。但是,这种电路却难以保证在温度变化、电源电压变化等情况下静态工作点仍能恒定不变。下面讨论温度对静态工作点的影响。

几乎所有的元件性能参数都是随温度而变化的,但以晶体管的特性参数(U_{BE},β、I_{CBO} 等)随着温度改变时,对放大电路静态工作点的影响最显著。它们的变化情形如下:

U_{BE}——温度每升高摄氏 1 度,U_{BE} 下降约 2 毫伏;

β——温度每升高摄氏 1 度,β 约增大$(0.5\sim1)\%$;

I_{CBO}——温度每升高摄氏 10 度,I_{CBO} 约增大一倍。

因此,在固定的偏置放大电路中,当温度升高时,上面三个参数发生变化将促使 I_C 增大($I_C = \beta I_B + I_{CBO}$),输出特性曲线上移,静态工作点也上移,容易引起饱和失真,如图 2-7

所示。

反之,温度降低时,上面三个参数的变化将导致 I_C 减小,输出特性曲线下移,静态工作点也下移,容易引起截止失真。

由此可见,固定偏置放大电路虽然简单,但是没有稳定静态工作点的能力。下面介绍分压式偏置放大电路,它具有这种能力。

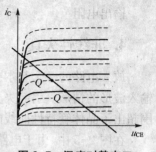

图 2-7　温度对静态工作点的影响

2. 分压式偏置共发射极放大电路分析

分压式偏置放大电路如图 2-8(a)所示,这是一种具有自动稳定静态工作点的放大电路,其中 R_{B1} 和 R_{B2} 构成偏置电阻,R_E 为发射极电阻,C_E 为发射极电阻交流旁路电容,是电解电容,其容量一般为几十微法到几百微法。

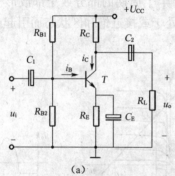 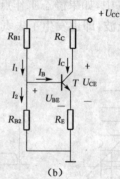

图 2-8　分压式偏置共发射极放大电路及直流通路

由图 2-8(b)所示直流通路可以列出晶体管的基极电位

$$V_B = R_{B2} I_2 \approx \frac{R_{B2}}{R_{B1} + R_{B2}} U_{CC}$$

即可以认为:V_B 与晶体管的参数无关,仅仅由 R_{B1} 和 R_{B2} 构成的分压电路来确定。

$$U_{BE} = V_B - V_E = V_B - I_E R_E$$

$$I_C \approx I_E = \frac{V_B - U_{BE}}{R_E} \approx \frac{V_B}{R_E}$$

即也可以认为 I_C 不受温度的影响。

对于分压式偏置放大电路,只要满足上式两个条件,V_B、I_E 和 I_C 几乎与晶体管的参数无关,不受温度变化的影响,从而使得静态工作点基本稳定。对于硅管而言,在估算时一般选取 $I_2 = (5 \sim 10) I_B$ 和 $V_B = (5 \sim 10) U_{BE}$。

分压式偏置放大电路自动稳定静态工作点的过程可表示如下:

温度升高 $\rightarrow I_C \uparrow \rightarrow V_E \uparrow \rightarrow U_{BE} \downarrow \rightarrow I_B \downarrow \rightarrow I_C \downarrow$

即当温度升高时,I_C 和 I_E 增大,$V_E = I_E R_E$ 也增大。由于 V_B 为 R_{B1} 和 R_{B2} 构成的分压电路来固定,根据上式,则 U_{BE} 减小,从而引起 I_B 减小,使得 I_C 自动下降,静态工作点大致回到原来的位置。

分压式偏置放大电路中接入发射极电阻 R_E,发射极电流的直流分量通过它起到自动稳定静态工作点的作用;另外,如果没有发射极交流旁路电容 C_E,发射极电流的交流分量也通过它,当然会产生交流压降,从而降低放大电路的电压放大倍数。而在 R_E 两端并联上电容 C_E 后,对直流分量没有影响;对交流分量可以视为短路,不会影响到电压放大倍数。

1. 静态分析

$$V_B = R_{B2} I_2 \approx \frac{R_{B2}}{R_{B1} + R_{B2}} U_{CC}$$

$$U_{BE} = V_B - V_E = V_B - I_E R_E$$

$$I_C \approx I_E = \frac{V_B - U_{BE}}{R_E} \approx \frac{V_B}{R_E}$$

$$I_B = \frac{I_C}{\beta}$$

$$U_{CE} = U_{CC} - R_C I_C - R_E I_E$$

2. 动态分析

分压式偏置电路如图 2-9 所示,图(a)为交流通路,图(b)为微变等效电路。根据图 2-9(b),放大电路的电压放大倍数为

$$A_u = \frac{\dot{U}_o}{\dot{U}_i} = \frac{-\beta \dot{I}_b \times R'_L}{\dot{I}_b \times r_{be}} = -\beta \frac{R'_L}{r_{be}}$$

其中, $R'_L = R_C \ // \ R_L$。

输入电阻: $r_i = R_{B1} \ // \ R_{B2} \ // \ r_{be}$

输出电阻: $r_o = R_C$

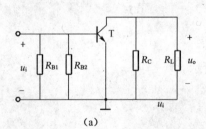
（a）

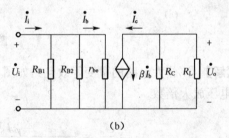
（b）

图 2-9　分压式偏置放大电路及其微变等效电路

【例 2-3】　电路如图 2-9(a)所示, $R_{B1} = 39 \text{ k}\Omega$, $R_{B2} = 20 \text{ k}\Omega$, $R_C = 2.5 \text{ k}\Omega$, $R_E = 2 \text{ k}\Omega$, $R_L = 5.1 \text{ k}\Omega$, $U_{CC} = 12 \text{ V}$, $U_{BE} = 0.7 \text{ V}$,三极管的 $\beta = 40$, $r_{be} = 0.9 \text{ k}\Omega$,试估算静态工作点,计算电压放大倍数 A_u、输入电阻 r_i 和输出电阻 r_o。

【解】　静态工作点

$$V_B = \frac{R_{B2}}{R_{B1} + R_{B2}} U_{CC} = \frac{20}{39 + 20} \times 12 = 4.1 \text{ V}$$

$$I_C \approx I_E = \frac{V_B - U_{BE}}{R_E} = \frac{4.1 - 0.7}{2 \times 10^3} = 1.7 \text{ mA}$$

$$I_B = \frac{I_C}{\beta} = \frac{1.7 \times 10^{-3}}{40} = 42.5 \ \mu A$$

$$U_{CE} = U_{CC} - I_C R_C - I_E R_E$$

$$= 12 - 1.7 \times 10^{-3} \times 2.5 \times 10^3 - 1.7 \times 10^{-3} \times 2 \times 10^3 = 4.35 \ V$$

动态分析,图 2-9(b)所示为电路的微变等效电路。

电压放大倍数

$$A_u = -\beta \frac{R'_L}{r_{be}} = -40 \times \frac{2.5 \ /\!/ \ 5.1}{0.9} = -74.6$$

输入电阻和输出电阻

$$r_i = R_{B1} \ /\!/ \ R_{B2} \ /\!/ \ r_{be} \approx r_{be} = 0.9 \ k\Omega$$

$$r_o = R_C = 2.5 \ k\Omega$$

【例 2-4】 电路如图 2-10 所示,$R_{B1} = 39 \ k\Omega$,$R_{B2} = 13 \ k\Omega$,$R_C = 2.4 \ k\Omega$,$R_{E1} = 0.2 \ k\Omega$,$R_{E2} = 1.8 \ k\Omega$,$R_L = 5.1 \ k\Omega$,$U_{CC} = 12 \ V$,三极管的 $\beta = 40$,$r_{be} = 1.09 \ k\Omega$,试画出该电路的微变等效电路,并计算电压放大倍数 A_u、输入电阻 r_i 和输出电阻 r_o。

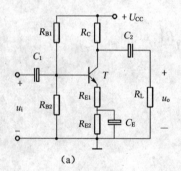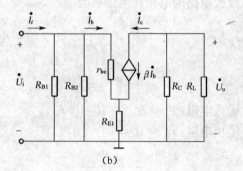

图 2-10

【解】 该放大电路的微变等效电路如图 2-10(b)所示。

电压放大倍数

$$A_u = \frac{\dot{U}_o}{\dot{U}_i} = \frac{-\beta \dot{I}_b \times R'_L}{\dot{I}_b \times r_{be} + (1+\beta) \dot{I}_b \times R_{E1}}$$

$$= -\beta \frac{R'_L}{r_{be} + (1+\beta) R_{E1}} = -40 \times \frac{2.4 \ /\!/ \ 5.1}{1.09 + (1+40) \times 0.2} \approx -7$$

输入电阻和输出电阻

$$r_i = R_{B1} \ /\!/ \ R_{B2} \ /\!/ \ [r_{be} + (1+\beta) R_{E1}] = 39 \ /\!/ \ 13 \ /\!/ \ [1.09 + (1+40) \times 0.2] \approx 4.76 \ k\Omega$$

$$r_o = R_C = 2.4 \ k\Omega$$

项目三　射极输出器

射极输出器的电路如图 2-11(a)所示,是从射极输出。电路中晶体管的集电极成为输入回路和输出回路的公共端,所以,它实际上是一个共集电极的晶体管放大电路。对于射极输出器,要特别注意其特点和用途。

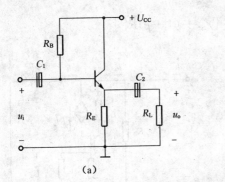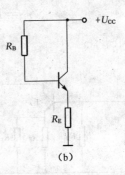

图 2-11　射极输出器及其直流通路

1. 静态分析

由图 2-11(b)直流通路可得

$$U_{CC} = I_B R_B + U_{BE} + I_E R_E = I_B R_B + U_{BE} + (1+\beta) I_B R_E$$

$$I_B = \frac{U_{CC} - U_{CE}}{R_B + (1+\beta) R_E}$$

$$I_C = \beta I_B$$

$$U_{CE} = U_{CC} - I_E R_E \approx U_{CC} - I_C R_E$$

2. 动态分析

射极输出器的交流通路和微变等效电路如图 2-12 所示。

由图 2-12(b),可以列出以下式子:

$$\dot{U}_o = \dot{I}_e R'_L = (1+\beta) \dot{I}_b R'_L$$

式中, $R'_L = R_E \mathbin{/\mkern-5mu/} R_L$。

$$\dot{U}_i = \dot{I}_b r_{be} + \dot{U}_o = \dot{I}_b [r_{be} + (1+\beta) R'_L]$$

所以,电压放大倍数

$$A_u = \frac{\dot{U}_o}{\dot{U}_i} = \frac{(1+\beta) R'_L}{r_{be} + (1+\beta) R'_L}$$

通常，$r_{be} \ll (1+\beta)R'_L$，所以射极输出器的电压放大倍数 $A_u \approx 1$，说明 $\dot{U}_o \approx \dot{U}_i$，即输出电压不但与输入电压同相，而且大小也是接近相等。故射极输出器又称为射极跟随器。

先计算输入电阻

$$r'_i = \frac{\dot{U}_i}{\dot{I}_b} = \frac{\dot{I}_b[r_{be}+(1+\beta)R'_L]}{\dot{I}_b} = r_{be}+(1+\beta)R'_L$$

射极输出器的输入电阻

$$r_i = R_B // r'_i = R_B // [r_{be}+(1+\beta)R'_L]$$

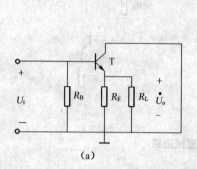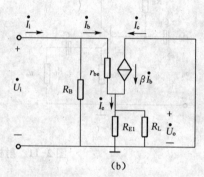

图 2-12　射极输出器交流通路及其微变等效电路

输出电阻

$$r_o = R_E // \frac{R'_s+r_{be}}{1+\beta}$$

式中，$R'_s = R_E // R_B$。

【例 2-5】 电路如图 2-11(a)所示，$U_{CC}=12\,V$，$R_B=150\,k\Omega$，$R_E=4\,k\Omega$，$R_L=4\,k\Omega$，晶体管的 $\beta=50$。试求：(1)静态值 I_B、I_C 和 U_{CE}；(2)动态值 A_u、r_i 和 r_o。

【解】 (1) 计算静态值

$$I_B = \frac{U_{CC}-U_{CE}}{R_B+(1+\beta)R_E} = \frac{12-0.6}{150\times10^3+(1+50)\times4\times10^3} \approx 32\,\mu A$$

$$I_C = \beta I_B = 50\times30\times10^{-6} = 1.6\,mA$$

$$U_{CE} \approx U_{CC}-I_C R_E = 12-1.6\times10^{-3}\times4\times10^3 = 5.6\,V$$

(2) 动态分析

$$r_{be} = 300+(1+\beta)\frac{26}{1.6} = 300+(1+50)\times\frac{26}{1.6} = 1.13\,k\Omega$$

$$A_u = \frac{(1+\beta)R'_L}{r_{be}+(1+\beta)R'_L} = \frac{(1+50)\times(4//4)\times10^3}{1.13\times10^3+(1+50)\times(4//4)\times10^3} \approx 0.99$$

$$r_i = R_B // r'_i = R_B // [r_{be}+(1+\beta)R'_L] = 150 // [1.13+(1+50)\times(4//4)] \approx 61.1\,k\Omega$$

$$r_o = R_E // \frac{R'_s+r_{be}}{1+\beta} = 4\times10^3 // \frac{0+1.13\times10^3}{1+50} \approx 22\,\Omega$$

从上面的计算可以看出：与共发射极放大电路相比，射极输出器的输入电阻很大，输出电阻很小，所以常常被用作为放大器的输入级或输出级。射极输出器也常用作中间级，即两级共发射极放大电路之间加一级放大电路——射极输出器，以隔离前后级放大电路的相互影响。在这里，射极输出器起到阻抗变化的作用。

项目四　功率放大电路

在电子设备中，最后一级放大电路一定要带动一定的负载。例如，使扬声器发出声音、使电动机旋转等。要完成这些要求，末级放大电路不但要输出大幅度的电压，还要给出大幅度的电流，即向负载提供足够大的功率。这种放大电路称为功率放大电路。

功率放大电路与前面介绍的电压放大电路并没有本质的区别，只是两者所完成的任务要求不同。电压放大电路，通常工作在小信号状态，要求在不失真的情况下，输出尽量大的电压信号。而功率放大电路，通常是工作在大信号状态，要求在不失真的情况下，向负载输出尽量大的信号功率。本项目内容主要介绍功率放大器的工作原理和分析方法。

1. 功率放大器的特殊要求

（1）要求输出功率尽可能大

负载得到的功率为 $P_o = U_o I_o$，其中 U_o、I_o 分别是正弦输出电压和输出电流的有效值。为了得到足够大的功率输出，要求功放管的电压和电流有足够大的输出幅值。

（2）效率要求高

功率放大器主要是把直流电源提供的能量转换为交流能量传送到负载，因此功率放大器要求其效率要高。效率定义如下：

$$\eta = \frac{P_o}{P_E}$$

式中：P_o——负载得到的交流信号有功功率；

　　　P_E——电源提供的直流功率。

（3）非线性失真尽量减小

功率放大器是在大信号状态下工作，即动态范围大，因此就不可避免地会产生非线性失真。在要求输出功率足够大的情况下，允许一定范围的非线性失真，因此应该使非线性尽量减小。

2. 互补对称功率放大电路

基本互补对称功率放大电路如图 2-13 所示，电路中 T_1 和 T_2 分别是 NPN 型和 PNP 型晶体管，而且两晶体管的特性参数相同，两管的基极和发射极连接在一起，信号从基极输入，从发射极输出，R_L 为负载电阻。该电路实质上就是一个复合的射极跟随器。

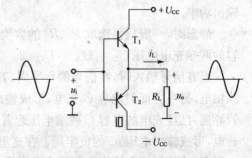

图 2-13　基本互补对称功率放大电器

静态时,由于两管基极偏置电流 $I_B = 0$, $I_C = 0$, $U_{CE} = U_{CC}$,两管都工作在乙类状态。

动态时,如果忽略发射结的死区电压,则当输入电压 u_i 为正时,T_1 管导通,T_2 管截止,电流由 T_1 的射极流出经过负载 R_L,产生输出电压 u_o 的正半周;当输入电压 u_i 为负时,T_1 管截止,T_2 管导通,电流由 T_2 的射极流出经过负载 R_L,产生输出电压 u_o 的负半周。这样,T_1、T_2 两个晶体管轮流导通、交替工作,工作特性对称,互补对方所缺的半个输出电压波形,所以被称为互补对称电路。

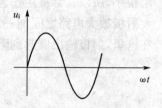

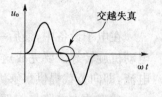

图 2-14　交越失真

实际上,由于发射结死区电压的影响,当输入电压过零附近而且小于晶体管的死区电压时,晶体管截止,输出电流、输出电压近似为零,即在 T_1 与 T_2 导通、截止的交替处的输出波形便衔接不上而产生失真,如图 2-14 所示,这种失真称为交越失真。

为了消除交越失真,一般在两个晶体管的基极之间加上二极管(或者电阻,或电阻和二极管的串联),如图 2-15 所示。图中的晶体管 T_3 是前级放大电路,利用 T_3 管的静态电流在 D_1 和 D_2 上产生的直流正向压降,作为 T_1 和 T_2 管的正向偏置电压,使得静态时 T_1 和 T_2 管处于开始导通状态,从而克服了 T_1 和 T_2 管死区电压的影响,消除了交越失真。这个电路中由于输出不用电容,成为无电容输出的互补对称电路,简称 OCL 电路。

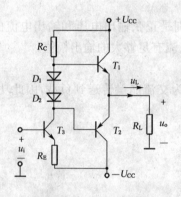

图 2-15　OCL 电路

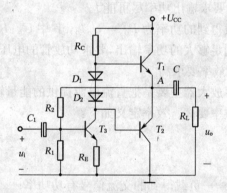

图 2-16　OTL 电路

图 2-15 中使用了双电源,为了减少电源数目,可以去掉负电源,而在负载电路中串联一个容量较大的电容 C(数百到数千微法)代替负电源,如图 2-16 所示。图中 T_1 和 T_2 管组成互补对称电路输出级,工作在甲乙类状态。T_3 是推动管,是为了使互补对称电路具有尽可能大的输出功率。

静态时,一般只要选取 R_1、R_2 的数值,给 T_1 和 T_2 管提供一个合适的偏置电流,从而使电容的两端充电电压 $U_C = U_A = U_{CC}/2$。

当有信号输入时,在信号的负半周,T_1 管截止,T_2 管导通,电源 U_{CC} 通过 T_2 管一方面向负载供电,另一方面对电容 C 充电,形成输出电压 u_o 的正半周;在信号的正半周,T_2 管截止,T_1 管导通,已经充电的电容 C 两端电压起着图 2-15 中负电源 $-U_{CC}$ 的作用,通过 T_1 管和负载 R_L 放电,形成输出电压 u_o 的负半周。在这里,要求放电时间常数 R_LC 的大小比输入信号的周期大得多,才能保证在输出电压整个负半周放电期间,电容两端的电压下降很小,使它近似维持

$U_{CC}/2$。

T_3管的偏置电阻R_2不是接到电源U_{CC}的正极,而是接到A点,是为了引入电压负反馈,以保证静态时,A点的电位稳定在$U_{CC}/2$。这种电路的输出通过电容C与负载R_L耦合,而不是用变压器,所以又称为无输出变压器互补对称电路(OTL电路)。

项目五　差动放大电路

如前所述,单级放大电路的电压放大倍数有限,可能达不到实际所需要的电压放大倍数。这时,就要将放大电路一级一级地连接起来组成多级放大器。

1. 多级放大器的耦合方式

在多级放大器中,相邻的两个单级放大器之间为了传递信号而选用的连接方式称为耦合方式。对于多级放大器,耦合方式有变压器耦合方式、阻容耦合方式和直接耦合方式。而电压放大器常采用直接耦合方式和阻容耦合方式。如图2-17所示,第一级和第二级放大器间采用了阻容耦合方式,而第二级和第三级放大器间采用了直接耦合方式。

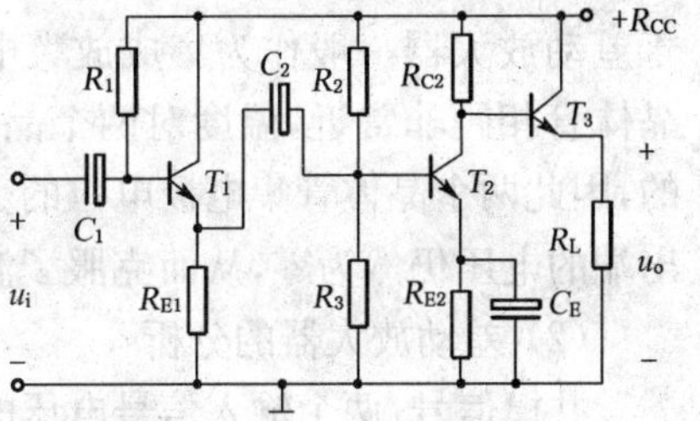

图 2-17　多级放大器级间耦合方式

阻容耦合是通过耦合电容将两级放大器连接起来。由于电容具有"通交流隔直流"的特性,将前后级放大器的直流通路隔断,各级放大器的静态值可以独立计算,而电容对交流信号阻碍作用很小,不影响交流信号的通过。

直接耦合是把两级放大器直接连接起来,它们之间不接电容,因此,这种放大电路可以放大缓慢变化的信号。但是直接耦合带来了阻容耦合放大器所没有的问题:静态工作点相互影响和零点漂移。

(1) 前后级放大电路静态工作点的相互影响

图2-18中,第二级和第三级放大器间采用了直接耦合方式,第二级放大器的集电极直流电位等于第三级放大器的基极直流电位。为了使前后级放大器有一个合适的静态工作点,通常在后一级电路中的发射极串接一个电阻或接入具有一定稳定电压的稳压二极管,以提高前一级的集电极直流电位,保证电路正常工作。但是,这样就会提高对电源电压的要求。

(2) 零点漂移

一个理想的直接耦合放大器,当输入信号为零时,输出端的电位应该保持不变。实际上,由于温度、射频等因素的影响,直接耦合的多级放大器在输入信号为零时,输出端的电位会偏离初始设定值,产生缓慢而不规则的波动,这种输出端电位的波动现象,称为零点漂移。由于第一级的两点漂移经过后面多级放大器的放大,在输出端的漂移信号甚至"淹没"了有效信号。因此,抑制第一级的零点漂移至关重要。

引起零点漂移的原因很多,如电源的波动、晶体管参数随温度的变化、电路元件参数的变化等,其中温度的影响最严重。温度对零点漂移的影响,称为温度漂移。下面的分析中主要讨论温度漂移的影响及抑制。

2. 差动放大器

（1）差动放大器对温度漂移的抑制

典型的差动放大器如图 2-18 所示,该电路具有对称性。两个晶体管的型号相同,特性一致,相应的电阻阻值相等。信号电压由两个晶体管的基极与地之间输入,输出电压从两个晶体管的集电极之间输出。这种电路称为双端输入—双端输出方式差动放大电路。

静态时,$u_{i1} = u_{i2} = 0$,两个输入端视为短路,电源 U_{EE} 通过电阻 R_E 用来向各个晶体管提供偏置电流,建立一个合适的晶体工作点。由于电路是对称的,两管的基极电位相同,基极电流也是相同的,集电极的电位也相同,所以输出电压 $u_o = V_{C1} - V_{C2} = 0$。

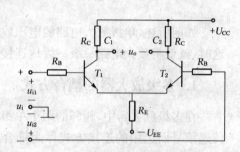

图 2-18　典型差动放大器

当温度发生变化时,引起静态工作点的变化。由于差动放大器一般作为集成放大电路的第一级,两个晶体管相距非常近,温度对两个晶体管的影响是相同的,因此两个晶体管集电极电位的变化量相等,所以输出端的电压仍然为零,从而克服了温度漂移。

（2）差动放大器的分析

共模信号:两个输入信号电压的大小相等,极性相同,即 $u_{i1} = u_{i2}$,这样的输入信号称为共模信号。

差模信号:两个输入信号电压的大小相等,极性相反,即 $u_{i1} = -u_{i2}$,这样的输入信号称为差模信号。

① 差模输入分析

如图 2-18 所示,每个晶体管的输入电压为输入电压 u_i 的一半,而且极性相反,即

$$u_{i1} = \frac{1}{2}u_i, u_{i2} = -\frac{1}{2}u_i$$

在这种情况下,T_1 管和 T_2 管的集电极电流一个增大,但另一个晶体管的集电极电流却减少,输出端就有放大了的电压信号。假设单边放大电路的电压放大倍数都为 A_{ud1},则差动放大器的输出电压为

$$u_o = u_{o1} - u_{o2} = A_{ud1}u_{i1} - A_{ud1}u_{i2} = A_{ud1}(u_{i1} - u_{i2}) = A_{ud1}u_i$$

则差模输入电压放大倍数 A_{ud} 为

$$A_{ud} = \frac{u_o}{u_i} = A_{ud1} = -\beta\frac{R_C}{R_B + r_{be}}$$

即差动放大器的差模电压放大倍数与单边放大电路的电压放大倍数相等。

② 共模输入分析

如图 2-18 所示,在共模信号的作用下,T_1 管和 T_2 管相应电量的变化完全相同,显然,输出电压 $u_o = u_{o1} - u_{o2} = 0$,则共模电压放大倍数

$$A_{uc} = 0$$

发射极电阻 R_E 对共模信号具有很强的抑制能力。当共模信号使得两个晶体管的集电极电流同时增大时,流过 R_E 的电流就会成倍增加,发射极电位升高,从而导致发射极的两端电压减小,抑制了集电极电流的增加。理想的差动放大器共模放大倍数为零。

③ 共模抑制比

对于一个理想的差动放大器,应该是有效地放大差模信号,完全抑制共模信号。但是,由于电路不能完全对称,共模电压放大倍数因此不可能为零。通常把差动放大器的差模电压放大倍数 A_{ud} 与共模电压放大倍数 A_{uc} 之比,称为共模抑制比,用 K_{CMRR} 表示。

$$K_{CMRR} = \frac{A_{ud}}{A_{uc}}$$

也可以用对数形式表示

$$K_{CMRR} = 20 \lg \frac{A_{ud}}{A_{uc}} (dB)$$

K_{CMRR} 是用来衡量差动放大器抑制共模信号能力的,K_{CMRR} 的值越大,表示差动放大电路对共模信号的抑制能力越强,差动电路的性能也就越好。

④ 差动放大器的其他输入输出方式

差动放大电路除了前面所述的双端输入—双端输出方式外,还有双端输入—单端输出方式(如图 2-19(a))、单端输入—双端输出方式(如图 2-19(b))、单端输入—单端输出方式(如图 2-19(c))等方式,这些输入输出方式在实际中也经常使用。

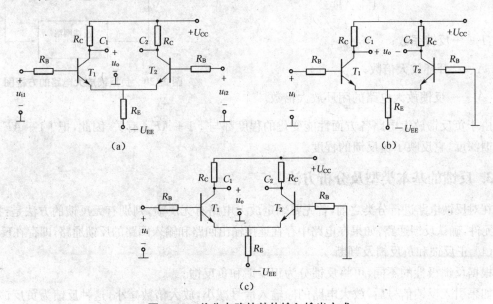

图 2-19 差分电路的其他输入输出方式

提示:单端输出时,电压放大倍数只有双端输出时电压放大倍数的一半;单端输入等效于差模的双端输入。推导过程在此不作介绍。

项目六　放大电路中的负反馈

反馈是改善放大电路性能的一种重要手段,因此在电子技术中得到了广泛应用。在各种电子设备和仪器的放大电路中,几乎都引入了某种形式的反馈。

1. 什么是反馈

在电子系统中,把放大电路的输出量(输出电压或输出电流)的一部分或全部,通过反馈网络,反送到输入回路中的过程就叫反馈。反馈构成一个闭环系统,使放大电路的净输入量不仅受到输入信号的控制,而且受到放大电路输出量的影响。连接输出回路与输入回路的中间环节叫反馈网络;把引入反馈的放大电路叫作反馈放大电路,也叫闭环放大电路;而未引入反馈的放大电路,称为开环放大电路。

2. 负反馈放大电路的基本关系式

反馈放大电路都可以看成是由基本放大电路和反馈网络两大部分组成,见图 2-20 所示的方框图。

接入反馈后放大电路放大倍数的一般关系式:

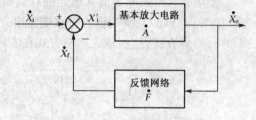

$$\dot{A}_{f} = \frac{\dot{A}}{1 + \dot{A}\dot{F}}$$

式中:$\dot{F}$——反馈系数;

$\dot{A}$——开环放大倍数;

图 2-20　负反馈放大电路的方框图

$\dot{A}_{f}$——反馈放大电路的闭环放大倍数。

由于负反馈放大电路各方面性能变化的程度都与 $|1 + \dot{A}\dot{F}|$ 有关,因此,把 $|1 + \dot{A}\dot{F}|$ 称为反馈深度,它反映了负反馈的程度。

3. 反馈的基本类型及分析方法

在对反馈电路进行分类之前,首先要确定放大电路有无反馈,判别有无反馈的方法是:找出反馈元件,确认反馈通路,如果在电路中存在连接输出回路和输入回路的反馈通路,即存在反馈。

(1) 正反馈和负反馈及判断

根据反馈极性的不同,可将反馈分为正反馈和负反馈。

如果引入反馈信号后,放大电路的净输入信号减小,放大倍数减小,这种反馈为负反馈;反之,反馈信号使放大电路的净输入信号增大,放大倍数增大,则为正反馈。

判断方法一般采用瞬时极性法。具体步骤是:①首先找出反馈支路,然后设输入端基极的瞬时极性为⊕(或⊖),再依次判断各三极管管脚的瞬时极性。注意:同一只三极管发射极的瞬时极性与基极的瞬时极性相同,集电极的瞬时极性与基极瞬时极性相反;信号传输过程中经电容、电阻后瞬时极性不改变。②反馈信号送回输入端,若送回基极与原极性相同时为正反馈,相反时则为负反馈;若送回发射极与原极性相同时为负反馈,相反时则为正反馈。

（2）直流反馈和交流反馈及判断

若反馈回来的信号是直流量,为直流反馈。若反馈回来的信号是交流量,为交流反馈。若反馈信号既有交流分量,又有直流分量,则为交、直流负反馈。

判断方法:反馈回路中有电容元件时,为交流反馈;无电容元件时,则为交、直流反馈。

（3）电压反馈和电流反馈及判断

如果反馈信号取自输出电压,称为电压反馈;如果反馈信号取自输出电流,称为电流反馈。

判断方法:①短路法,将输出端短路,若反馈信号因此而消失,为电压反馈;如果反馈信号依然存在,则为电流反馈。②对共射极电路还可用取信号法,即反馈信号取自输出端的集电极时为电压反馈;反馈信号取自输出端的发射极时则为电流反馈。

需要说明的是:电压负反馈有稳定输出电压 u_o 的作用。电流负反馈具有稳定输出电流 i_o 的作用。

（4）串联反馈和并联反馈

根据反馈信号与输入信号在放大电路输入端的连接方式不同,有串联反馈和并联反馈。

如果反馈信号与输入信号在输入端串联连接,也就是说,反馈信号与输入信号以电压比较方式出现在输入端,则称为串联反馈。如果反馈信号与输入信号在输入端并联连接,也就是说,反馈信号与输入信号以电流比较方式出现在输入端,则称为并联反馈。

区分串联反馈和并联反馈的一种简便方法是:如果反馈信号送回基极为并联反馈;如果反馈信号送回发射极则为串联反馈。

【例 2-6】　判断图 2-21 所示电路的反馈类型。

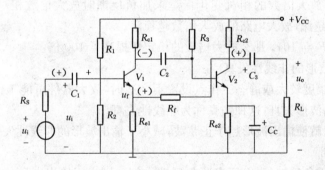

图 2-21

【解】　首先设 V_1 的基极瞬时极性为正,则 V_1 的发射极瞬时极性也为正,由于共发射极电路输出电压与输入电压反相,所以电路各处的瞬时极性如图 2-21 所示。反馈信号取自 V_2 管集电极,瞬时极性为正,最后送回到输入端的发射极,与发射极的原极性相同,所以是负反馈。

由于反馈回路中无电容元件,因此是交、直流反馈。

输出级是共射极电路,信号取自集电极,因此是电压反馈。

反馈信号送回输入端的发射极,因此是串联反馈。

综上所述,该电路为电压串联负反馈电路。

【例 2-7】　判断图 2-22 所示电路的反馈类型。

【解】 电路中有两个级间反馈通路:R_{f1} 和 C_2、R_{f2}。由图 2-22 中可看出,R_{f1} 反馈回路中无电容元件,因此是交、直流反馈。R_{f2} 反馈回路中有电容元件 C_2,因此只有交流反馈。首先设 V_1 的基极瞬时极性为正,则 V_1 的发射极瞬时极性也为正,由于共发射极电路输出电压与输入电压反相,所以电路各处的瞬时极性如图 2-22 所示。对 R_{f1} 反馈,反馈信号取自 V_2 管集电极,瞬时极性为正,最后送回到输入端的发射极,与发射极的原极性相同,所以是负反馈。将输出端短路,反馈信号会消

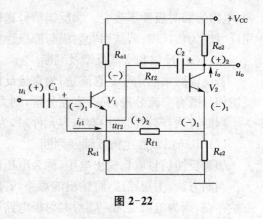

图 2-22

失,因此是电压反馈,反馈信号送回输入端的发射极,因此是串联反馈,所以 R_{f1} 反馈为电压串联负反馈。

对 R_{f2} 反馈,反馈信号取自 V_2 管发射极,瞬时极性为负,最后送回到输入端的基极,与基极的原极性相反,所以也是负反馈。将输出端短路,反馈信号不会消失,因此是电流反馈,反馈信号送回输入端的基极,因此是并联反馈,所以 R_{f2} 反馈为电流并联负反馈。

4. 负反馈对放大性能的影响

通过四种反馈组态的具体分析,使我们知道负反馈有稳定输出量的特点。负反馈的效果不仅仅是这些,只要引入负反馈,不管它是什么组态,都能使放大倍数稳定、通频带展宽、非线性失真减小等。当然,这些性能的改善都是以降低放大倍数为代价的。

(1) 放大倍数下降,但提高放大倍数的稳定性

引入负反馈后,放大倍数的相对变化量是未加负反馈时放大倍数相对变化量的 $1/(1+AF)$ 倍。可见反馈越深,放大电路的放大倍数越稳定。

例如:若 $1+AF=101$,那么放大倍数的稳定性提高了 100 倍。

(2) 减小输出波形的非线性失真

当输入信号的幅度较大或静态工作点设置不合适时,放大器件可能工作在特性曲线的非线性部分,而使输出波形失真,这种失真称为非线性失真。

引入负反馈后,就使输出波形趋于正弦波,减小了输出波形的非线性失真。

(3) 扩展通频带

放大电路中引入负反馈(以电压串联负反馈为例),则由于输出电压 u_o 大,反馈电压 u_f 也大,即反馈深。使放大电路输入端的有效控制电压大幅度下降,从而使中频区大倍数有比较明显的降低。而在放大倍数较低的高频区及低频区,由于输出电压小,所以反馈电压也小,即反馈弱。因此使有效控制电压比中频区减小的就少一些,这样在高频区及低频区,放大倍数降低的就少,使上限截止频率升高,下限截止频率下降,通频带被展宽了。

(4) 改变放大电路的输入和输出电阻

① 串联负反馈使输入电阻增大

在串联负反馈电路中,反馈网络与基本放大电路的输入电阻串联(即反馈信号在输入回路以电压的形式出现)可见,串联负反馈使输入电阻增大。

② 并联负反馈使输入电阻减小

在并联负反馈电路中,反馈网络与基本放大电路的输入电阻并联(即反馈信号在输入回路以电流的形式出现)可见,并联负反馈使输入电阻减小。

③ 电压负反馈使输出电阻减小

由于电压负反馈能起稳定输出电压的作用,即具有恒压输出的特点,相当于一个内阻很小的恒压源,这个内阻就是放大电路的输出电阻,所以电压负反馈能减少输出电阻。

④ 电流负反馈使输出电阻增大

由于电流负反馈能起稳定输出电流的作用,因此放大电路对负载来说相当于一个内阻很大的恒流源,所以电流负反馈能提高输出电阻。

习　题

一、判断题

1. 设置静态工作点的目的,是为了使信号在整个周期内不发生非线性失真。　　　(　　)

2. 放大器的放大作用是针对电流或电压变化量而言的,其放大倍数是输出信号与输入信号的变化量之比。　　　(　　)

3. 多级阻容耦合放大电路各级的静态工作点独立,不相互影响。　　　(　　)

4. 晶体管是依靠基极电压控制集电极电流,而场效应晶体管是以栅极电流控制漏极电流的。　　　(　　)

5. 射极输出器即共集电极放大器,其电压放大倍数小于1,输入电阻小,输出电阻大。　　　(　　)

6. 共发射极放大器的输出信号和输入信号反相,射极输出器也是一样。　　　(　　)

7. OCL功率放大器输入交流信号时,总有一只晶体管是截止的,所以输出波形必然失真。　　　(　　)

8. 阻容耦合放大器只能放大交流信号,不能放大直流信号。　　　(　　)

9. 电压并联负反馈使放大器的输入电阻和输出电阻都减小。　　　(　　)

10. 环境温度变化引起参数变化是放大电路产生零点漂移的主要原因。　　　(　　)

11. 既然负反馈使放大电路的放大倍数降低,因此一般放大电路都不会引入负反馈。　　　(　　)

12. 负反馈是指反馈信号和放大器原来的输入信号相位相反,会削弱原来的输入信号,在实际中应用较少。　　　(　　)

13. 电压串联负反馈使放大器的输入电阻增加,输出电阻下降。　　　(　　)

14. 在放大电路中引入负反馈后,能使输入电阻降低的是串联型反馈。　　　(　　)

15. 在放大电路中引入负反馈后,能使输出电流稳定的是电流反馈。　　　(　　)

二、选择题

1. 在晶体管电压放大电路中,当输入信号一定时,静态工作点设置太低将可能产生(　　)。

A. 饱和失真　　　　　B. 截止失真　　　　　C. 交越失真

2. 在晶体管放大电路中,出现截止失真的原因是工作点(　　)。

A. 偏高　　　　　B. 偏低　　　　　C. 适当

3. 在晶体管放大电路中,当集电极电流增大时,将使晶体管(　　)。

A. 集电极电压 U_{CC} 上升　　　　　B. 集电极电压 U_{CC} 下降

C. 基极电流不变

4. 单管共射放大器的 U_o 与 U_1 相位差（　　　）。

A. 0°　　　　　　B. 90°　　　　　　C. 180°　　　　　　D. 360°

5. 某放大器由三级组成,已知每级电压放大倍数为 A_u,则总的电压放大倍数为（　　　）。

A. $3A_u$　　　　　B. A_u^3　　　　　C. $A_u^3/\sqrt{3}$　　　　　D. $3A_u^3$

6. 两个单管电压放大器单独工作,空载时它们的电压放大倍数各为：$A_{u1}=-40$,$A_{u2}=-60$。当用阻容耦合方式连接成两级放大电路时,总的电压放大倍数为（　　　）。

A. 2 400　　　　　B. 100　　　　　C. 小于 2 400　　　　　D. -100

7. 稳定放大器静态工作点的方法有（　　　）。

A. 增大放大器的电压放大倍数　　　　　B. 设置负反馈电路

C. 设置正反馈电路

8. 在放大电路中,为了稳定静态工作点,可以引入（　　　）。

A. 直流负反馈　　　　　B. 交流负反馈　　　　　C. 交流正反馈

9. 对于射极输出器,下列说法正确的是（　　　）。

A. 它是一种共射极放大电路　　　　　B. 它是一种共集极放大电路

C. 它是一种共基极放大电路

10. 使用差动放大器的作用是为了提高（　　　）。

A. 电流放大倍数　　　　　B. 电压放大倍数

C. 控制零点漂移能力

11. 差动式直流放大器与直偶式直流放大器相比,其主要优点在于（　　　）。

A. 有效抑制零点漂移　　　　　B. 电压倍数增加

C. 输入阻抗增加

12. 差动式直流放大器抑制零点漂移的效果取决于（　　　）。

A. 两个晶体管的放大倍数　　　　　B. 两个晶体管的对称程度

C. 各个晶体管的零点漂移

13. 甲、乙两个直流放大器,输出端的零点漂移电压一样,甲的放大倍数是乙的 10 倍,即甲放大器的漂移现象比乙放大器的漂移现象（　　　）。

A. 一样　　　　　B. 轻一些　　　　　C. 重一些

14. 直接耦合放大电路的放大倍数越大,在输出端出现的零点漂移现象就越（　　　）。

A. 严重　　　　　B. 轻微　　　　　C. 与放大倍数无关

15. 直接耦合多级放大电路（　　　）。

A. 只能放大直流信号　　　　　B. 只能放大交流信号

C. 既能放大直流信号,又能放大交流信号

16. 某传感器产生的是电压信号(几乎不能提供电流),经放大后,希望输出电压与信号成正比,此放大电路应选（　　　）的负反馈形式。

A. 电压串联　　　　　B. 电压并联　　　　　C. 电流串联　　　　　D. 电流并联

三、填空题

1. 表征电压放大器中晶体管静态工作点的参数是＿＿＿＿、＿＿＿＿和＿＿＿＿。

2. 造成 Q 点不稳定的因素很多,如温度变化、U_{CC} 波动、电路参数变化等,其中以＿＿＿＿影响最大。稳定静态工作点常用的措施是在电路中引入＿＿＿＿。

3. 晶体管低频小信号电压放大电路级间通常采用_____耦合,而集成电路内部级间多采用_____耦合。

4. 射极输出器的_____极为输入回路和输出回路的公共端,所以它是一种_____放大电路。

四、分析说明题

1. 在 NPN 型放大电路中,哪个电极的电位最高? 哪个电极的电位最低? 在 PNP 型的放大电路中,则是哪个电极的电位最高? 哪个电极的电位最低?

2. 在固定偏置放大电路中,晶体管的 $\beta = 50$,若将该管调换为 $\beta = 80$ 的另外一个晶体管,则该电路中晶体管的集电极电流 I_C 将如何变化?

3. 分析图 2-23 所示各电路有无交流电压放大作用,并说明为什么。

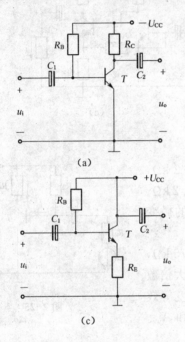
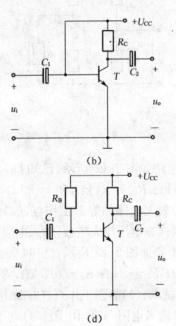

图 2-23

4. 在固定偏置放大电路中,导致放大电路发生饱和失真和截止失真的原因各是什么?

5. 功率放大电路中,交越失真是怎样产生的? 如何克服交越失真?

6. 差分放大电路是如何抑制共模信号而放大差模信号的?

7. 试判别图 2-24 中各图的反馈类型。

8. 简要说明引入负反馈后,对放大器的性能有哪些影响。

9. 简述不同类型的负反馈对放大器输入电阻、输出电阻各产生何种影响。

五、计算题

1. 电路如图 2-25 所示,已知 $U_{CC} = 12\,\text{V}$,$R_C = 3\,\text{k}\Omega$,$\beta = 40$,且忽略 U_{BE},若要使静态时 $U_{CE} = 9\,\text{V}$,则 R_B 应该取多大?

2. 电路如图 2-25 所示,已知 $U_{CC} = 12\,\text{V}$,$R_C = 3\,\text{k}\Omega$,$R_B = 240\,\text{k}\Omega$,晶体管的电流放大倍数 $\beta = 40$,$R_L = 6\,\text{k}\Omega$,$r_{be} = 0.8\,\text{k}\Omega$。(1)试计算各静态值 I_B、I_C 和 U_{CE};(2)利用微变等效电路计算电路的电压放大倍数、输入电阻和输出电阻。

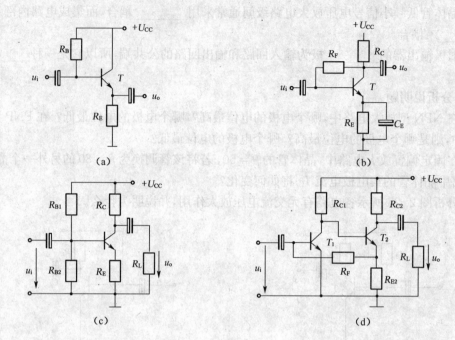

图 2-24

3. 电路如图 2-26 所示,已知 $U_{CC} = 12\ V, R_C = 2\ k\Omega,$ $R_{B1} = 36\ k\Omega, R_{B2} = 24\ k\Omega, R_E = 2\ k\Omega, \beta = 60, r_{be} = 1.2\ k\Omega$。 试求:(1)放大电路的静态工作点;(2)画出放大电路的微变 等效电路;(3)电压放大倍数、输入电阻和输出电阻。

4. 电路如图 2-27 所示,已知 $U_{CC} = 12\ V, R_B = 75\ k\Omega,$ $R_E = 1\ k\Omega, R_L = 2\ k\Omega, R_S = 0.5\ k\Omega$,晶体管的电流放大倍数 $\beta = 40$。试求:(1)静态工作点;(2)画出放大电路的微变等效 电路;(3)输入电阻和输出电阻;(4)电压放大倍数 A_u 和 A_{us}。

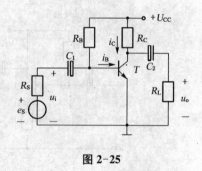

图 2-25

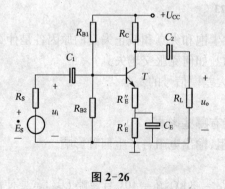

图 2-26

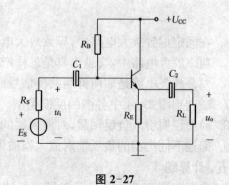

图 2-27

模块三

集成运算放大器

前面模块内容介绍的是分立电路,即由各种单个元件连接起来的电子电路。本模块内容介绍集成电路是把晶体管等整个电路的各个元件以及相互之间连接同时制造在一块半导体芯片上,组成一个不可分割的整体。集成电路与分立元件相比,体积小,重量轻,功耗低,可靠性高,是电子技术的一个飞跃,大大促进了各个科学领域的发展。

集成电路按功能一般分为数字集成电路和模拟集成电路。模拟集成电路中发展最早、应用广泛的是集成运算放大器(简称集成运放或运放)。本模块内容介绍集成运算放大器内部基本电路原理,主要讨论集成运算放大器的应用。

项目一 集成运算放大器简介

集成运算放大电路由于在一个小芯片上制造成百上千甚至几十万个元件,因此,难以制造电感和大电容元件,各级放大电路之间都采用直接耦合的连接方式。另外,用三极管恒流源电路代替高阻值的电阻,二极管用三极晶体管构成。

1. 集成运放的组成

集成运算放大器的种类非常多,内部电路也各不相同,但一般由以下四部分组成(图 3-1)。

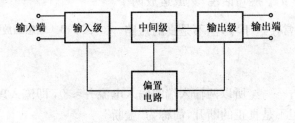

图 3-1 集成运放方框图

输入级:由于集成运放内部各级放大电路之间的连接方式采用直接耦合,所以,输入级一般是半导体三极管或 MOS 管组成具有恒流源的差动放大电路。因此,它具有输入电阻高、零点漂移小、抗干扰能力强等性能。它有两个输入端,分别称为同相输入端和反相输入端。

中间级:主要作用是提高电压放大倍数,一般是共发射极放大电路。

输出级:一般是射极输出器或互补对称功放电路。输出级电路输出电阻低,带负载能力强,能输出足够大的电压和电流。

图 3-2 给出了一个简单集成运算放大器的原理电路及符号。

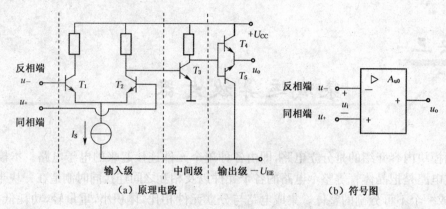

（a）原理电路　　　　　　　　（b）符号图

图 3-2　简单集成运算放大器的原理电路及符号

2. 理想运放的特点

理想运放具有以下主要参数：

（1）开环电压放大倍数　　　　$A_{uo} \to \infty$

（2）差模输入电阻　　　　　　$r_i \to \infty$

（3）开环输出电阻　　　　　　$r_o \to 0$

（4）共模抑制比　　　　　　　$K_{CMRR} \to \infty$

理想运放的符号和电压传输特性如图 3-3 所示。

理想运放工作在线性区时，利用理想参数可得到两个特点：

（1）虚短

由于 $u_o = A_{uo}(u_+ - u_-)$，而，$A_{uo} \to \infty$，所以 $u_+ - u_- = \dfrac{u_o}{A} \approx 0$，即 $u_+ \approx u_-$。换句话说，集成运放两个

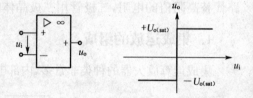

输入端之间的电压非常接近于零，但不是真的短路，简称为"虚短"。

图 3-3　理想运放的符号和电压传输特性

（2）虚断

由于 $u_i \approx 0$，且 $r_i \to \infty$，所以两输入端的输入电流 $i_I \approx 0$，即流入理想运放两个输入端的电流通常可看成零，但不是真正的断开，简称为"虚断"。

提示：虚短、虚断是理想运放工作在线性区的重要概念，涉及电压关系可利用虚短，涉及电流关系可利用虚断。

理想运放工作在饱和区（即非线性）时，则 u_+ 与 u_- 不一定相等，有：

当 $u_+ > u_-$ 时，$u_o = +U_{o(sat)}$；

当 $u_+ < u_-$ 时，$u_o = -U_{o(sat)}$。

提示：理想运放工作于饱和区时，两输入端的输入电流也等于零。

项目二 集成运算放大器的应用

集成运算放大器已广泛应用于生产、生活等各个领域。本节将介绍集成运放线性应用的几种基本电路。

1. 反相比例运算电路

图 3-4 所示电路是反相比例运算电路。输入信号 u_i 经电阻 R_1 加到反相输入端，同相输入端通过 R_2 接"地"。R_F 接在输出端和反相输入端之间，引入电压并联负反馈。

由于虚短和虚断，有

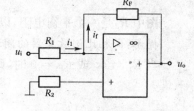

图 3-4 反比例运算电路

$$u_+ = u_- = 0$$

$$i_1 = i_f$$

即

$$\frac{u_i}{R_1} = \frac{u_- - u_o}{R_F} = -\frac{u_o}{R_F}$$

$$u_o = -\frac{R_F}{R_1} u_i$$

即输出电压与输入电压成反相比例关系。该电路的闭环电压放大倍数表达式如下：

$$A_{uf} = \frac{u_o}{u_i} = -\frac{R_F}{R_1}$$

从上式可以看出：闭环电压放大倍数可认为仅与电路中电阻 R_F 和 R_1 的比值有关，而与运算放大器本身的参数无关。

图中 R_2 是一平衡电阻，以保证静态时，两输入端基极电流对称。取 $R_2 = R_1 /\!/ R_F$。

当 $R_1 = R_F$ 时，有 $u_o = -u_i$，即该电路即为反相器。

2. 同相比例运算电路

图 3-5 所示电路是同相比例运算电路，输入信号 u_i 经 R_2 加到运算放大器的同相输入端，输出电压经 R_F 和 R_1 分压后，取 R_1 上的电压反馈到运算放大器的反相输入端，电路中引入电压串联负反馈。

根据虚短和虚断，可知

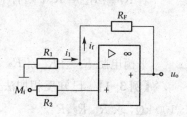

图 3-5 同相比例运算电路

$$u_- = u_+ = u_i$$

$$i_1 = i_f$$

即

$$-\frac{u_-}{R_1} = \frac{u_- - u_o}{R_F}$$

也就是

$$-\frac{u_i}{R_1} = \frac{u_i - u_o}{R_F}$$

$$u_o = \left(1 + \frac{R_F}{R_1}\right)u_i$$

即输出电压与输入电压成同相比例关系。其闭环电压放大倍数如下式：

$$A_{uf} = \frac{u_o}{u_i} = 1 + \frac{R_F}{R_1}$$

图中 R_2 是一个平衡电阻，以保证静态时两输入端基极电流对称。取 $R_2 = R_F \ // \ R_1$。

提示：同相比例放大器的闭环放大倍数总是大于或等于1。

当 $R_1 = \infty$ 或 $R_F = 0$ 时，则有

$$A_{uf} = \frac{u_o}{u_i} = 1$$

这就是电压跟随器。由于电压跟随器引入了电压串联负反馈，具有输入电阻高，输出电阻低的特点，因此在电路中常常作为缓冲器。

3. 反相加法运算电路

图 3-6 所示的电路为反相加法运算电路，它引入的是电压并联负反馈。由于虚短和虚断，可得下面表达式：

$$u_- = u_+ = 0$$

$$i_1 + i_2 = i_r$$

即

$$\frac{u_{i1}}{R_1} + \frac{u_{i2}}{R_2} = -\frac{u_o}{R_F}$$

$$u_o = -\left(\frac{R_F}{R_1}u_{i1} + \frac{R_F}{R_2}u_{i2}\right)$$

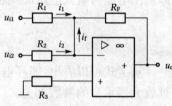

图 3-6　反相加法运算电路

上式表明：输入输出的关系表达式也与运算放大器本身的参数无关，只要电阻值足够精确，即可保证加法运算的精度和稳定性。

若 $R_1 = R_2 = R_F$，则有下面表达式成立：

$$u_o = -(u_{i1} + u_{i2})$$

平衡电阻 $R_3 = R_1 \ // \ R_2 \ // \ R_F$。

【例 3-1】　已知反相加法运算电路的运算关系为 $u_o = -(2u_{i1} + 0.5u_{i2})$V，且已知 $R_F = 100 \ \text{k}\Omega$，求 R_1、R_2、R_3。

【解】　由 $u_o = -\frac{R_F}{R_1}u_i$ 可得

$$\frac{R_F}{R_1} = 2 \quad R_1 = \frac{R_F}{2} = \frac{100}{2} = 50 \ \text{k}\Omega$$

$$\frac{R_F}{R_2} = 0.5 \quad R_2 = \frac{R_F}{0.5} = \frac{100}{0.5} = 200$$

$$R_3 = R_1 / R_2 / R_F \approx 28.6$$

4. 减法运算电路

图 3-7 所示电路为减法运算电路,两个输入信号 u_{i1} 和 u_{i2} 分别加入运算放大器的反相输入端和同相输入端,是反相输入与同相输入结合的放大电路。

由于理想运放工作于线性区,是线性器件,该电路是线性电路,可应用叠加原理分析:

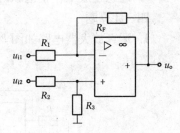

当 u_{i1} 单独作用时,为反相比例运算电路

$$u_o' = -\frac{R_F}{R_1} u_{i1}$$

当 u_{i2} 单独作用时,是同相比例运算电路

$$u_o'' = \left(1 + \frac{R_F}{R_1}\right) \frac{R_3}{R_2 + R_3} u_{i2}$$

图 3-7 减法运算电路

则根据叠加定律,可得

$$u_o = u_o' + u_o'' = \left(1 + \frac{R_F}{R_1}\right) \frac{R_3}{R_2 + R_3} u_{i2} - \frac{R_F}{R_1} u_{i1}$$

如果 $\dfrac{R_F}{R_1} = \dfrac{R_3}{R_2}$,则输出电压为

$$u_o = \frac{R_F}{R_1}(u_{i2} - u_{i1})$$

即输出电压与两输入电压之差 $(u_{i2} - u_{i1})$ 成正比。所以,在这种条件下,图 3-7 所示的电路就是一个差动放大电路。若再有 $R_1 = R_F$,则 $u_o = u_{i2} - u_{i1}$,即减法运算。

习 题

一、判断题

1. 在集成运放的信号运算应用电路中,运放一般工作在非线性工作区。 （ ）

2. 反相运算放大器属于电压并联负反馈放大器。 （ ）

3. 同相运算放大器属于电压串联负反馈放大器。 （ ）

二、选择题

1. 理想运放的差模输入电阻 r_i 和开环输出电阻 r_o 分别是（ ）。

A. ∞, ∞　　　　　B. $0, 0$　　　　　C. $\infty, 0$　　　　　D. $0, \infty$

2. 理想运放的开环电压放大倍数 A_{uo} 和共模抑制比 K_{CMRR} 分别是（ ）。

A. ∞, ∞　　　　　B. $0, 0$　　　　　C. $\infty, 0$　　　　　D. $0, \infty$

3. 目前生产的集成运放的开环电压放大倍数一般均大于(　　)dB。

A. 20　　　　　　　　B. 50　　　　　　　　C. 100　　　　　　　　D. 150

三、填空题

1. 集成电路按功能一般分为_____集成电路和_____集成电路。

2. 集成运放两个输入端之间的电压非常接近于零,但不是真的短路,简称为_____。

3. 流入理想运放两个输入端的电流通常可看成零,但不是真正的断开,简称为_____。

4. 集成运算放大电路各级放大电路之间都采用_____耦合的连接方式。

5. 理想运放工作于饱和区时,两输入端的输入电流也等于_____。

四、计算题

1. 运算放大器电路如图 3-8 所示,该电路的电压放大倍数是多少?

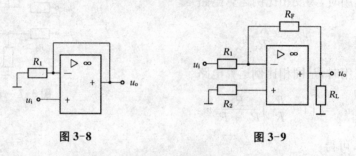

图 3-8　　　　　　　　　　　　　　　　图 3-9

2. 电路如图 3-9 所示,R_F 引入的反馈是何种负反馈?

3. 在图 3-10 所示同相比例运算电路中,已知 $R_1 = 2\,\text{k}\Omega$,$R_2 = 2\,\text{k}\Omega$,$R_F = 10\,\text{k}\Omega$,$R_F = 10\,\text{k}\Omega$,$R_3 = 18\,\text{k}\Omega$,$u_i = 1\,\text{V}$,求 u_o。

4. 电路如图 3-11 所示, $R_1 = 10\,\text{k}\Omega$,$R_2 = 20\,\text{k}\Omega$,$R_F = 100\,\text{k}\Omega$,$u_{i1} = 0.2\,\text{V}$,$u_{i2} = -0.5\,\text{V}$,求输出电压 u_o。

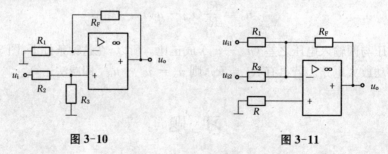

图 3-10　　　　　　　　　　　　　　　　图 3-11

5. 电路如图 3-12 所示,求输出电压 u_o 与输入电压 u_{i1}、u_{i2}、u_{i3} 之间的关系表达式。

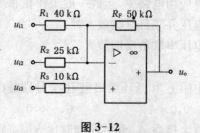

图 3-12

模块四

直流稳压电路

各种电子电路和电子设备都需要稳定的直流电源,但电网提供的是 50 Hz 的正弦交流电,这就需要将电网的交流电转换成稳定的直流电,直流稳压电路就是实现这种转换的电子电路。本模块内容主要介绍单相整流电路的工作原理,各种滤波电路的工作原理及其性能,详细分析介绍各种稳压电路及其稳压原理。

直流稳压电源由电源变压器、整流电路、滤波电路、稳压电路等环节组成,如图 4-1 所示。

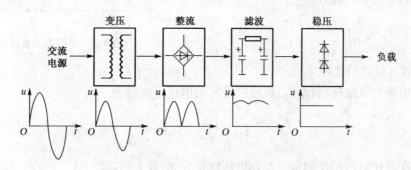

图 4-1 直流稳压电源的原理框图

项目一 整流电路

将交流电变为直流电的过程,称为整流。利用半导体二极管的单向导电性组成整流电路。此电路简单、方便、经济,下面着重分析各种整流电路的工作原理和特点。

1. 单相半波整流电路

单相半波整流电路如图 4-2 所示,它由电源变压器 T、整流二极管 D 和负载电阻 R_L 组成。

设变压器副边电压为

$$u_2 = \sqrt{2}U_2 \sin\omega t$$

图 4-2 中,在 u_2 的正半周($0 \leqslant \omega t \leqslant \pi$)期间,$a$ 端为正,b 端为负,二极管因正向电压作用而导通。电流从 a 端流出,经二极管 D 流过负载电阻 R_L 回到 b 端。如果略去二极管的正向压降,则在负载两端的电压 u_o 就等于 U_2。其电流、电压波形如图 4-3(b)、(c)所示。

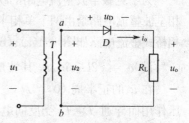

图 4-2 单相半波整流电路

在 u_2 的负半周（$\pi \leqslant \omega t \leqslant 2\pi$）期间，二极管承受反向电压而截止，负载中没有电流，故 $u_2 = 0$。这时，二极管承受了全部 u_2，其波形如图 4-3(d) 所示。

尽管 u_2 是交变的，但因二极管的单向导电作用，使得负载上的电流 i_o 和电压 u_o 都是单一方向。这种电路，只有在 u_2 的半个周期内负载上才有电流，故称为半波整流电路。

(1) 负载上的直流电压和电流

由于负载电压 u_o 为半波脉动，在整个周期中负载电压平均值为

$$U_o = \frac{1}{2\pi} \int_0^\pi \sqrt{2} U_2 \sin\omega t \, d(\omega t) = \frac{\sqrt{2}}{\pi} U_2 = 0.45 U_2$$

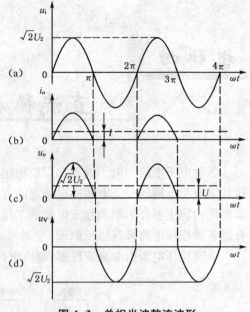

图 4-3　单相半波整流波形

负载上的电流平均值为

$$I_o = \frac{U_o}{R_L} = 0.45 \frac{U_2}{R_L}$$

(2) 整流二极管的选择

由于二极管与负载串联，所以，流经二极管的电流平均值为

$$I_V = I_o = \frac{U_o}{R_L} = 0.45 \frac{U_2}{R_L}$$

二极管在截止时所承受的最大反向电压就是 u_2 的最大值，即

$$U_{VM} = \sqrt{2} U_2$$

在设计和选管时，应满足二极管的最高反向工作电压 U_{RM} 大于截止时所承受的最大反向电压，即 $U_{RM} > U_{VM}$，二极管的整流电流最大值大于流经二极管的电流平均值，即 $I_{FM} \geqslant I_V$。

半波整流电路结构简单，但只利用交流电压半个周期，直流输出电压低，波动大，整流效率低。

2. 单相桥式整流电路

为了克服半波整流电路的缺点，实际中多采用单相全波整流电路和单相桥式整流电路。单相全波整流电路是由两个单相半波整流电路有机组合而成的，其工作原理与半波整流相同。单相桥式整流电路如图 4-4(a)、(b)、(c) 所示，图 4-4(b)、(c) 是桥式整流电路的另外两种画法。

设 $u_2 = \sqrt{2} U_2 \sin\omega t$，其波形如图 4-5(a) 所示。

在 u_2 的正半周（$0 \leqslant \omega t \leqslant \pi$）内，变压器副边 a 端为正，b 端为负，二极管 D_1、D_3 受正向电压作用而导通，D_2、D_4 受反向电压作用而截止，电流路径为 $a \rightarrow D_1 \rightarrow D_3 \rightarrow b$。

在 u_2 的负半周（$\pi \leqslant \omega t \leqslant 2\pi$）期间，$a$ 端为负，b 端为正，二极管 D_2、D_4 受正向电压作用而导通，D_1、D_3 受反向电压作用而截止。电流路径为 $b \rightarrow D_2 \rightarrow D_4 \rightarrow a$。

可见，在整个周期内，负载上得到同一方向的全波脉动电压和电流，其波形如图 4-5(b) 所示。

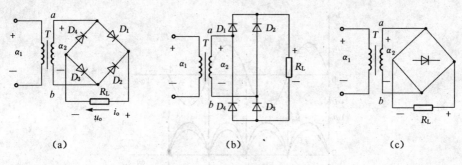

图 4-4 单相桥式整流电路

（1）负载上的直流电压和电流

由图 4-5(b)可见，桥式整流负载上的电压和电流的平均值为半波整流时的 2 倍，即

$$U_o = 0.9 U_2$$

$$I_o = 0.9 \frac{U_2}{R_L}$$

在相同的 u_2 作用下，桥式整流电路中输出的直流电压是半波整流的 2 倍，电压的脉动程度较小，同时在整个周期内变压器组中均有电流，变压器的利用率提高了。因此，桥式整流电路得到了广泛的应用。为了使用方便，现已生产硅桥式整流器——硅桥堆，它运用集成电路技术将 4 个二极管集中在同一硅片上，具有体积小、使用方便等优点。

（2）整流二极管的选择

在整个周期内，每个二极管只有半个周期导通，见图 4-5(c)、(d)，且在导通期间 D_1 与 D_3 相串联，D_2 与 D_4 相串联，故流经每个二极管的电流平均值为负载电流的一半，即

$$I_V = \frac{1}{2} I_o$$

每个二极管截止时所承受的最高反向电压为 u_2 的最大值，即

$$U_{VM} = \sqrt{2} U_2$$

【例 4-1】 试设计一台输出电压为 24 V、输出电流为 1 A 的直流电源，电路形式可采用半波整流或全波整流，试确定两种电路形式的变压器副边电压有效值，并选定相应的整流二极管。

【解】 （1）当采用半波整流电路时，变压器副边电压有效值为

$$U_2 = \frac{U_o}{0.45} = \frac{24}{0.45} = 53.3 \text{ V}$$

整流二极管截止时承受的最高反向电压为

$$U_{VM} = \sqrt{2} U_2 = 1.41 \times 53.3 = 75.2 \text{ V}$$

流过整流二极管的平均电流为

$$I_D = I_o = 1 \text{ A}$$

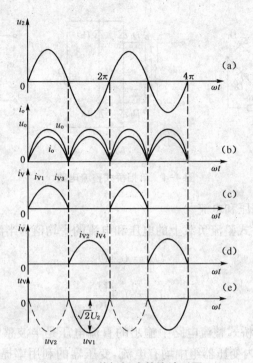

图 4-5 单相桥式整流波形图

因此可选用 2CZ12B 整流二极管,其最大整流电流为 3 A,最高反向工作电压为 200 V。

(2) 当采用桥式整流电路时,变压器副边绕组电压有效值为

$$U_2 = \frac{U_o}{0.9} = \frac{24}{0.9} = 26.7 \text{ V}$$

整流二极管承受的最高反向电压为

$$U_{VM} = \sqrt{2} U_2 = 1.41 \times 26.7 = 37.6 \text{ V}$$

流过整流二极管的平均电流为

$$I_V = \frac{1}{2} I_o = 0.5 \text{ A}$$

因此可选用 4 只 2CZ11A 整流二极管,其最大整流电流为 1 A,最高反向工作电压为100 V。

【例 4-2】 桥式全波整流电路如图 4-6 所示,若电路中二极管出现下述各种情况,电路会出现什么问题?

(1) D_1 因虚焊而开路;

(2) D_2 被短路;

(3) D_3 极性接反;

(4) D_1、D_2 极性都接反;

(5) D_1 开路,D_2 短路。

【解】 (1) 二极管 D_1 开路,u_2 正半周波形无法送到 R_L 上,因此电路由全波整流变为半波

整流。

（2）二极管 D_2 被短路，此时二极管 D_1 和变压器副边可能烧坏。

（3）二极管 D_3 极性接反，在 u_2 负半周时，变压器副边电压直接加在两个导通的二极管 D_3、D_4 上，会造成副边绕组和二极管 D_3、D_4 过流以致烧坏。

（4）二极管 D_1、D_2 极性都接反，此时由于在 u_2 整个周期所有二极管均不导通，所以电路输出 $U_o = 0$。

（5）D_1 开路，D_2 短路，此时全波整流变成半波整流，u_2 只有负半周波形能送到 R_L 上。

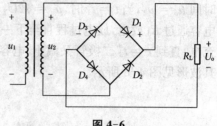

图 4-6

项目二　滤波电路

通过整流得到的直流电，由于其脉动程度大，只能作为电镀电解、充电设备或对直流电源要求不高的负载的电源，如果用于电子设备（如电视机、计算机），则电压中的交流成分将对设备的工作产生严重干扰。为了得到脉动程度小的直流电，必须在整流电路与负载之间加上平滑脉动电压的滤波电路。构成滤波电路的主要元件是电容和电感，利用它们的储能作用，可以降低输出电压中的交流成分，保留直流成分，实现滤波。

1. 电容滤波电路

图 4-7 是单相半波整流电容滤波电路，其中与负载并联的电容器就是一个最简单的滤波器。

在 u_2 的正半周期开始时，输入电压上升，二极管 D 导通，电源经二极管向负载供电。随后，u_2 由最大值开始下降，当 $u_2 < u_C$ 时，二极管承受反向电压而提前截止，于是电容 C 通过 R_L 放电，如图 4-7(a)虚线箭头所示。

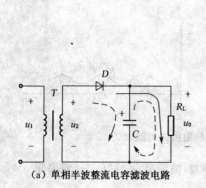

（a）单相半波整流电容滤波电路

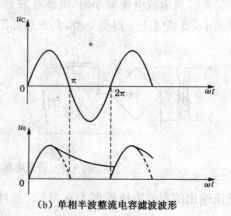

（b）单相半波整流电容滤波波形

图 4-7　单相半波整流电容滤波电路

u_2 为负半周期时，加在二极管上的反向电压更大，二极管仍处于截止状态，电容继续向 R_L 放电，U_C 随之下降，直到 u_2 进入下个正半周。当 $u_2 > u_C$ 时，二极管重新导通。

重复以上过程，便形成了比较平稳的输出电压，其波形如图 4-7(b)中实线所示。

图 4-8 为单相桥式整流电容滤波电路。在 u_2 正半周，u_2 通过 D_1、D_3 对电容充电，这一段

时间 $u_\circ = u_2$，当 $t = t_1$ 时，$u_\circ = \sqrt{2}U_2$，电容电压达到最大值之后 u_2 下降，$D_1 \sim D_4$ 均反向截止，电容通过 R_L 放电，放电过程直至下一个周期 $u_2 > u_C$ 的时刻。当 $u_2 > u_C$ 时，u_2 通过 D_2、D_4 对 C 充电，直到 $t = t_3$ 二极管又截止，电容再次放电。如此循环，形成周期性的电容器充放电过程。其波形见图 4-8 所示。

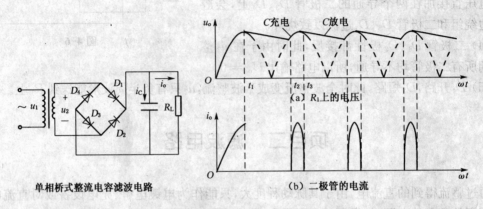

单相桥式整流电容滤波电路

(a) R_L 上的电压

(b) 二极管的电流

图 4-8 单相半波整流电容滤波电路及波形

提示：实践证明电容滤波电路的输出电压可按下式估算：

半波整流电容滤波 $U_\circ = (1.1 \sim 1.2)U_2$

全波整流电容滤波 $U_\circ = (1.1 \sim 1.4)U_2$

2. 电感滤波电路

图 4-9 是一个桥式整流电感滤波电路，滤波电感与负载 R_L 相串联的滤波器。

由于电感具有阻碍电流变化的特性，当负载电流增加时，通过电感 L 的电流也增加，电感产生与负载电流方向相反的自感电动势，阻碍负载电流的增加，同时将一部分电能转变为磁场能储存起来。当负载电流减小时，电感释放储存的能量补偿流过负载的电流，使负载电流的脉动程度减小，负载电压变得更平滑，其波形如图 4-9 所示。

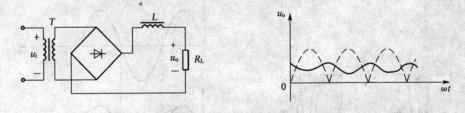

图 4-9 带有电感滤波的单相桥式电路

整流输出的直流电压近似为 $0.9U_2$。显然，L 越大，滤波效果越好。一般要求

$$L \geq \frac{10R_L}{\omega}$$

由于负载的变化对输出电压影响较小，因此，电感滤波器常用于负载电流大及负载变化大的场合，但电感元件的体积和重量都较大，故在晶体管电子器件中很少应用。

3. 复式滤波电路

当单独使用电容或电感滤波效果仍不理想时,可考虑采用复式滤波电路。常见的复式滤波电路有 LC 滤波电路、LCπ 型滤波电路、RCπ 型滤波电路等。

（1）LC 滤波电路

LC 滤波电路是在电感滤波电路的基础上,再在 R_L 旁并联一个电容,如图 4-10 所示。这种电路具有输出电流大、带负载能力强、滤波效果好的优点,适用于负载变动大、负载电流大的场合。如果电感 L 值太小或 R_L 太大,则将呈现出电容滤波的特性。

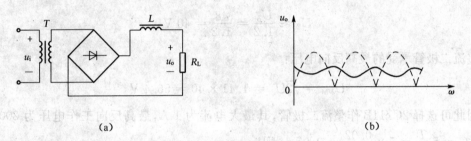

（a）　　　　　　　　　　　　　　（b）

图 4-10　带有电感滤波的单相桥式电路

（2）LCπ 型滤波电路

电路如图 4-11 所示,经整流后的电压包括直流分量及交流分量。对于直流分量来说,L 呈现很小的阻抗,可视为短路,因此,经 C_1 滤波后的直流量大部分降落在负载两端,对于交流分量,由于电感 L 呈现很大的感抗,C_2 呈现很小的容抗,因此,交流分量大部分降落在 L 上,负载上的交流分量很小,达到滤除交流分量的目的。这种电路常用于负载电流较小或电源频率较高的场合。缺点是电感体积大,笨重,成本高。

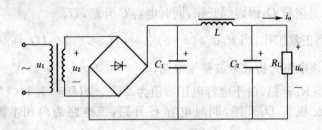

图 4-11　LCπ 型滤波器

（3）RCπ 型滤波电路

图 4-12 是 RCπ 型滤波电路图,它是在电容滤波基础上加一级 RC 滤波电路构成的。这种电路采用简单的电阻、电容元件进一步降低输出电压的脉动程度,但这种滤波电路的缺点是在 R 上有直流压降,必须提高变压器次级电压,而且整流管冲击电流仍然比较大。由于 R 上产生压降,

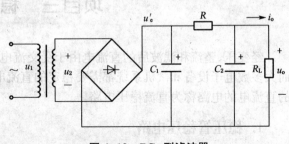

图 4-12　RCπ 型滤波器

外特性比电容滤波更软,只适应于小电流的场合。在负载电流较大的情况下,不宜采用这种滤波电路形式。

【例4-3】 设计一单相桥式整流、电容滤波电路。要求输出电压$U_o = 48\text{ V}$,已知负载电阻$R_L = 100\ \Omega$,交流电源频率为50 Hz,试选择整流二极管和滤波电容器。

【解】 流过整流二极管的平均电流:

$$I_V = \frac{1}{2}I_o = \frac{1}{2} \times \frac{48}{100} = 0.24\text{ A}$$

变压器副边电压有效值:

$$U_2 \approx \frac{U_o}{1.2} = \frac{48}{1.2} = 40\text{ V}$$

整流二极管承受的最高反向电压:

$$U_{VM} = \sqrt{2}U_2 = 1.41 \times 40 = 56.4\text{ V}$$

因此可选择2CZ11B作整流二极管,其最大电流为1 A,最高反向工作电压为200 V,取$\tau = R_L C = 5\frac{T}{2} = 5 \times \frac{0.02}{2} = 0.05\text{ s}$,则

$$C = \frac{\tau}{R_L} = \frac{0.05}{100} = 500\ \mu\text{F}$$

【例4-4】 在图4-10所示电路中,已知变压器副边交流电压有效值$U_2 = 20\text{ V}$,求下列情况下输出直流电压U_o值:

(1) 电路正常工作,$U_o = ?$
(2) 电容C因虚焊未接上,$U_o = ?$
(3) 有电容C,但负载R_L开路,$U_o = ?$
(4) 整流桥中,二极管D_2因虚焊开路,同时电容C开路,$U_o = ?$

【解】 (1) 电路正常工作,当$R_L C \geqslant (3\sim5)\frac{T}{2}$时,$U_o \approx 1.2 \times U_2 = 24\text{ V}$

(2) C开路时,该电路为桥式全波整流电路,$U_o = 0.9 \times U_2 = 18\text{ V}$

(3) 有电容C但R_L开路,由于电容电压峰值为$\sqrt{2}U_2$,故$U_o \approx 1.4 \times U_2 = 28\text{ V}$

(4) 整流桥中二极管D_2开路,同时电容C开路,该电路为单相半波整流电路,$U_o = 0.45 \times U_2 = 9\text{ V}$

项目三　稳压电路

经变压、整流和滤波后的直流电由于受交流电源波动与负载变化的影响,稳压性能较差,而大多数电子设备和微机系统都需要稳定的直流电源。将不稳定的直流电转换成稳定且可调的直流电的电路称为直流稳压电路。

1. 稳压管稳压电路

稳压管的稳压原理及主要参数在前面已经介绍过,这里就不再阐述。

整流滤波电路输出电压会随着电网电压的波动而波动,随着负载电阻的变化而变化。为稳定输出电压,这里采用了由稳压管 D_Z 和调整电阻 R 组成的最简单的稳压电路,如图 4-13 所示。

稳压二极管反向电流小于 I_{Zmin} 时不稳压,大于 I_{Zmax} 时会因超过额定功耗而损坏,所以在稳定电路中,必须串联一个电阻来限制电流,保证输出稳定电压。

例如,当电网电压发生波动使输入电压 U_i 减小时,输出电压 U_o 也减小,使稳压管电流 I_Z 大大下降,但由于调整电阻上的电流 I_R 也大大下降($I_R = I_Z + I_L$),使调整电阻上压降下降,从而保证输出电压 U_o 基本维持不变。当电网电压稳定而 R_L 变化时,如 R_L 变小,则 U_o 变小,只要 U_o 下降一点,稳压管的电流 I_Z 就显著减小,使调整电阻上的电流 I_R 减小,从而使得 U_R 减小,以维持输出电压稳定不变。

可见,在该稳压电路中,调整电阻 R 起电压调节作用,稳压管起电流调节作用。

硅稳压管稳压电路虽很简单,但受稳压管最大稳定电流的限制,负载电流不能太大。另外,输出电压不可调且稳定性也不够理想。

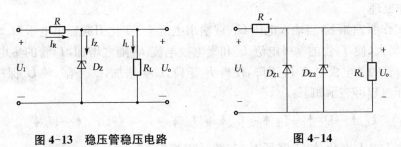

图 4-13　稳压管稳压电路　　　　　图 4-14

【例 4-5】　图 4-14 所示电路,稳压管为理想的,其稳压值分别为 $U_{Z1} = 6\,\text{V}$,$U_{Z2} = 7\,\text{V}$,$U_i = 15\,\text{V}$,$R = 2\,\text{k}\Omega$,$R_L = 1\,\text{k}\Omega$,求负载上的电压 U_o。

【解】　由稳压管的工作原理知,只有当外加反向电压大于 U_Z 时,稳压管才工作。为使 D_{Z1} 工作在稳压区,必须满足

电压条件:$\dfrac{R_L}{R + R_L} U_i > 6\,\text{V}$,即 $U_i > 18\,\text{V}$

电流条件:$\dfrac{U_i - 6}{R} > \dfrac{6}{R_L}$,即 $U_i > 18\,\text{V}$

本题中 $U_i = 15\,\text{V}$,稳压管 D_{Z1}、D_{Z2} 均未工作在稳压区,所以输出电压

$$U_o = \frac{R_L}{R + R_L} U_i = 5\,\text{V}$$

2. 串联型稳压电路

(1) 电路的组成

图 4-15 所示体管串联型稳压电路,只要由以下四部分组成:

① 取样环节。由 R_1、R_2 组成的分压电路构成,它将输出电压 U_o 分出一部分作为取样电压 U_F 送到比较放大环节。

② 基准电压。由稳压二极管 D_Z 和电阻 R_3 构成的稳压电路组成,它为电路提供一个稳定

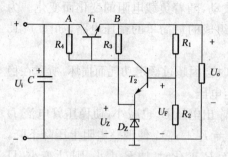

图4-15 体管串联型稳压电路

的基准电压 U_Z，作为调整、比较的标准。

设 T_2 发射结电压 U_{BE2} 可忽略，则

$$U_F = U_Z = \frac{R_2}{R_1 + R_2} U_o \quad \text{或} \quad U_o = \frac{R_1 + R_2}{R_2} U_Z$$

其中 $\dfrac{R_2}{R_1 + R_2}$ 称为取样电路的取样比。改变电路的取样比，可以调节输出电压 U_o 的大小。当 U_o 经常需要调节时，可在分压电阻之间串接电位器 R_P。

③ 比较放大环节。由 T_2 和 R_4 构成直流放大器，其作用是将取样电压 U_F 与基准电压 U_Z 之差放大后去控制调整管 T_1。

④ 调整环节。由工作在线性放大区的功率管 T_1 组成，T_1 的基极电流 I_{B1} 受比较放大电路输出的控制，它的改变又可使集电极电流 I_{C1} 和集、射电压 U_{CE1} 改变，从而达到自动调整稳定输出电压的目的。由于调整管与负载串联，流过管子的电流很大，因此，调整管选用功率管。

（2）工作原理

电路的工作原理如下：当输入电压 U_I（或输出电流 I_o）变化引起输出电压 U_o 增加时，取样电压 U_F 相应增大，使 T_2 管的基极电流 I_{B2} 和集电极电流 I_{C2} 随之增加，T_2 管的集电极电位 U_{C2} 下降，因此 T_1 管的基电极电流 I_{B1} 下降，使得 I_{C1} 下降，U_{CE1} 增加，U_o 下降，使 U_o 保持基本稳定。这一自动调压过程可表示如下：

$$U_o \uparrow \rightarrow U_F \uparrow \rightarrow I_{B2} \uparrow \rightarrow I_{C2} \uparrow \rightarrow U_{C2} \downarrow \rightarrow I_{B1} \downarrow \rightarrow U_{CE1} \uparrow \rightarrow U_o \downarrow$$

同理，当 U_I 或 I_o 变化使 U_o 降低时，调整过程相反，U_{CE1} 将减小使 U_o 保持不变。

从上述调整过程可以看出，该电路是依靠电压负反馈来稳定输出电压的。

串联型稳压电源输出电压稳定、可调，输出电流范围较大，技术经济指标好，在小功率稳压电源中应用很广，并且是高精度稳压电源的基础。

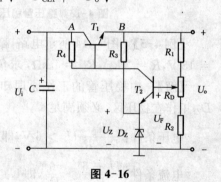

图4-16

【**例4-6**】 串联型稳压电路如图4-16所示，$U_Z = 2\,\text{V}$，$R_1 = R_2 = 2\,\text{k}\Omega$，$R_P$ 为 $10\,\text{k}\Omega$ 的电位器。试求：输出电压 U_o 的最大值、最小值各为多少？

【**解**】 如果忽略 T_2 的管压降 $U_{BE2} \approx 0$，则

$$U_{B2} \approx U_Z \quad I_{B2} \approx 0$$

当 R_P 调至最上端时，有

$$\frac{U_Z}{R_P + R_2} = \frac{U_o}{R_1 + R_P + R_2}$$

此时 U_o 取最小值，即

$$U_{omin} = \frac{R_1 + R_P + R_2}{R_P + R_2} U_Z = \frac{2 + 10 + 2}{10 + 2} \times 2 = 2.4\,\text{V}$$

当 R_P 调至最下端时

$$\frac{U_Z}{R_2} = \frac{U_o}{R_1 + R_P + R_2}$$

此时 U_o 取最大值

$$U_o = \frac{R_1 + R_P + R_2}{R_2}U_Z = \frac{2 + 10 + 2}{2} \times 2 = 14 \text{ V}$$

3. 集成稳压电路

串联型稳压电路输出电流较大,稳压精度较高,曾得到较广泛的应用。但由分立元件组成的串联型稳压电路,即便采用了集成运算放大器,仍需外接不少元件,体积大,使用不方便。集成稳压电路是将稳压电路的主要元件甚至全部元件制作在一块硅基片上的电路,具有体积小、使用方便、工作可靠等优点,目前已广泛应用。

集成稳压器的种类很多,作为小功率的直流稳压电源,应用最为普遍的是三端式串联型集成稳压器。三端式是指稳压器仅有输入端、输出端和公共端 3 个接线端子,图 4-18 所示为 W7800 和 W7900 系列三端集成稳压器的电路符号。W78×× 系列输出正电压有 5 V、6 V、8 V、9 V、10 V、12 V、15 V、18 V、24 V 等多种,若要获得负输出电压选 W79×× 系列即可。例如:W7805 输出 +5 V 电压,W7905 则输出 -5 V 电压。

(1) 输出固定电压的稳压电路

图 4-17 是 W7800 系列集成稳压器输出固定电压的稳压电路。输入端的电容 C_2 用以抵消其较长接线的电感效应,防止产生自激振荡(接线不长时可以不用),C_2 一般在 $(0.1 \sim 1) \mu F$。输出端的电容 C_3 用来改善暂态响应,使瞬时增减负载电流时不致引起输出电压有较大的波动,削弱电路的高频噪声,C_3 可用 1 μF 电容。

W7900 系列输出固定负电压稳压电路,其工作原理及电路的组成与 W7800 系列基本相同,实际中,可根据负载所需电压及电流的大小选择不同型号的集成稳压器。

若输出电压比较高,应在输入端与输出端之间跨接一个保护二极管 D,如图 4-17 中的虚线所示。其作用是在输入端短路时,使输出通过二极管放电,以保护集成稳压器内部的调整管。输入直流电压 U_i 的值应至少比 U_o 高 3 V。

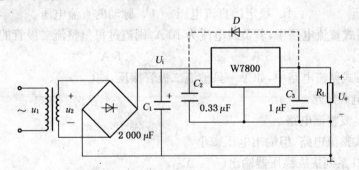

图 4-17 输出固定电压的稳压电路

(2) 输出正、负电压的稳压电路

在电子电路中,常需要同时输出正、负电压的双向直流电源。由集成稳压器组成的正负双向输出电路形式很多,图 4-18 是由 W7800 系列和 W7900 系列集成稳压器组成的同时输出正、负电压的稳压电路。

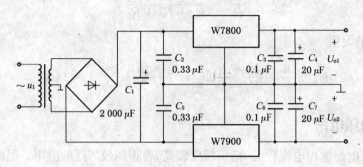

图 4-18　输出正、负电压的稳压电路

习　题

一、判断题

1. 流经桥式整流电路中每只整流二极管的电流和负载电流相等。　　　　　　（　　　）

2. 稳压二极管工作在正常的反向击穿状态,切断外加电压后,PN 结仍处于反向击穿状态。　　　　　　（　　　）

3. 当工作电流超过最大稳定电流时,稳压二极管将不起稳压作用,但并未损坏。（　　　）

4. 电阻性负载可控整流电路的特点是,无论流过负载的电流变化与否,负载两端的电压和通过它的电流总是成正比的,且两者波形相同。　　　　　　（　　　）

5. 在并联稳压电路中,不要限流电阻 R,利用稳压管的稳压性能也能输出稳定的直流电压。　　　　　　（　　　）

6. 串联型稳压电路是靠调整管 C、E 两极间的电压来实现稳压的。　　　　（　　　）

二、选择题

1. 交流电通过整流电路后,所得到的输出电压是（　　　）。

A. 交流电压　　　　　　B. 稳定的直流电压　　　C. 脉动的直流电压

2. 在单相桥式整流电路中,若负载电流为 10 A,则流过每只整流二极管的电流为（　　　）。

A. 10 A　　　　　　　　B. 5 A　　　　　　　　　C. 4.5 A

3. 在单相桥式整流电路中,如果一只整流二极管接反,则（　　　）。

A. 将引起电源短路

B. 将成为半波整流电路

C. 仍为桥式整流电路,但输出电压减小

4. CW77800 系列集成稳压器输出（　　　）。

A. 正电压　　　　　　　B. 负电压　　　　　　　C. 无法确定

5. CW7900 系列集成稳压器输出（　　　）。

A. 正电压　　　　　　　B. 负电压　　　　　　　C. 无法确定

三、填空题

1. 在单相桥式整流电路中,如果负载电流为 20 A,则流过每只二极管的电流是＿＿＿＿＿。

2. 电容滤波是利用电容具有对交流电的阻抗＿＿＿＿＿,对直流电的阻抗＿＿＿＿＿的特性。

3. 在稳压二极管的稳压电路中,稳压二极管必须与负载电阻＿＿＿＿＿。

4. 晶体管串联型稳压由＿＿＿＿＿、＿＿＿＿＿、＿＿＿＿＿和＿＿＿＿＿四部分组成。

5. 三端集成稳压器有＿＿＿＿＿端、＿＿＿＿＿端和＿＿＿＿＿三个端子。

四、计算题

1. 整流滤波电路如图 4-19 所示。已知 $u_{2i} = 20\sqrt{2}\sin\omega t$ (V),在下述不同情况下,说明输出直流电压平均值 U_o 各为多少伏?

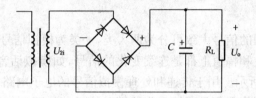

图 4-19

(1) 电容 C 因虚焊未接上;

(2) 有电容 C,但 $R_L = \infty$(负载 R_L 开路);

(3) 整流桥中有一个二极管因虚焊开路,有电容 C,$RL = \infty$;

(4) 有电容 C,但 $RL \neq \infty$;

(5) 同上述第(3)题,但 $R_L \neq \infty$,即一般负载情况下。

2. 图 4-20 中已知 $R_L = 50\ \Omega$,$C = 1\ 000\ \mu F$,用交流表量得 $U_2 = 20$ V。如果用直流电压测得直流电压平均值 U_o 有下列几种情况:(1)28 V;(2)18 V;(3)24 V;(4)9 V。试分析它们是电路分别处在什么情况(指电路正常或出现某种故障)。

3. 如图 4-20 所示,已知稳压管 D_Z 的稳压值 $U_Z = 6$ V,$I_{Zmin} = 5$ mA,$I_{Zmax} = 40$ mA,变压器次级电压有效值 $U_2 = 20$ V,电阻 $R = 240\ \Omega$,电容 $C = 200\ \mu F$。求:(1)整流滤波后的直流电压 U_i 约为多少伏?(2)当电网电压在 $\pm 10\%$ 的范围内波动时,负载电阻 R_L 允许的变化范围有多大?

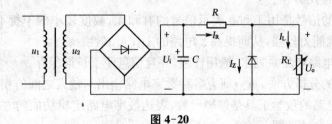

图 4-20

模块五

数字逻辑电路

项目一　数字电路基础

现代电子线路所处理的信号大致可分为两大类，一类为模拟信号，另一类为数字信号。所谓模拟信号是指在时间上和幅值上都是连续变化的信号，如模拟话音、温度、压力等一类物理量的信号。如图 5-1(a)所示。用于传递和处理模拟信号的电子电路，称为模拟电路。所谓数字信号是指在时间上和幅值上都是断续变化的离散信号。如图 5-1(b)所示。用于传递和处理数字信号的电子电路，称为数字电路。它主要研究输出与输入信号之间的对应逻辑关系，其分析的主要工具是逻辑代数。因此，数字电路又称为逻辑电路。

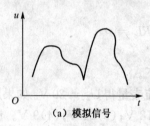
（a）模拟信号

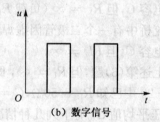
（b）数字信号

图 5-1

与模拟电路相比，数字电路主要有如下优点：

（1）数字电路采用二进制数，凡是有两个状态的电路都可用 1 和 0 来表示，电子元件通常工作在开关状态，因此，电路结构简单，允许电路参数有较大的离散性，这样有利于集成及系列化生产，成本较低，使用方便。

（2）数字电路的信号是用 1 和 0 表示信号的有和无，幅度较小的干扰不能改变信号的有和无，因此其抗干扰能力较强，从而提高了电路的工作可靠性。

（3）数字集成电路产品系列多、通用性强，并且信息便于长期保存。

（4）数字电路的分析方法，重点研究各种数字电路输出与输入之间的相互关系，即逻辑关系，因此分析数字电路的数学工具是逻辑代数，表达数字电路逻辑功能的方式主要是真值表、逻辑表达式、逻辑图和波形图。

1. 常用电子开关元件

在数字电路中，逻辑变量的取值不是 1 就是 0，与之对应的电子开关具有两种状态，亦可用逻辑 1 和逻辑 0 分别表示。电子线路中常用到的半导体二极管、三极管和 MOS 管,则是构成这种电子开关的基本开关元件。

（1）逻辑状态与正负逻辑的规定

数字电路中,电位的高低是两种不同的逻辑状态,可用逻辑 1 和逻辑 0 分别表示。有两种不同的表示方法,规定如下:

若将高电平表示有效信号,用逻辑 1 表示;低电平表示无效信号,用逻辑 0 表示,称为正逻辑体制,简称正逻辑。反之称为负逻辑。

对于同一个电路,可以采用正逻辑也可以采用负逻辑,但应事先设定。因为即使同一电路,由于选择正、负逻辑体制不同,功能也不相同,本书中若无特殊说明,均采用正逻辑。

（2）二极管开关特性

二极管的主要特性是单向导电性。当二极管两端加正向电压到一定值时,二极管导通。其管压降基本为一定值,一般硅管约为 $0.7\,V$,锗管约为 $0.3\,V$。如同一个具有一定压降的闭合了的开关;当二极管加反向电压时,二极管截止,反向电阻为几百千欧到几兆欧,如同一个断开的开关。

二极管在电路中可作为开关使用。但是,它不是一个理想的开关,可认为其等效电路,如图 5-2(a)、(b)、(c)所示。

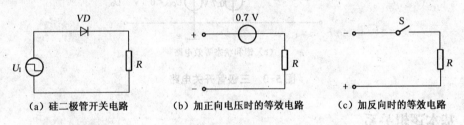

(a) 硅二极管开关电路　　　(b) 加正向电压时的等效电路　　　(c) 加反向时的等效电路

图 5-2　硅二极管开关电路

（3）三极管开关特性

三极管有三种工作状态:截止工作状态,放大工作状态,饱和导通工作状态。在放大电路中,三极管作为放大元件,主要工作在放大状态。在数字电路中,三极管主要工作在截止或饱和导通状态,并经常在截止与饱和导通状态之间进行转换,放大状态仅作为一个快速的过渡,三极管这种状态称为开关状态。下面分别讨论三极管的开关特性。

以硅材料 NPN 型三极管共射极电路为例进行分析,如图 5-3(a)所示。

① 截止状态

当输入信号 $U_I = 0\,V$ 时,三极管发射极电压 $U_{BE} < 0.5\,V$,$I_B \approx 0$,$I_C \approx 0$,$U_{CE} \approx V_{CC}$,集电极电压反偏,$U_{BC} < 0$,此时,三极管发射极与集电极之间近似开路,如同一个断开了的开关,其等效电路如图 5-3(b)所示。

② 饱和导通状态

随着 R_B 阻值的减小,I_B 电流逐渐增加,I_C 也随之增加,U_{CE} 相应减小。若 $U_{CE} < U_{BE} \approx 0.7\,V$ 时,三极管集电结正偏,即 $U_{BC} > 0$,此时,三极管进入饱和状态,集电极电流 I_C 不再随着 I_B 的增加而增大,$U_{CE} = U_{CES} \approx 0.3\,V$,集电极与发射极之间等效电阻很小,近似短路,如一个闭合了的开关,其等效电路如图 5-3(c)所示。

三极管处在饱和状态时,I_C 与 I_B 和 β 无关,而与 R_C 成反比。此时的集电极电流用 I_{CS} 表示，$I_{CS} = \dfrac{V_{CC} - U_{CES}}{R_C} \approx \dfrac{V_{CC}}{R_C}$。三极管的饱和条件是 $i_B > I_{BS}$，即三极管饱和时，$U_{BE} = 0.7\,\text{V}$，$U_{CE} = U_{CES} \leqslant 0.3\,\text{V}$。

通过上述分析可知，三极管具有开关作用，截止时相当于开关断开，饱和时相当于开关闭合。

当三极管作为开关时，应工作在截止或饱和状态。

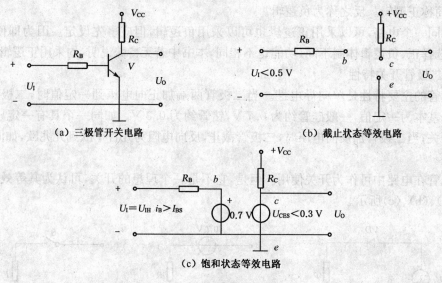

（a）三极管开关电路　　　　　　（b）截止状态等效电路

（c）饱和状态等效电路

图 5-3　三极管开关电路

2. 基本逻辑关系

基本的逻辑关系有与逻辑、或逻辑和非逻辑三种，与之对应的逻辑运算为与运算、或运算和非运算。

（1）与逻辑

在图 5-4(a) 开关串联电路中，开关 A、B 的状态（闭合或断开）与灯 Y 的状态（亮和灭）存在着确定的因果关系。设开关闭合、灯亮为逻辑 1，开关断开、灯灭为逻辑 0，则开关 A、B 的全部组合与灯 Y 状态之间的对应关系如表 5-1 所示。它反映了开关电路中开关 A、B 的状态取值与灯 Y 状态之间的对应关系。这种关系可简述为：当决定某个事件的全部条件都具备（如开关 A、B 都闭合）时，这个事件才会发生（灯 Y 亮）。这种因果关系称为与逻辑关系。

表 5-1 称为与逻辑真值表。根据该表可看出逻辑变量 A、B 的取值和函数 Y 之间的关系满足逻辑乘的运算规律，可用下式表示：

$$Y = A \cdot B = AB$$

读作 Y 等于 A 与 B，这种运算称为与运算。与运算和算术中乘法运算是一样的，所以又称逻辑乘运算。实现与运算的逻辑电路称为与门，其符号如图 5-4(b) 所示。对于多变量的逻辑乘可写成

$$Y = A \cdot B \cdot C \cdots$$

式中乘的符号"·"常省略。

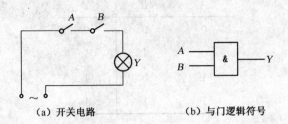

（a）开关电路　　　　　（b）与门逻辑符号

图 5-4　串联开关电路

表 5-1　与逻辑真值表

A	B	Y
0	0	0
0	1	0
1	0	0
1	1	1

（2）或逻辑

在图 5-5(a)并联开关电路中，开关 A、B 闭合，或开关 A 和 B 都闭合时，灯 Y 就亮；只有开关 A、B 都断开时，灯 Y 才熄灭。这种因果关系可以简述为：当决定一件事情(灯亮)的所有条件中，只要有一个条件或几个条件具备时，这件事情(灯亮)就会发生，这种因果关系称为或逻辑。表 5-2 为或逻辑真值表。由该表可分析逻辑变量 A、B 的取值和函数 Y 值之间的关系满足逻辑加的运算规律，可用下式表示：

$$Y = A + B$$

读作 Y 等于 A 或 B，这种运算称为或运算。或运算和算术中加法运算很相似，所以又称逻辑相加运算。实现或运算的电路称为或门，其符号如图 5-5(b)所示。对于多变量的逻辑加可写成

$$Y = A + B + C + \cdots$$

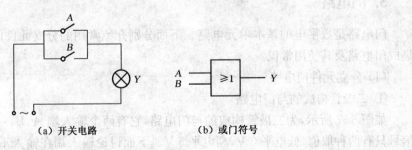

（a）开关电路　　　　　（b）或门符号

图 5-5　并联开关电路

表 5-2　或逻辑真值表

A	B	Y
0	0	0
0	1	1
1	0	1
1	1	1

（3）非逻辑

在图 5-6(a)所示的开关电路中,开关 A 闭合时,灯 Y 灭,而当开关断开时,灯 Y 亮。这种互相否定的因果关系,称为逻辑非。表 5-3 为非逻辑真值表,非逻辑用下式表示:

$$Y = \overline{A}$$

上式中,在变量上方的"—"号表示非。读作 Y 等于 A 非。实现非运算的电路称为非门,其逻辑符号如图 5-6(b)所示。由于非门的输出信号和输入信号相反,因此,"非门"又称为"反相器"。

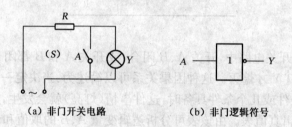

（a）非门开关电路　　　　（b）非门逻辑符号

图 5-6　非门开关电路

表 5-3　非逻辑真值表

A	Y
0	1
1	0

3. 门电路

门电路是数字电的基本单元电路。下面分别介绍常用的分立元件门电路和 TTL、CMOS 集成门电路及其使用常识。

（1）分立元件门电路

① 二极管构成的与门电路

如图 5-7 所示,为二极管构成的与门电路,它有两个输入端 A、B,一个输出端 Y。设输入信号只有两种取值,低电平 0 V,高电平 5 V。下面讨论输入端在输入不同信号时与门的输出情况。

a. 当 A、B 输入均为高电平,$U_A = U_B = 5$ V,二极管 VD_1、VD_2 均导通,假设二极管正向导通压降为 0.7 V,则输出电压 $U_Y = 5$ V $+ 0.7$ V $= 5.7$ V,为高电平。

b. 当输入端 $U_A = 0\,\text{V}$、$U_B = 5\,\text{V}$ 时，二极管 VD_1 优先导通，输出端 Y 被钳位于 $0.7\,\text{V}$，输入高电平的二极管 VD_2 受反向电压作用而截止，因此，输出端 $U_Y = 0.7\,\text{V}$。

c. 当输入端 $U_B = 0\,\text{V}$、$U_A = 5\,\text{V}$ 时，二极管 VD_2 优先导通，VD_1 受反向电压作用而截止，同理，$U_Y = 0.7\,\text{V}$。

d. 当输入端 $U_A = U_B = 0\,\text{V}$ 时，二极管 VD_1、VD_2 均导通，输出 $U_Y = 0.7\,\text{V}$。

将前面分析的结果，即输出与输入信号相对应的各种电平情况用表格表示，如表 5-4 所示。用 H 表示高电平，L 表示低电平，此表称为逻辑功能表。若 H、L 用 1、0 赋值，则得到逻辑真值表，如表 5-5 所示。图 5-7(b) 为与门逻辑符号，该电路输入与输出的逻辑关系也可用函数表达式表示，即

$$Y = AB$$

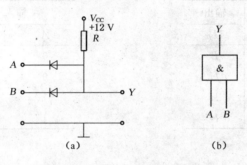

图 5-7 二极管与门及逻辑函数符号

表 5-4 与功能表

输入		输出
UA	UB	UY
L	L	L
L	H	L
H	L	L
H	H	H

表 5-5 与门逻辑真值表

输入		输出
A	B	Y
0	0	0
0	1	0
1	0	0
1	1	1

② 用二极管构成的或门电路

图 5-8(a)、(b) 分别为二极管或门电路及其逻辑符号。

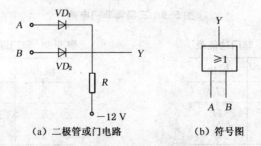

(a) 二极管或门电路　　(b) 符号图

图 5-8 二极管或门电路

设定同上面与门电路相同,工作原理的分析亦同理。

a. 当输入端 A、B 都为 0 V 时,VD_1、VD_2 均导通,输出电压钳位在 -0.7 V,即输出为低电平,$U_Y = -0.7$ V。

b. 当输入端 A、B 中有一个为 5 V,另一个为 0 V,或两个输入端均为 5 V 时,输出电压为高电平,$U_Y = 4.3$ V。

将上面分析的结果,用表格表示,高电平用 H 表示,低电平用 L 表示,可得表 5-6 或门功能表。用 1、0 给 H、L 赋值,得到表 5-7 或门逻辑真值表。

图 5-8(b)为或门逻辑符号,此电路输入与输出的逻辑关系也可用函数表达式表示,即

$$Y = A + B$$

表 5-6　或门功能表

输入		输出
U_A	U_B	U_Y
L	L	L
L	H	H
H	L	H
H	H	H

表 5-7　或门逻辑真值表

输入		输出
A	B	Y
0	0	0
0	1	1
1	0	1
1	1	1

③ 三极管非门电路

图 5-9(a)所示为非门电路。当在输入端 A 输入 0 V 时,$U_{BE} \leqslant 0$ V,三极管 V 截止,输出 Y 为高电平;当输入端 A 输入高电平 5 V 时,合理选择 R_B、R_1 的值,使三极管 V 工作在饱和状态,输出 Y 为低电平 L。其功能表如表 5-8 所示,将表 5-8 中的 H、L 用 1、0 赋值,得到表 5-9 所示的非门逻辑真值表。其逻辑符号如图 5-9(b)所示。

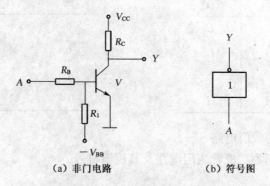

(a) 非门电路　　　　　　(b) 符号图

图 5-9　三极管非门电路

表 5-8　非门功能表

输入	输出
U_A	U_Y
L	H
H	L

表 5-9　非门逻辑真值表

输入	输出
A	Y
0	1
1	0

（2）集成门电路简介

分立元件构成的门电路应用时有许多缺点，如体积大、可靠性差等，一般在电子电路中作为补充电路时用到，在数字电路中广泛采用的是集成门电路。

集成门电路目前主要有两个大类，一类是采用三极管构成的，如 TTL 集成电路（双极型三极管）；另一类是由 MOS 管构成的，通常有 NMOS 集成电路、PMOS 集成电路，以及两者混合构成的 CMOS 集成电路。

TTL 门电路有不同系列的产品，各系列产品的参数不同，其中 74LS 系列的产品综合性较好，应用广泛。下面介绍几种不同类型的 TTL 门电路。

① 集成与非门电路（74LS00）

集成与非门 74LS00 是一种二输入端与非门，其内部有四个二输入端的与非门，其电路图和引脚图如图 5-10(a)、(b)所示。

当与非门的两个输入端 A、B 中有一个或一个以上为低电平 0，其输出端 Y 为高电平 1；当两个输入端 A、B 全为高电平 1，输出端 Y 为低电平 0，即得

$$Y = \overline{AB}$$

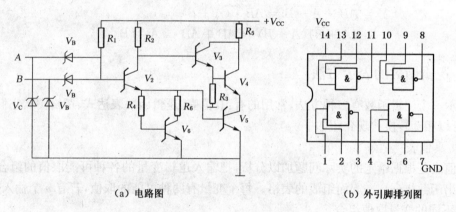

（a）电路图 （b）外引脚排列图

图 5-10 74LS00 与非门

② 集成或非门（74LS36）

集成或非门 74LS36 是一种二输入端或非门，内部有四个独立的或非门，其引脚和逻辑符号如图 5-11(a)、(b)所示。内部电路结构及工作原理跟与非门类似，不再画出。

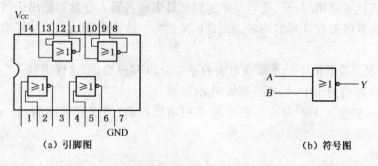

（a）引脚图 （b）符号图

图 5-11 74LS36 或非门

当或非门的两个输入端 A、B 中有一个或一个以上为高电平 1，其输出 Y 为低电平 0；当两个输入端 A、B 全为低电平 0，输出端 Y 为高电平 1，即得

$$Y = \overline{A + B}$$

③ 集成异或门(74LS86)

74LS86 是常用的一种二输入端四异或逻辑门，其内部电路的逻辑图及逻辑符号如图 5-12 所示。

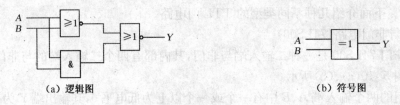

(a) 逻辑图　　　　　　　　　　　　　　(b) 符号图

图 5-12　异或门

由图 5-12 可得

$$Y = \overline{AB + \overline{A + B}} = \overline{AB} \cdot (A + B)$$
$$= (\overline{A} + \overline{B})(A + B) = A\overline{B} + \overline{A}B = A \oplus B$$

4. 逻辑函数的表示方法

表示一个逻辑函数有多种方法，常用的有：真值表、逻辑函数表达式、逻辑图。它们各有特点，还可以相互转换。现介绍如下。

(1) 真值表

真值表是根据给定的实际问题加以分析，把输入逻辑变量的各种可能取值的组合和相对应的输出函数排列在一起而组成的表格。每个变量有两种可能的取值，若有 n 个输入变量，则有 2^n 个不同的变量取值组合。

在列真值表时，为避免遗漏，变量取值的组合一般按二进制数递增的顺序排列。

用真值表表示逻辑函数的优点是直观、明了地表示了逻辑变量的各种取值情况与逻辑函数值之间的关系。

(2) 逻辑函数表达式

逻辑函数表达式是用与、或、非等基本逻辑运算表示各输入变量和输出函数之间逻辑关系的代数式。根据真值表直接写出的表达式是标准的与—或逻辑表达式。写标准与—或逻辑表达式的方法是：

① 任意一组变量取值中的 1 写成对应的原变量，0 写成反变量，这样得到一个乘积项，如 A、B、C 三个变量的取值为 101 时，则可写成 $A\overline{B}C$。

② 把逻辑函数值为 1 所对应的各变量乘积项加起来，便得到标准的与—或逻辑函数表达式。

(3) 逻辑图

逻辑图是用逻辑符号连接组成的电路图。根据逻辑函数表达式可画逻辑图。画图时，只要把表达式中各逻辑运算用相应门电路的逻辑符号代替，就可得到对应的逻辑图。

5. 逻辑函数常用公式和定理

(1) 基本公式

① 常量与常量之间的关系

逻辑常量有 1 和 0，常量与常量之间的逻辑关系如表 5-10 所示。

表 5-10　常量与常量之间的关系

与逻辑公式	或逻辑公式	非逻辑公式
$0 \cdot 0 = 0$	$0 + 0 = 0$	
$0 \cdot 1 = 0$	$0 + 1 = 1$	$\overline{0} = 1$
$1 \cdot 0 = 0$	$1 + 0 = 1$	$\overline{1} = 0$
$1 \cdot 1 = 1$	$1 + 1 = 1$	

② 常量与变量之间的逻辑关系

设 A 为逻辑变量，则逻辑常量与变量之间的逻辑关系如表 5-11 所示。

表 5-11　常量与变量之间的逻辑关系

与逻辑公式	或逻辑公式	非逻辑公式
$A \cdot 0 = 0$	$A + 0 = A$	
$A \cdot 1 = A$	$A + 1 = 1$	$\overline{\overline{A}} = A$
$A \cdot A = A$	$A + A = A$	
$A \cdot \overline{A} = 0$	$A + \overline{A} = 1$	

(2) 与普通代数相似的定律

与普通代数相似的定律有交换律、结合律、分配律，如表 5-12 所示。

表 5-12　与普通代数相似的定律

交换律	$A + B = B + A \qquad A \cdot B = B \cdot A$
结合律	$A + B + C = (A + B) + C = A + (B + C)$ $A \cdot B \cdot C = (A \cdot B) \cdot C = A \cdot (B \cdot C)$
分配律	$A \cdot (B + C) = A \cdot B + A \cdot C$ $A + BC = (A + B)(A + C)$

上述表中除分配律 $A + BC = (A + B)(A + C)$ 以外，其他都和普通代数完全一样，它们的正确性均可证明。简便的证明方法是将变量的各种可能取值代入等式进行计算，如果等号两边的值相等，则等式成立。

(3) 逻辑代数中的一些特殊定律

逻辑代数中的一些特殊定律如表 5-13 所示。

表 5-13　逻辑代数中的一些特殊定律

同一律	$AA = A \qquad A + A = A$
摩根定律	$\overline{A + B} = \overline{A}\,\overline{B} \qquad \overline{AB} = \overline{A} + \overline{B}$
还原律	$\overline{\overline{A}} = A$

（4）几种常用公式

除基本公式外，逻辑代数中还有一些常用公式，这些公式在逻辑函数化简时用得很多。如表 5-14 所示。

表 5-14　几种常用的公式

公　式	证　明
$A+AB=A$	$A+AB=A(1+B)=A1=A$
$AB+A\bar{B}=A$	$AB+A\bar{B}=A(B+\bar{B})=A\cdot 1=A$
$A+\bar{A}B=A+B$	$A+\bar{A}B=(A+\bar{A})(A+B)=1\cdot(A+B)=A+B$
$AB+\bar{A}C+BC=AB+\bar{A}C$	$AB+\bar{A}C+BC=AB+\bar{A}C+BC(A+\bar{A})$ $=AB+\bar{A}C+ABC+\bar{A}BC$ $=AB(1+C)+\bar{A}C(1+B)=AB+\bar{A}C$

项目二　组合逻辑电路

1. 组合逻辑电路的特点及表示方法

在数字系统中，根据逻辑功能及电路结构的不同，数字电路可分为组合逻辑电路和时序逻辑电路。若数字电路任一时刻的稳态输出信号仅取决于该时刻的输入信号，而与输入信号之前的工作状态无关，则该电路称为组合逻辑电路。

组合逻辑电路在结构上是由各种逻辑门电路组成的，且电路中不含有记忆功能的逻辑单元电路。描述组合逻辑电路逻辑功能的方法主要有逻辑函数表达式、真值表和逻辑图。

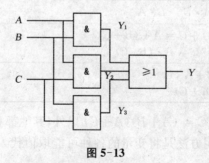

图 5-13

【例 5-1】　如图 5-13 所示逻辑电路，根据电路写逻辑函数表达式，并列真值表。

【解】　① 根据电路写输出逻辑函数表达式

$Y_1=AB,Y_2=AC,Y_3=BC$

$Y=Y_1+Y_2+Y_3=AB+AC+BC$

② 列逻辑函数真值表。将输入端 A、B、C 各种取值组合代入式 $Y=AB+AC+BC$ 中得到相应 Y 的值。由此可得表 5-15 所示真值表。

表 5-15 真值表

A	B	C	Y
0	0	0	0
0	0	1	0
0	1	0	0
0	1	1	1
1	0	0	0
1	0	1	1
1	1	0	1
1	1	1	1

2. 组合逻辑电路的设计方法

（1）一般设计方法

① 列真值表。根据设计要求,确定输入和输出信号及它们之间的因果关系并画出示意图;状态赋值,根据设计要求写出真值表。注:输入信号最好以二进制数递增的顺序进行排列。

② 根据真值表写函数表达式。将真值表中输出为 1 所对应的各个乘积项进行逻辑相加,可得到输出逻辑函数表达式。

③ 对输出函数进行化简。用公式法化简输出函数。

④ 画逻辑图。根据需要将最简输出逻辑函数表达式进行变换,然后画出逻辑图。

（2）设计举例

【例 5-2】 试用与非门设计一个 A、B、C 三人表决电路。当表决某个提案时,多数人同意,提案通过,否则不能通过。

【解】 ① 分析设计要求,列真值表。通过分析可知输入变量为 A、B、C,设输出变量为 Y,对逻辑变量赋值,A、B、C 同意用 1 表示,否则用 0 表示;Y 为表决结果,Y 为 1 表示提案通过,否则用 0 表示。根据分析结果,列真值表,如表 5-16 所示。

表 5-16 真值表

输入			输出	输入			输出
A	B	C	Y	A	B	C	Y
0	0	0	0	1	0	0	0
0	0	1	0	1	0	1	1
0	1	0	0	1	1	0	1
0	1	1	1	1	1	1	1

② 根据真值表写出相应的逻辑表达式,并进行化简和变换。

$$Y = \overline{A}BC + A\overline{B}C + AB\overline{C} + ABC$$
$$= \overline{A}BC + A\overline{B}C + AB(C+\overline{C})$$
$$= \overline{A}BC + A\overline{B}C + AB$$
$$= \overline{A}BC + A(B+C)$$
$$= \overline{A}BC + AB + AC$$
$$= B(A+C) + AC$$
$$= AB + BC + AC$$

进行公式变换

$$Y = \overline{\overline{AB + BC + AC}}$$
$$= \overline{\overline{AB} \cdot \overline{BC} \cdot \overline{AC}}$$

③ 根据变换后的逻辑表达式,画逻辑图如图 5-14 所示。

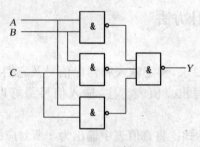

图 5-14　逻辑图

3. 编码器和译码器

(1) 编码器

将具有特定意义的对象用文字、符号或数字表示的过程,称为编码。例如生活中经常用的邮政编码、电话号码、运动员号码等都是编码。上述这些均用十进制数编码。十进制数编码在电路中使用比较困难,因此,在数字电路中是用二进制数编码。实现编码功能的电路,称为编码器。编码器是一种多输入、多输出的组合逻辑电路,其输入是被编信号,输出是二进制代码。

编码器可分为二进制编码器、二-十进制编码器和优先编码器等。

① 二进制编码器

1 位二进制代码可表示 2 个信号,2 位二进制代码可表示 4 个信号,依次类推,n 位二进制代码可表示 2^n 个信号。即用 n 位二进制代码对 2^n 个信号进行编码的电路,称为二进制编码器。

a. 已知表 5-17 是二进制编码的真值表,输入是 8 个需要进行编码的信号 $I_0 \sim I_7$,输出是二进制代码 $Y_0 \sim Y_2$。

表 5-17　二进制编码器的真值表

输入	输出		
	Y_2	Y_1	Y_0
I_0	0	0	0
I_1	0	0	1
I_2	0	1	0
I_3	0	1	1
I_4	1	0	0
I_5	1	0	1
I_6	1	1	0
I_7	1	1	1

b. 根据真值表写逻辑表达式

$I_0 \sim I_7$ 之间是互相排斥的,将函数值为 1 的信号加起来,便得到相应输出信号的与或表达式。

$$Y_2 = I_4 + I_5 + I_6 + I_7$$
$$Y_1 = I_2 + I_3 + I_6 + I_7$$
$$Y_0 = I_1 + I_3 + I_5 + I_7$$

c. 逻辑图

根据表达式可画如图 5-15 所示的逻辑图。图中 I_0 的编码是隐含的,当输入端 $Y_2Y_1Y_0 = 000$ 时,即为 I_0 信号。

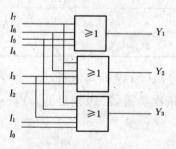

图 5-15　二进制编码逻辑图

② 二-十进制编码器

将十进制的数 $0 \sim 9$ 编成二进制代码的电路,称为二-十进制编码器,其工作原理与二进制编码器类似,因此不再详细介绍。

③ 优先编码器

前面介绍的二进制编码器输入信号之间是互相排斥的,而优先编码器则不一样,允许输入信号同时输入,但是电路只对其中级别最高的进行编码,不理睬级别低的信号。这样的编码器称为优先编码器。

图 5-16 所示为集成优先编码器 CT74LS147。

a. CT74LS147 外引脚排列图

b. 真值表

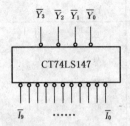

图 5-16　74LS147 的逻辑示意图

表 5-18　优先编码器 CT74LS147 的真值表

输　　入										输　出			
$\bar{I}_9$	$\bar{I}_8$	$\bar{I}_7$	$\bar{I}_6$	$\bar{I}_5$	$\bar{I}_4$	$\bar{I}_3$	$\bar{I}_2$	$\bar{I}_1$	$\bar{I}_0$	$\bar{Y}_3$	$\bar{Y}_2$	$\bar{Y}_1$	$\bar{Y}_0$
0	×	×	×	×	×	×	×	×	×	0	1	1	0
1	0	×	×	×	×	×	×	×	×	0	1	1	1
1	1	0	×	×	×	×	×	×	×	1	0	0	0
1	1	1	0	×	×	×	×	×	×	1	0	0	1
1	1	1	1	0	×	×	×	×	×	1	0	1	0
1	1	1	1	1	0	×	×	×	×	1	0	1	1
1	1	1	1	1	1	0	×	×	×	1	1	0	0
1	1	1	1	1	1	1	0	×	×	1	1	0	1
1	1	1	1	1	1	1	1	0	×	1	1	1	0
1	1	1	1	1	1	1	1	1	0	1	1	1	1

表 5-18 所示优先编码器 CT74LS147 的真值表，$\bar{I}_9 \sim \bar{I}_0$ 为编码输入端，输入低电平有效，$\bar{I}_9$ 设为级别最高，$\bar{I}_8$ 次之，其余依次类推，$\bar{I}_0$ 级别最低。$\bar{Y}_3 \sim \bar{Y}_0$ 为输出端，输出为 8421BCD 码的反码。

（2）译码器

译码和编码的过程正好相反。编码是将特定意义的对象编程二进制代码，译码是将二进制的代码按其编码时的原意相对应的翻译出来。实现译码功能的电路称为译码器。译码器输入为二进制的代码，输出是与输入代码相对应的特定信息。

译码在数字电路和微型计算机中应用非常广泛。按其用途大致可分为二进制译码器、二-十进制译码器和显示译码器。

① 二进制译码器

将二进制代码，按其原意翻译成对应输出信号的电路，称为二进制译码器。

若输入是 2 位二进制代码，译码器输出为 4 根线，又称 2 线-4 线译码器；输入是 3 位二进制代码，译码器输出为 8 根线，又称 3 线-8 线译码器；输入是 n 位二进制代码，译码器输出为

2^n根线。

a. 集成 3 线 - 8 线译码器 74LS138

集成 3 线 - 8 线译码器 74LS138，其外引脚排列图如图 5-17 所示。

b. 译码器 74LS138 的真值表

译码器 74LS138 的真值表，如表 5-19 所示。

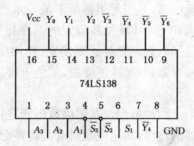

图 5-17　译码器 74LS138 外引脚排列图

表 5-19　集成译码器 74LS138

输入					输出							
S_1	$\overline{S}_3+\overline{S}_2$	A_2	A_1	A_0	$\overline{Y}_7$	$\overline{Y}_6$	$\overline{Y}_5$	$\overline{Y}_4$	$\overline{Y}_3$	$\overline{Y}_2$	$\overline{Y}_1$	$\overline{Y}_0$
0	×	×	×	×	1	1	1	1	1	1	1	1
×	1	×	×	×	1	1	1	1	1	1	1	1
1	0	0	0	0	1	1	1	1	1	1	1	0
1	0	0	0	1	1	1	1	1	1	1	0	1
1	0	0	1	0	1	1	1	1	1	0	1	1
1	0	0	1	1	1	1	1	1	0	1	1	1
1	0	1	0	0	1	1	1	0	1	1	1	1
1	0	1	0	1	1	1	0	1	1	1	1	1
1	0	1	1	0	1	0	1	1	1	1	1	1
1	0	1	1	1	0	1	1	1	1	1	1	1

表 5-19 是它的真值表。S_1、$\overline{S}_2$ 和 $\overline{S}_3$ 是三个输入选通控制端，当 $S_1=0$ 或 $\overline{S}_2+\overline{S}_3=1$ 时，译码器不工作，译码器的输出 $\overline{Y}_0\sim\overline{Y}_7$ 全为无效信号 1；当 $S_1=1$、$\overline{S}_2+\overline{S}_3=0$ 时，译码器工作，即进行译码。

$$\overline{Y}_0 = \overline{\overline{A}_2\,\overline{A}_1\,\overline{A}_0} = \overline{m}_0 \qquad \overline{Y}_4 = \overline{A_2\,\overline{A}_1\,\overline{A}_0} = \overline{m}_4$$

$$\overline{Y}_1 = \overline{\overline{A}_2\,\overline{A}_1 A_0} = \overline{m}_1 \qquad \overline{Y}_5 = \overline{A_2\,\overline{A}_1 A_0} = \overline{m}_5$$

$$\overline{Y}_2 = \overline{\overline{A}_2 A_1\,\overline{A}_0} = \overline{m}_2 \qquad \overline{Y}_6 = \overline{A_2 A_1\,\overline{A}_0} = \overline{m}_6$$

$$\overline{Y}_3 = \overline{\overline{A}_2 A_1 A_0} = \overline{m}_3 \qquad \overline{Y}_7 = \overline{A_2 A_1 A_0} = \overline{m}_7$$

② 显示译码器

在数字系统中，如数字仪表、计算机等，常需要把测量的数据及运算结果以十进制数的字型显示出来。因此,要将二-十进制代码送到译码器中进行译码,再用译码器的输出去驱动数码显示器。译码器和数码显示一般都集成在一块芯片内。

A. 数码显示器的基本知识

常用的数码显示器有半导体显示器和液晶显示器。

a. 半导体显示器

半导体显示器,又称 LED 显示器,是当前用得最多的显示器之一。其基本结构是将单个 PN 结封装可构成发光二极管,若用七个 PN 结按规定的顺序排列并封装,可构成七段发光数码管。当外加正向电压 1.5～3 V 时,数码管导通而发光,外加反向电压时截止。半导体显示器的特点是工作电压低、体积小、寿命长,转换速度快,颜色丰富、清晰,工作性能可靠。但是工作电流较大。

七段数码管有共阳极和共阴极两种类型。共阳极数码管是将各个发光二极管阳极连在一起,接高电平,阴极分别接译码器的输出;共阴极数码管是将各个发光二极管阴极连在一起,接低电平,阳极分别接译码器的输出。无论哪种接法,只有在发光二极管处在正向导通状态才能发光。其内部接线图及外引脚图如图 5-18 所示。七段由七只发光二极管 a、b、c、d、e、f、g 构成,选择不同二极管,可显示出不同的字形。例如:当 a、b、c、d、e、f 亮时,显示 0 字。

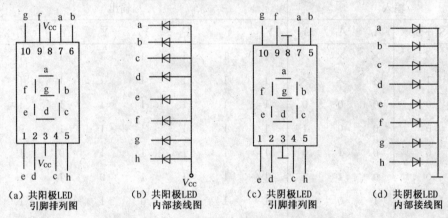

图 5-18　LED 数码管外引线及内部接线电路

b. 液晶显示器

液晶显示器,又称 LCD 显示器。液晶是一种具有液体的流动性,又有晶体光学特性的有机化合物。外加电场控制其透明度和颜色。利用液晶也能制成七段液晶数码显示器,它的字形与七段半导体显示器类似。液晶显示器本身并不发光。在没有外加电场时,液晶呈现透明状态,显示器呈乳白色。当在字段上加上适当电压后,显示出相应的数字。

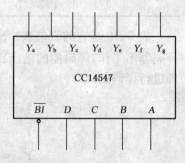

图 5-19　逻辑功能示意图

液晶显示器的特点是工作电流小、工作电压低、体积小、结构简单,因此成本低。但是,显示的数码不够清晰,转换速度较慢。常用于计算器、电子表和小型计算机等。

B. 七段显示译码器 CC14547。其逻辑功能示意图如图 5-19 所示。A、B、C、D 为输入端,按 8421BCD 编码,Y_a～Y_g 是输出端,高电平有效。$\overline{BI}$ 为消隐控制端。其功能表如表 5-20 所示。

表 5-20　七段显示译码器功能表

输　入					输　出							数字显示
$\overline{BI}$	D	C	B	A	Y_a	Y_b	Y_c	Y_d	Y_e	Y_f	Y_g	
0	×	×	×	×	0	0	0	0	0	0	0	消隐
1	0	0	0	0	1	1	1	1	1	1	1	0
1	0	0	0	1	0	1	1	0	0	0	0	1
1	0	0	1	0	1	1	0	1	1	0	1	2
1	0	0	1	1	1	1	1	1	0	0	1	3
1	0	1	0	0	0	1	1	0	0	1	1	4
1	0	1	0	1	1	0	1	1	0	1	1	5
1	0	1	1	0	0	0	1	1	1	1	1	6
1	0	1	1	1	1	1	1	0	0	0	0	7
1	1	0	0	0	1	1	1	1	1	1	1	8
1	1	0	0	1	1	1	1	0	0	1	1	9
1	1	0	1	0	0	0	0	0	0	0	0	消隐
1	1	0	1	1	0	0	0	0	0	0	0	消隐
1	1	1	0	0	0	0	0	0	0	0	0	消隐
1	1	1	0	1	0	0	0	0	0	0	0	消隐
1	1	1	1	0	0	0	0	0	0	0	0	消隐
1	1	1	1	1	0	0	0	0	0	0	0	消隐

　　根据表 5-20 可知,当 $\overline{BI}=0$ 时,译码器不工作,$Y_a \sim Y_g$ 输出均为低电平,显示器不显数字; 当 $\overline{BI}=1$ 时,译码器工作。译码器根据输入端 A、B、C、D 的不同值而得到相应的数字。如 $DCBA = 1000$ 时,输出 $Y_a \sim Y_g$ 都为高电平,显示 8 字,CC14547 显示译码器可直接驱动半导体数码显示器及其他显示器。

习　题

一、判断题

1. 从结构上看,组合逻辑电路由门电路构成,不含有任何记忆性器件。　　　　　（　　）

2. 在二进制译码器中,若输入有四位代码,则输出有八个信号。　　　　　　　　（　　）

3. 优先编码器的编码信号是相互排斥的,不允许多个编码信号同时有效。　　　　（　　）

4. 只考虑本位数而不考虑低位的进位的加法器称为全加器。　　　　　　　　　　（　　）

5. 组合逻辑电路中的竞争冒险是电路中存在延时引起的。　　　　　　　　　　　（　　）

6. 74LS48 是共阴极字符显示译码器。　　　　　　　　　　　　　　　　　　　（　　）

7. 发光二极管的电压是 0.7 V 左右。 （ ）

8. 共阴接法发光二极管数码显示器需选用有效输出为低电平的七段显示译码器来驱动。 （ ）

9. 组合逻辑电路中产生竞争冒险的主要原因是输入信号受到尖峰干扰。 （ ）

10. 二—十进制编码器 74LS147 的输出可直接送译码器驱动显示。 （ ）

二、选择题

1. 在组合逻辑电路常用的设计方法中,可以用（ ）来表示逻辑抽象的结果。

A. 状态表　　　　　B. 状态图　　　　　C. 真值表　　　　　D. 特性方程

2. 下列只有（ ）属于组合逻辑电路。

A. 寄存器　　　　　B. 编码器　　　　　C. 触发器　　　　　D. 计数器

3. 能将表示特定意义信息的二进制代码译成对应的输出高、低电平信号的逻辑电路称为（ ）。

A. 译码器　　　　　B. 编码器　　　　　C. 触发器　　　　　D. 计数器

4. 半导体二极管的每个显示段都是由（ ）构成的。

A. 发光三极管　　　B. 熔丝　　　　　　C. 发光二极管　　　D. 灯丝

5. 若在编码器中有 100 个编码对象,则要求输出二进制代码位数为（ ）位。

A. 5　　　　　　　　B. 6　　　　　　　　C. 7　　　　　　　　D. 8

6. 在下列逻辑电路中,不是组合逻辑电路的是（ ）。

A. 译码器　　　　　B. 编码器　　　　　C. 全加器　　　　　D. 寄存器

三、填空题

1. 三极管截止条件是_____。

2. 三极管的饱和条件是_____。

3. 基本的逻辑运算有_____几种。

4. 根据数字电路逻辑功能的不同特点,通常可分为两大类,一类称为_____,另一类称为_____。

5. 组合逻辑电路任意时刻的输出仅与_____有关,而与该时刻之前的电路状态无关。

6. 将二进制数码按一定的规律编排,使每组代码具有特定的含义,这个过程称为_____。

7. n 位二进制译码器有_____个输入、_____个输出,工作时译码器只有一个输出有效。

8. 半导体数码显示器的内部接法有两种形式:共_____接法和共_____接法。

9. 对于共阳接法的发光二极管数码显示器,应采用_____电平驱动的七段显示译码器。

四、计算题

1. 化简下列各式:

(1) $Y=A+ABC+A\overline{BC}+BC+\overline{BC}$　　　(2) $Y=\overline{AB}+(AB+A\overline{B}+\overline{AB})C$

2. 列车分为特快、直快和慢车三种,车站发车的优先顺序为:特快、直快、慢车。在同一时间里车站只能开出一班车,即列车只能给一班列车所对应的开车信号。试设计一个能满足上述要求的逻辑电路。

3. 设计一个三人表决器。

模块六

时序逻辑电路

前面介绍了多种门电路,它们在某一时刻的输出稳定信号仅取决于该时刻的输入信号,没有记忆功能。在数字系统中,常需要存储数字信息,触发器是具备该功能的器件。下面就先介绍一些常用的触发器。

项目一 基本 RS 触发器

1. 基本 RS 触发器的组成结构与符号

与非门组成的电路如图 6-1(a)所示,图 6-1(b)是它的符号。它由两个与非门交叉组合构成。$\overline{S}$ 和 $\overline{R}$ 是信号输入端,字母上的反号表示低电平有效(逻辑符号中用小圈表示)。它有两个输出端 Q 与 $\overline{Q}$,正常情况下,这两个输出端信号必须互补,否则会出现逻辑错误。

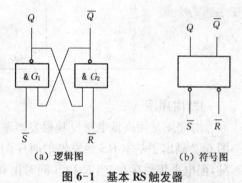

(a) 逻辑图　　　　(b) 符号图

图 6-1　基本 RS 触发器

通常规定 Q 端的状态决定触发器的状态。即 $Q=1(\overline{Q}=0)$ 称触发器为 1 状态,简称 1 态;$Q=0(\overline{Q}=1)$ 称触发器为 0 状态,简称 0 态。

2. 基本 RS 触发器逻辑功能

(1) 逻辑功能

当 $\overline{R}=0$、$\overline{S}=1$ 时,触发器置 0。$\overline{R}=0$ 为有效信号,G_2 门输出为 1,即 $\overline{Q}=1$,此时,G_1 门输入为高电平,输出为 0,即 $Q=0$,这种状态触发器称为 0 状态。

当 $\overline{R}=1$、$\overline{S}=0$ 时,触发器置 1。$\overline{S}=0$ 为有效信号,G_1 门输出为 1,即 $Q=1$,此时,G_2 门输入为高电平,输出为 0,即 $\overline{Q}=0$,触发器为 1 状态。

当 $\overline{R}=\overline{S}=1$ 时,触发器保持原状态不变。$\overline{R}=\overline{S}=1$ 均为无效信号,G_1 和 G_2 门都保持原来工作状态不变。

当 $\overline{R}=\overline{S}=0$ 时,触发器状态不定。这时触发器输出 $Q=\overline{Q}=1$,既不是 1 状态,也不是 0 状态。而在 $\overline{R}$ 和 $\overline{S}$ 同时撤销信号由 0 变 1 时,由于 G_1 和 G_2 门传输时的不一致性,致使触发器的状态无法确定,0 状态或 1 状态都可能存在。实际工作中,这种工作状态是不允许的。

（2）真值表及特征方程

通过上面分析了基本 RS 触发器基本逻辑功能，现总结如下：

① 真值表

真值表是反映在输入信号作用下输出状态如何改变的一种表格。基本 RS 触发器真值表如表 6-1 所示。

② 特征方程（状态方程）

特征方程是表 6-1 的数学表达方式，考虑 $\bar{R} = \bar{S} = 0$ 输入时会带来输出状态不定的影响，故由表 6-1 写出 Q_{n+1} 表达式时，应该严禁这种输入。即

$$\begin{cases} Q_{n+1} = S + \bar{R}Q_n \\ \bar{S} + \bar{R} = 1 \end{cases}$$

表 6-1　基本 RS 触发器真值表

$\bar{R}$	$\bar{S}$	Q_{n+1}
0	0	不定
0	1	0
1	0	1
1	1	Q_n

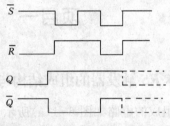

图 6-2　基本 RS 触发器时序图

③ 时序图

时序图是用高低电平反映触发器逻辑功能的波形图，它比较直观，而且可用示波器验证。图 6-2 画出了基本 RS 触发器的时序图。从图中可以看出，当 $\bar{R} = \bar{S} = 0$ 时，Q 与 $\bar{Q}$ 功能紊乱，但电平仍然存在；当 $\bar{R}$ 和 $\bar{S}$ 同时由 0 跳到 1 时，状态出现不定。

项目二　JK 触发器

1. JK 触发器的组成结构与符号

JK 触发器如图 6-3（a）所示，1-8 门为与非门，9 门为非门，图 6-3（b）是 JK 触发器的逻辑符号。

2. JK 触发器逻辑功能

（1）逻辑功能

JK 触发器有两个输入控制端，分别用 J 和 K 表示，这是一种逻辑功能齐全的触发器，它具有置 0、置 1、保持、翻转四种功能。

当输入信号 $J = K = 0$　$Q_{n+1} = Q_n$ ——保持；

当输入信号 $J = 0, K = 1$　$Q_{n+1} = 0$ ——置 0；

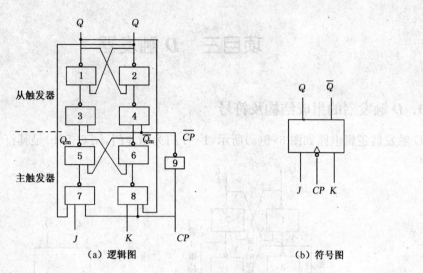

（a）逻辑图　　　　　　　　　（b）符号图

图 6-3　*JK* 触发器

当输入信号 $J = 1, K = 0$　$Q_{n+1} = 1$——置 1；

当输入信号 $J = 1, K = 1$　$Q_{n+1} = \overline{Q}_n$——翻转。

这表明当输入 $J = K = 1$，在 CP 作用下，新状态总是和原状态相反。这种功能称为计数功能。

（2）真值表及特征方程

① 真值表

JK 触发器真值表如表 6-2 所示。

表 6-2　*JK* 触发器真值表

J	K	Q_{n+1}
0	0	Q_n
0	1	0
1	0	1
1	1	$\overline{Q}_n$

② 特征方程

由表 6-2 写出主从 JK 触发器的特征方程：

$$Q_{n+1} = J_n + \overline{K}Q_n$$

（3）时序图

图 6-4 是主从 JK 触发器的时序图。

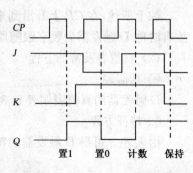

置1　置0　计数　保持

图 6-4　主从 *JK* 触发器时序图

项目三　*D*触发器

1. *D*触发器的组成结构及符号

*D*触发器逻辑电路如图 6-5(a)所示,1—6门为与非门,图 6-5(b)是其符号。

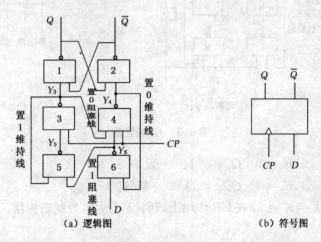

(a) 逻辑图　　　　　　　　　　(b) 符号图

图 6-5　*D*触发器

2. *D*触发器的逻辑功能

(1) 逻辑功能

① *D* = 0 时

当 $CP = 0$ 期间,门 3 和门 4 均关闭,因为 $D = 0$,门 6 被封锁,$Y_6 = 1$,门 5 在 $Y_6 = Y_3 = 1$ 的作用下被打开,$Y_5 = 0$;当 CP 由 0 跳变到 1 时,门 4 输出 $Y_4 = \overline{Y3 \ \overline{Y4}CP} = \overline{111} = 0$。

② 当 *D* = 1 时

当 $CP = 1$ 期间,$Y_3 = Y_4 = 1$,因为 $D = 1$,$Y_6 = 1$,$Y_5 = 1$,当 CP 由 0 跳到 1 时,$Y_4 = 1$,$Y_3 = \overline{Y5 \cdot CP} = \overline{1 \cdot 1} = 0$。

综上所述:在 CP 上升沿到来时,若 $D = 0$,触发器状态为 0;若 $D = 1$,触发器状态为 1,故有时称 *D* 触发器为数字跟随器。

(2) 真值表及特征方程

① 真值表

D 触发器的真值表如表 6-3 所示。

② 特征方程

由表 6-3 可得 *D* 触发器的特征方程:

$$Q_{n+1} = D$$

表 6-3　D 触发器的真值表

D	Q_{n+1}
0	0
1	1

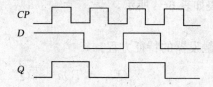

图 6-6　D 触发器的时序图

（3）时序图

D 触发器的时序图如图 6-6 所示。

项目四　T 触发器

1. T 触发器的组成结构及符号

如果将 JK 触发器的 J、K 两端相连接，连接后的输入端称为 T 端，1-8 门为与非门，9 门为非门，如图 6-7(a) 所示，就构成了 T 触发器，因此可根据 JK 触发器的工作过程写出其逻辑功能。图 6-7(b) 是 T 触发器的逻辑符号。

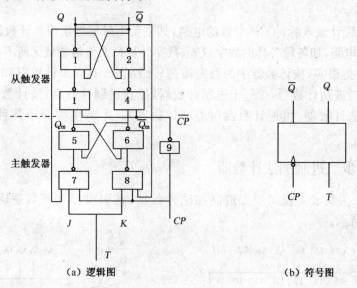

（a）逻辑图　　　　　　　　　　　　（b）符号图

图 6-7　T 触发器

2. T 触发器的逻辑功能

（1）逻辑功能

T 触发器具有一个信号输入端 T 端；在 CP 脉冲来临时若 $T = 1$ 使触发器翻转，若 $T = 0$ 则触发器保持原来状态。

（2）真值表及特征方程

① 真值表

T 触发器的真值表如表 6-4 所示。

② 特征方程

由表 6-4 可得 T 触发器的特征方程：

$$Q_{n+1} = T\bar{Q}n + \bar{T}Q_n$$

表 6-4　T 触发器的真值表

T	Q_{n+1}
0	Q_n
1	Q_n

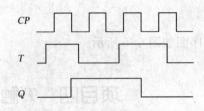

图 6-8　T 触发器的时序图

（3）时序图

T 触发器的时序图如图 6-8 所示。

项目五　计数器

　　计数器用来统计输入脉冲 CP 个数的电路，其主要由触发器组成。计数器是数字系统中应用最多的时序电路，如各种各样的数字仪表、数字计算机及生活领域无所不在。

　　计数器的种类很多，按计数器中的触发器翻转情况分，有同步计数器和异步计数器；按计数进制分，有二进制计数器，二一十进制计数器，任意进制计数器；按计数增减情况分，有加法计数器、减法计数器、可逆计数器（加/减计数器）。本节主要介绍几种常用的集成计数器。

1. 集成同步二进制加法计数器

　　CT74LS161 为集成 4 位同步二进制加法计数器，其引脚排列图与逻辑功能示意图如图 6-9(a)、(b) 所示。

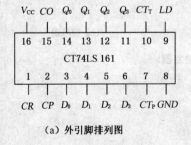

（a）外引脚排列图

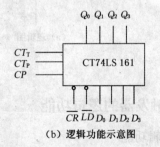

（b）逻辑功能示意图

图 6-9　CT74LS161 外引脚排列及逻辑功能示意图

　　图 6-9 中的 $\overline{CR}$ 为异步置 0 控制端，$\overline{LD}$ 为同步置数控制端，CT_P、CT_T 为计数控制端，$D_0 \sim D_3$ 为数据并行输入端，$Q_0 \sim Q_3$ 为输出端，CO 为进位输出端。其逻辑功能如表 6-5 所示。

表 6-5 CT74LS161 的功能表

输　　　　入									输　　出					说　　　明
$\overline{CR}$	$\overline{LD}$	CT_P	CT_T	CP	D_3	D_2	D_1	D_0	Q_3	Q_2	Q_1	Q_0	CO	
0	×	×	×	×	×	×	×	×	0	0	0	0	0	异步置 0
1	0	×	×	↑	d_3	d_2	d_1	d_0	d_3	d_2	d_1	d_0		$CO=CT_T \cdot Q_3 Q_2 Q_1 Q_0$
1	1	1	1	↑	×	×	×	×	计　　数					$CO=Q_3 Q_2 Q_1 Q_0$
1	1	0	×	×	×	×	×	×	保　　持					
1	1	×	0	×	×	×	×	×	保　　持				0	

由表 6-5 可知 CT74LS161 的计数功能如下：

① 异步清 0 功能。当 $\overline{CR}=0$ 时，计数器清零，其他信号都无效。即 $Q_3^{n+1} Q_2^{n+1} Q_1^{n+1} Q_0^{n+1} = 0000$。

② 同步并行置数功能。当 $\overline{CR}=1,\overline{LD}=0$ 时，在时钟脉冲 CP 上升沿到来，并行输入的数据 $d_0 \sim d_3$ 被置入计数器，使 $Q_3^{n+1} Q_2^{n+1} Q_1^{n+1} Q_0^{n+1} = d_3 d_2 d_1 d_0$。

③ 计数功能。当 $\overline{CR}=\overline{LD}=1$ 时，若 $CT_P=CT_T=1$，输入计数脉冲 CP 上升沿到来时，计数器进行二进制加法计数。

④ 保持功能。当 $\overline{CR}=\overline{LD}=1$ 时，若 $CT_P=0$，或 $CT_T=0$，则计数器保持原来的状态不变，进位输出信号有两种情况，若 $CT_T=1$，则 $CO=Q_3{''}Q_2{''}Q_1{''}Q_0{''}$；若 $CT_T=0$，则 $CO=0$。

2. 集成十进制异步计数器 CT74LS290

图 6-10 为异步二—五—十进制计数器 CT74LS290 的外引脚排列图、内部结构框图和逻辑功能示意图。

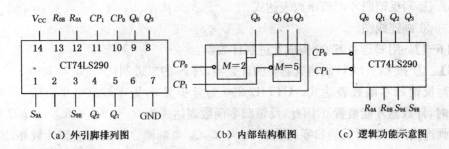

(a) 外引脚排列图　　　(b) 内部结构框图　　　(c) 逻辑功能示意图

图 6-10 集成计数器 CT74LS290

图中 R_{0A}、R_{0B} 为置 0 端，S_{9A}、S_{9B} 为置 9 端，表 6-6 为其功能表。

由表 6-6 可知 CT74LS290 的逻辑功能：

① 异步清零功能。当 $R_{0A} \cdot R_{0B}=1$，$S_{9A} \cdot S_{9B}=0$ 时，计数器清零，即 $Q_3^{n+1} Q_2^{n+1} Q_1^{n+1} Q_0^{n+1} = 0000$，与时钟脉冲无关。

② 异步置 9 功能。当 $S_{9A} \cdot S_{9B}=1,R_{0A} \cdot R_{0B}=0$ 时，计数器置 9，即 $Q_3^{n+1} Q_2^{n+1} Q_1^{n+1} Q_0^{n+1} = 1001$，它也与时钟脉冲 CP 无关。

表 6-6 CT74LS290 的功能表

输　　入			输　　出				说　　明
$R_{0A} \cdot R_{0B}$	$S_{9A} \cdot S_{9B}$	CP	Q	Q	Q	Q	
1	0	×	0	0	0	0	活零
0	1	×	1	0	0	1	置9
0	0	↓		计　　数			

③ 计数功能。当 $R_{0A} \cdot R_{0B} = 0, S_{9A} \cdot S_{9B} = 0$ 时,处在计数工作状态,有如下四种不同情况:计数脉冲由 CP_0 端输入,从 Q_0 输出时,构成一位二进制计数器;计数脉冲由 CP_1 端输入,输出为 $Q_3 Q_2 Q_1$ 时,则构成五进制计数器;若把 Q_0 和 CP_1 相连,脉冲 CP 从 CP_0 端输入,输出为 $Q_3 Q_2 Q_1 Q_0$ 时,则构成 8421BCD 码异步十进制加法计数器;若把 CP_0 和 Q_3 相连,脉冲 CP 从 CP_1 端输入,输出从高到低按 $Q_0 Q_3 Q_2 Q_1$ 依次排列,则构成 5421BCD 码异步十进制加法计数器。

3. 利用集成计数器实现任意（N）进制计数器

利用集成二进制计数器或十进制计数器芯片,可方便地构成所需的任意进制计数器。实现任意进制计数器采用的方法有两种,一种是利用异步清零或置数,另一种是同步清零或置数。

（1）异步清零或置数端归零获得 N 进制计数器

步骤：① 写出状态 S_N 的二进制代码。

② 写反馈归零逻辑函数表达式。

③ 画连线图。

（2）同步清零或置数端归零获得 N 进制计数器

步骤：① 写出状态 S_{N-1} 的二进制代码。

② 写反馈归零逻辑函数表达式。

③ 画连线图。

【例 6-1】 用 CT74LS290 构成九进制计数器。

【解】 ① 按 8421BCD 码构成需要的计数器,写 S_9 的二进制代码 $S_9 = 1001$。

② 写反馈归零函数表达式。CT74LS290 为异步置 0,置零端高电平有效,只有 $R_{0A} = R_{0B} = 1$ 时,计数器才能被置 0,因此,反馈归零函数表达式为 $R_0 = R_{0A} \cdot R_{0B} = Q_3 Q_0$。

③ 画连线图。根据反馈归零函数式 $R_0 = Q_3 Q_0$ 来画图。实现九进制计数器,应把 R_{0A}、R_{0B} 分别接 Q_3、Q_0,同时将 S_{9A}、S_{9B} 接低电平 0。连线时应注意,由于 CT74LS290 内部电路是两个独立的计数器,所以必须将 Q_0 和 CP_1 连在一起,如图 6-11 所示。

【例 6-2】 用 CT74LS161 构成十二进制计数器。

【解】 CT74LS161 芯片是集成同步二进制计数器,内部设有同步置数控制端 $\overline{LD}$,可利用它实现十二进制计数器。设计数器从 $Q_3 Q_2 Q_1 Q_0 = 0000$ 状态开始计数,由于利用同步置数端归零来获得十二进制计数器,因此,使并行端 $D_3 D_2 D_1 D_0 = 0000$。用置数端获得任意进制计数器一般都从 0 开始计数。

① 写 S_{N-1} 的二进制代码为

$$S_{N-1} = S_{12-1} = S_{11} = 1011 = Q_3 Q_1 Q_0$$

② 写反馈置数函数表达式为

$$\overline{LD} = \overline{Q_3 Q_1 Q_0}$$

③ 画连线图。根据反馈置数函数表达式画十二进制计数器的连线图,如图 6-12 所示。

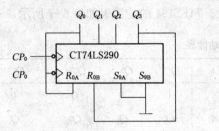

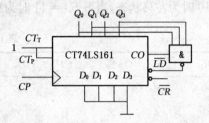

图 6-11　用 CT74LS290 构成九进制计数器　　　图 6-12　用 CT74LS161 构成十二进制计数器

项目六　寄存器

寄存器按功能可分为数据寄存器和移位寄存器。

1. 数据寄存器

数据寄存器简称为寄存器,又称数据缓冲器或锁存器。其功能是接收、存储和输出数据。比较常见的是用多个 D 触发器构成的。74LS74 实际上就是由 2 个 D 触发器构成的寄存器。寄存器 74LS175 是由 4 个带异步清零端的 D 触发器构成。比较常用的寄存器有 74LS273 和 74LS373,二者均含有 8 个 D 触发器。功能大体相似,在控制端和管脚排列均有较大区别,使用时请查阅手册。

2. 移位寄存器

移位寄存器是一种特殊的寄存器,它不但可以寄存数据,而且在时钟操作下可以使其中的数据依次左移或右移(相当于将数据乘 2 或除 2),并广泛应用在串行—并行转换电路中。

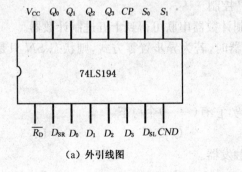

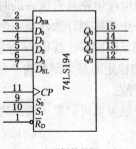

（a）外引线图　　　　　　　　　　　　（b）逻辑符号图

图 6-13　74LS194 外线图和逻辑符号图

74LS194 就是一个 4 位移位寄存器器件,具有双向移位、并行输入、保持数据和清除数据等功能。图 6-13(a)给出了 74LS194 的外引线图。图 6-13(b)给出了 74LS194 的逻辑符号图。图中 CP 为时钟输入端,上升沿有效;$\overline{R_D}$ 数据清零输入端,低电平有效;$D_0 \sim D_3$ 为 4 位并行数据输入端;D_{SR} 为右移串行数据输入端;D_{SL} 为左移串行数据输入端;$Q_0 \sim Q_3$ 为数据输出端;S_0 和 S_1 为工作方式控制端,当 $S_1 S_0 = 00$ 时电路工作状态为数据保持,当 $S_1 S_0 = 01$ 时为右移状态。当 $S_0 S_1 = 10$ 时为左移状态,当 $S_1 S_0 = 11$ 时为数据并行输入。74LS194 的功能表如表 6-7 所示。

表 6-7　74LS194 功能表

R_D	S_1	S_0	CP	D_{SL}	D_{SR}	D_1	Q_0^{n+1}	Q_1^{n+1}	Q_2^{n+1}	Q_3^{n+1}
0	×	×	×	×	×	×	0	0	0	0
1	×	×	0	×	×	×	Q_0^n	Q_1^n	Q_2^n	Q_3^n
1	1	1	↑	×	×	D_1	D_0	D_1	D_2	D_3
1	0	1	↑	×	1	×	1	Q_0^n	Q_1^n	Q_2^n
1	0	1	↑	×	0	×	0	Q_0^n	Q_1^n	Q_2^n
1	1	0	↑	1	×	×	Q_1^n	Q_2^n	Q_3^n	1
1	1	0	↑	0	×	×	Q_1^n	Q_2^n	Q_3^n	0
1	0	0	×	×	×	×	Q_0^n	Q_1^n	Q_2^n	Q_3^n

常见的 8 位移位寄存器有 74LS164(串入、并出)、74LS165(并入、串出)、74LS166(串并入、串出)等。

习　题

一、判断题

1. D 触发器的特性方程 $Q_{n+1} = D$,与 Q_n 无关,所以它没有记忆功能。　　　　（　　）

2. 对边沿 JK 触发器,在 CP 为高电平期间,当 $J = K = 1$ 时,状态会翻转一次。

　　　　　　　　　　　　　　　　　　　　　　　　　　　　　　　　　　　（　　）

3. 同步时序电路具有统一的时钟 CP 控制。　　　　　　　　　　　　　　（　　）

4. 把一个五进制计数器与一个十进制计数器串联可得到十五进制计数器。　（　　）

5. 利用反馈归零法获得 N 进制计数器时,若为异步置零方式,则状态 SN 只是短暂的过渡状态,不能稳定而是立刻变为 0 状态。　　　　　　　　　　　　　　　　　　（　　）

二、选择题

1. 一个触发器可记录一位二进制代码,它有（　　）个稳态。

A. 0　　　　　　　　B. 1　　　　　　　　C. 2　　　　　　　　D. 3

2. 存储 4 位二进制信息要（　　）个触发器。

A. 2　　　　　　　　B. 3　　　　　　　　C. 4　　　　　　　　D. 8

3. 对于 D 触发器,欲使 $Q_{n+1} = Q_n$,应使输入 $D = $（　　）。

A. 0　　　　　　　　B. 1　　　　　　　　C. Q　　　　　　　　D. $\overline{Q}$

4. 边沿式 D 触发器是一种( )稳态电路。

A. 无   B. 单   C. 双   D. 多

5. 同步计数器和异步计数器比较,同步计数器的显著优点是( )。

A. 工作速度快   B. 触发器利用率高

C. 电路简单   D. 不受时钟 CP 控制

6. 把一个五进制计数器与一个四进制计数器串联可得到( )进制计数器。

A. 四   B. 五   C. 九   D. 二十

7. 下列逻辑电路中为时序逻辑电路的是( )。

A. 变量译码器   B. 加法器   C. 数码寄存器   D. 数据选择器

8. 下列触发器中,不能用于移位寄存器的是( )。

A. D 触发器   B. JK 触发器   C. 基本 RS 触发器   D. T 触发器

9. 寄存器的电路结构特点是( )。

A. 只有 CP 输入端   B. 只有数据输入端

C. 两者皆有   D. 无法确定

10. 清零法适用于有( )的集成计数器。

A. 有异步置零输入端   B. 只有预置数端

C. 进位输出端   D. 使能端

三、填空题

1. 触发器有_____个稳态,存储8位二进制信息要_____个触发器。

2. 一个基本 RS 触发器在正常工作时,它的约束条件是 $\overline{R} + \overline{S} = 1$,则它不允许输入 $\overline{S} =$ _____,且 $\overline{R} =$ _____ 的信号。

3. 寄存器按照功能不同可分为两类:_____寄存器和_____寄存器。

4. 由四位移位寄存器构成的顺序脉冲发生器产生_____个顺序脉冲。

5. 时序逻辑电路按照其触发器是否有统一的时钟控制分为_____时序电路和_____时序电路。

四、设计题

1. RS 触发器如图 6-14(a)所示,已知输入信号波形如图 6-14(b)所示,试画出输出端 Q、$\overline{Q}$ 的波形。

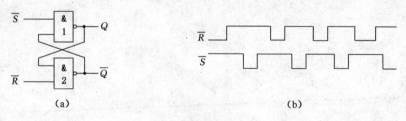

(a)   (b)

图 6-14

2. 触发器接成如图 6-15(a)、(b)、(c)、(d)所示形式,设触发器的初始状态为 0,试根据图(e)所示的 CP 波形画出 Q_a、Q_b、Q_c、Q_d 的波形。

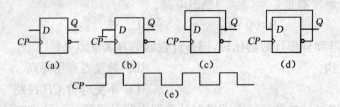

图 6-15

3. 沿触发的 JK 触发器输入波形如图 6-16 所示,设触发器初态为 0,画出相应输出波形。

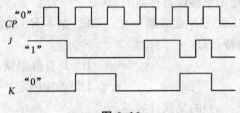

图 6-16

4. 触发器电路如图 6-17 所示,设初始状态均为 0,试根据 CP 波形画出 Q_1、Q_2 的波形。

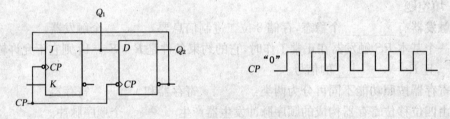

图 6-17

5. 将集成计数器 74LS161(74LS161 芯片的管脚排列如图 6-9 所示)构成十三进制计数器,画出逻辑电路图。

6. 直接清零法,将集成计数器 74LS290(74LS290 芯片的管脚排列如图 6-10 所示)构成三进制计数器和九进制计数器,画出逻辑电路图。

555 定时器及其应用

555 定时器是一种多用途的中规模单片集成电路,它由美国 Sginetics 公司于 1972 年最早开发研制,因输入端设计有三个 5 kΩ 的电阻而得名。用它可以构成单稳态触发器、多谐振荡器和施密特触发器等多种电路。它是将模拟功能和逻辑功能巧妙地结合在一起,具有功能强大、使用灵活、应用范围广等优点,广泛地用于工业控制、家用电器、电子玩具乐器、数字设备等方面,俗称万能块。

项目一 555 集成定时器结构及基本原理

555 集成定时器按内部器件类型可分为双极型(TTL 型)和单极型(CMOS 型)。TTL 型产品型号的最后 3 位数码是 555 或 556(含有 2 个 555),CMOS 型产品型号的最后 4 位数码都是 7555 或 7556(含有 2 个 7555),它们的逻辑功能和外部引线排列完全相同。555 芯片和 7555 芯片是单定时器,556 芯片和 7556 芯片是双定时器。TTL 型的定时器静态功耗高,电源电压使用范围为 +5~+15 V;CMOS 型的定时器静态功耗较低,输入阻抗高,电源电压使用范围为 +3~+18 V,且在大多数应用场合可以直接代换 TTL 型的定时器。555 定时器可以说是模拟电路与数字电路结合的典范,其内部电路简图如图 7-1 所示。

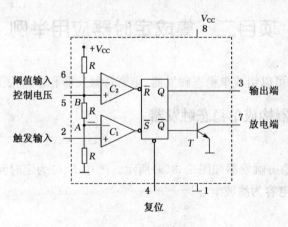

图 7-1 555 定时器

2 个比较器 C_1 和 C_2 各有一个输入端连接到 3 个电阻 R 组成的分压器上,比较器的输出接到 RS 触发器上。此外还有输出级和放电管。输出级的驱动电流可达 200 mA。比较器 C_1 和

C_2 的参考电压分别为 $U_A = \dfrac{1}{3}V_{CC}$ 和 $U_B = \dfrac{2}{3}V_{CC}$，根据 C_1 和 C_2 的另一个输入端——触发输入和阈值输入，可判断出 RS 触发器的输出状态。当复位端为低电平时，RS 触发器被强制复位。若无需复位操作，复位端应接高电平。

555 定时器的符号及外管脚分布图如图 7-2 所示。555 定时器的基本功能见表 7-1。

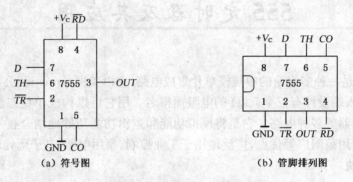

（a）符号图　　　　　　　　　　　　（b）管脚排列图

图 7-2　符号及外管脚

表 7-1　555 定时器的基本功能

阈值输入 TH⑥		触发输入 $\overline{TR}$②		直接复位 $\overline{R_D}$④	放电端 D⑦	输出 OUT③
×		×		0	导通	0
$>U_B$	0	$>U_A$	1	1	导通	0
$<U_B$	1	$<U_A$	0	1	断开	1
$<U_B$	1	$>U_A$	1	1	不变	不变
$>U_B$	0	$<U_A$	0	1	不允许	

项目二　集成定时器应用举例

利用集成定时器，可以组成单稳态触发器、施密特触发器和多谐振荡器。

1. 用 555 定时器构成单稳态触发器

（1）电路组成

用 555 构成的单稳态触发器如图 7-3(a) 所示。图中 R、C 为定时元件构成单稳态触发器的定时电路；$0.01\ \mu F$ 电容为滤波电容。

（2）工作原理

① 稳态

当未加触发信号 U_i 为高电平时，接通电源后，V_{CC} 首先通过 R 对 C 充电，使 U_c 上升，当 $U_c \geq U_B$ 时，触发器置 0，输出 U_o 为低电平，放电管 T 导通。此后，C 又通过 T 放电，放电完毕后，U_c 和 U_o 均为低电平不变，电路进入稳态。

② 暂稳态

当触发脉冲 U_i 的负窄脉冲触发后，由于 $U_i < U_A$，触发器被置1，输出 U_o 为高电平，放电管 T 截止，电路进入暂稳态，定时开始。V_{CC} 通过 R 向 C 充电，电容 C 上的电压 U_C 按指数规律上升，趋向 V_{CC}。当 $U_C \geqslant U_B$ 时，触发器置0，输出 U_o 为低电平，放电管 T 导通，定时结束。电容 C 经 T 放电，U_C 下降到低电平，U_o 维持在低电平，电路恢复稳态。

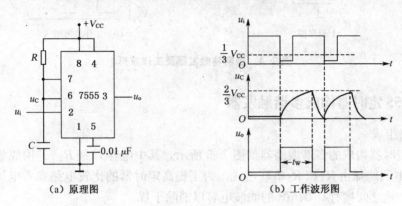

（a）原理图 （b）工作波形图

图7-3 单稳态触发器及工作波形

（3）输出脉宽 t_W 的计算

输出脉宽 t_W 等于电容 C 上的电压 U_C 从零充到 $\frac{2}{3}V_{CC}$ 所需的时间。

$$t_W = 1.1RC$$

可以看出，输出脉宽 t_W 仅与定时元件 R、C 值有关，与输入信号无关。但为了保证电路正常工作，要求输入的触发信号的负脉冲宽度小于 t_W，且电平小于 $\frac{1}{3}V_{CC}$。

2. 用555定时器构成施密特触发器

（1）电路组成

无需增加任何元件，电路连接如图7-4（a）所示。图7-4（b）是输入为三角波时的输出波形。图中 V_{th}^+ 和 V_{ht}^- 为阈值。通过改变5脚（V_c）的电压，可改变两个阈值。

（2）工作原理

设在电路的输入端输入三角波。接通电源后，输入电压 U_i 较低，$U_i < U_A$，$U_i < U_B$ 触发器置1，输出 U_o 为1，放电管 T 截止。随输入电压 U_i 的上升，当满足 $U_A < U_i < U_B$ 时，电路维持原态。当 $U_i \geqslant U_B$ 时，触发器置0，输出 U_o 为0，放电管 T 导通，电路状态翻转。

当输入电压 $U_i > U_B$，经过一段时间后逐渐开始下降，当 $U_A < U_i < U_B$ 时，电路仍维持不变状态，输出 U_o 为低电平。当 $U_i \leqslant U_A$ 时，触发器置1，输出 U_o 变为高电平，放电管 T 截止。

可见：该施密特触发器的正向阈值电压 $V_{th}^+ = U_B$，负向阈值电压 $V_{th}^- = U_A$。

回差电压：$\Delta U = U_B - U_A = \frac{1}{3}V_{CC}$。在以后的时间里，随输入电压反复变化，输出电压重复以上过程。

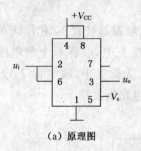

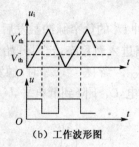

（a）原理图 （b）工作波形图

图 7-4 施密特触发器及工作波形

3. 用 555 定时器构成多谐触发器

（1）电路组成

用 555 定时器构成的多谐振荡器如图 7-5 所示。其中电容 C 经 R_2、T 构成放电回路，而电容 C 的充电回路却由 R_1 和 R_2 串联组成。为了提高定时器的比较电路参考电压的稳定性，通常在 5 脚与地之间接有 $0.01~\mu F$ 的滤波电容以消除干扰。

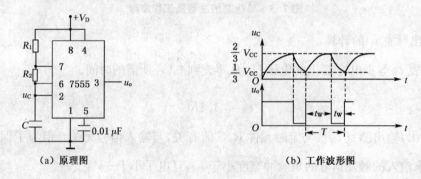

（a）原理图 （b）工作波形图

图 7-5 多谐振荡器及工作波形

（2）工作原理

刚接通电源时，由于电容 C 上的电压 U_c 为 0，电路输出 U_o 为高电平，放电管 T 截止，处于第 1 暂稳态。之后 V_{CC} 通过 R_1、R_2 对 C 充电，使 U_c 上升，当 $U_c \geqslant U_B$ 时，触发器置 0，输出 U_o 为低电平，此时，放电管 T 由截止变为导通，进入第 2 暂稳态。C 经 R_2 和 T 开始放电，使 U_c 下降，当 $U_c \leqslant U_A$ 时，电路又翻转置 1，输出 U_o 回到高电平，T 截止，回到第 1 暂稳态。之后上述充、放电过程被再次重复，从而形成连续振荡。

（3）主要参数的计算

① 输出高电平的脉宽 t_{W1} 为 C 充电所需的时间

$$t_{W1} = 0.7(R_1 + R_2)C$$

② 输出低电平的脉宽 t_{W2} 为 C 放电所需的时间

$$t_{W2} = 0.7R_2C$$

③ 振荡周期

$$T = t_{W1} + t_{W2} = 0.7(R_1 + 2R_2)C$$

④ 振荡频率

$$f = \frac{1}{T} = \frac{1}{0.7(R_1 + 2R_2)C}$$

⑤ 占空比

$$q = \frac{t_{w1}}{t_{w1} + t_{w2}} = \frac{R_1 + R_2}{R_1 + 2R_2} > 50\%$$

4. 555 定时器的应用实例

(1) 555 触摸定时开关

集成电路 IC 是一片 555 定时电路,在这里接成单稳态电路。平时由于触摸片 P 端无感应电压,电容 C_1 通过 555 第 7 脚放电完毕,第 3 脚输出为低电平,继电器 KS 释放,电灯不亮。当需要开灯时,用手触碰一下金属片 P,人体感应的杂波信号电压由 C_2 加至 555 的触发端,使 555 的输出由低电平变成高电平,继电器 KS 吸合,电灯点亮。同时,555 第 7 脚内部截止,电源便通过 R_1 给 C_1 充电,这就是定时的开始。

当电容 C_1 上电压上升至电源电压的 2/3 时,555 第 7 脚道通使 C_1 放电,使第 3 脚输出由高电平变回到低电平,继电器释放,电灯熄灭,定时结束。定时长短由 R_1、C_1 决定:$T_1 = 1.1R_1 * C_1$。按图 7-6 中所标数值,定时时间约为 4 分钟。D_1 可选用 1N4148 或 1N4001。

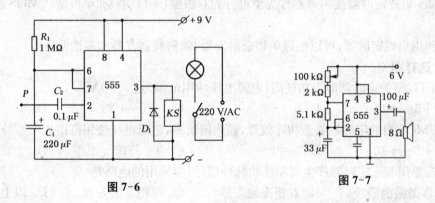

图 7-6   图 7-7

(2) 简易催眠器

时基电路 555 构成一个极低频振荡器,输出一个个短的脉冲,使扬声器发出类似雨滴的声音(见图 7-7)。扬声器采用 2 英寸、8 Ω 小型动圈式。雨滴声的速度可以通过 100 kΩ 电位器来调节到合适的程度。如果在电源端增加一简单的定时开关,则可以在使用者进入梦乡后及时切断电源。

(3) 直流电机调速控制电路

这是一个占空比可调的脉冲振荡器。电机 M 是用它的输出脉冲驱动的,脉冲占空比越大,电机电驱电流就越小,转速减慢;脉冲占空比越小,电机电驱电流就越大,转速加快。因此调节电位器 R_P 的数值可以调整电机的速度。如电极电驱电流不大于 200 mA 时,可用 555 直接驱动;如电流大于 200 mA,应增加驱动级和功放级。图 7-8 中 V_{D3} 是续流二极管。在功放管截止期间为电驱电流提供通路,既保证电驱电流的连续性,又防止电驱线圈的自感反电动势损坏功放管。电容 C_2 和电阻 R_3 是补偿网络,它可使负载呈电阻性。整个电路的脉冲频率选在 $3\sim5\,kHz$ 之间。频率太低电机会抖动,频率太高时因占空比范围小使电机调速范围减小。

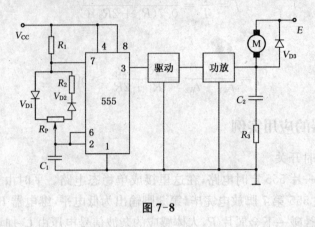

图 7-8

习 题

一、判断题

1. 555 集成定时器按内部器件类型可分为双极型(TTL 型)和单极型(CMOS 型)。
（　　）

2. 利用集成定时器,可以组成单稳态触发器、施密特触发器和多谐振荡器。　（　　）

二、选择题

1. TTL 型的定时器静态功耗高,电源电压使用范围为（　　）V。
A. $+5\sim+15$　　　　B. $0\sim+5$　　　　C. $+5\sim+25$　　　　D. $0\sim+15$

2. CMOS 型的定时器静态功耗较低,输入阻抗高,电源电压使用范围为（　　）V。
A. $+5\sim+15$　　　　B. $0\sim+3$　　　　C. $0\sim+18$　　　　D. $+3\sim+18$

3. 若要用 555 定时器产生周期性的脉冲信号,应采用的电路是（　　）。
A. 多谐振荡器　　　　B. 双稳态触发器　　　　C. 单稳态触发器　　　　D. 以上均可

三、填空题

1. 555 定时器按内部器件分,有_____和_____两大类。

2. 用 555 构成的施密特触发器的两个阀值电压分别是_____和_____,回差电压 ΔU 为_____。

3. 用 555 构成的单稳态触发器的暂稳态维持时间 t_w 为_____。

四、分析题

1. 图 7-9 电路为由 555 定时器构成的锯齿波发生器,三极管 T 和电阻 R_1、R_2、R_e 构成恒流源,给定时电容 C 充电,当触发输入端输入负脉冲后,画出电容电压 U_c 及 555 输出端 U_o 的波形。

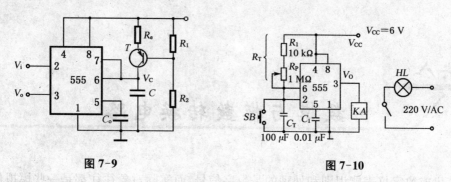

图 7-9　　　　　　　　　　　　图 7-10

2. 简要分析图 7-10 由 555 构成的相片曝光定时电路的工作原理。曝光时间计算公式为：$T = 1.1RT * CT$。本电路提供参数的延时时间约为 1 秒～2 分钟，可由电位器 R_P 调整和设置。

模块八

数模与模数转换电路

计算机或数字仪表能识别和处理的是数字信号,而实际对象往往都是一些模拟量(如温度、压力、位移、图像等),因而必须首先将这些模拟信号转换成数字信号,才能由计算机处理;而经计算机分析、处理后输出的数字量往往也需要将其转换成为相应的模拟信号才能为执行机构所接收。这样,就需要一种能在模拟信号与数字信号之间起桥梁作用的电路:模数转换电路和数模转换电路。

能将模拟信号转换成数字信号的电路,称为模数转换器,简称 A/D 转换器(ADC);而能把数字信号转换成模拟信号的电路,称为数模转换器,简称 D/A 转换器(DAC)。A/D 转换器和 D/A 转换器已经成为计算机系统中不可缺少的接口电路。

项目一 D/A 转换器

1. D/A 转换器的基本原理

D/A 转换器(DAC)用于将输入的二进制数字量转换为与该数字量成比例的电压或电流。其组成框图如图 8-1 所示。图中,数据锁存器用来暂时存放输入的数字量,这些数字量控制模拟电子开关,将参考电压源 $UREF$ 按位切换到电阻译码网络中变成加权电流,然后经运放求和,输出相应的模拟电压,完成 D/A 转换过程。

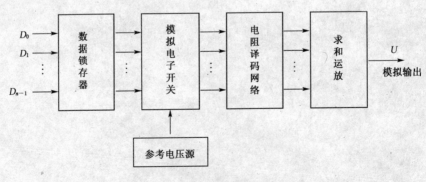

图 8-1 DAC 方框图

2. 倒 T 形电阻网络 D/A 转换器

在单片集成 D/A 转换器中,使用最多的是倒 T 形电阻网络 D/A 转换器。

四位倒 T 形电阻网络 D/A 转换器的原理图如图 8-2 所示。

其中：$S_0 \sim S_3$ 为模拟开关，R—$2R$ 电阻解码网络呈倒 T 形，运算放大器 A 构成求和电路。S_i 由输入数码 D_i 控制，当 $D_i = 1$ 时，S_i 接运放反相输入端（"虚地"），I_i 流入求和电路；当 $D_i = 0$ 时，S_i 将电阻 $2R$ 接地。

无论模拟开关 S_i 处于何种位置，与 S_i 相连的 $2R$ 电阻均等效接"地"（地或虚地）。这样流经 $2R$ 电阻的电流与开关位置无关，为确定值。

分析 R—$2R$ 电阻解码网络不难发现，从每个接点向左看的二端网络等效电阻均为 R，流入每个 $2R$ 电阻的电流从高位到低位按 2 的整倍数递减。设由基准电压源提供的总电流为 $I(I = V_{REF}/R)$，则流过各开关支路（从右到左）的电流分别为 $I/2$、$I/4$、$I/8$ 和 $I/16$。

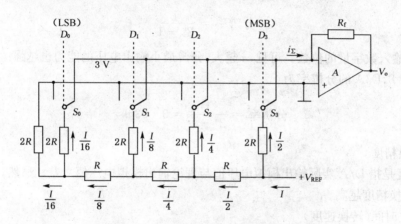

图 8-2　倒 T 形电阻网络 D/A 转换器

于是可得总电流

$$i_{\sum} = \frac{V_{REF}}{R}\left(\frac{D_0}{2^4} + \frac{D_1}{2^3} + \frac{D_2}{2^2} + \frac{D_3}{2^1}\right)$$

$$= \frac{V_{REF}}{2^4 \times R}\sum_{i=0}^{3}(D_i \cdot 2^i)$$

输出电压

$$v_o = -i_{\sum}R_f = -\frac{R_f}{R} \cdot \frac{V_{REF}}{2^4}\sum_{i=0}^{3}(D_i \cdot 2^i)$$

将输入数字量扩展到 n 位，可得 n 位倒 T 形电阻网络 D/A 转换器输出模拟量与输入数字量之间的一般关系式如下：

$$v_o = -\frac{R_f}{R} \cdot \frac{V_{REF}}{2^n}\left[\sum_{i=0}^{n=1}(D_i \cdot 2^i)\right]$$

设 $K = \dfrac{R_f}{R} \cdot \dfrac{V_{REF}}{2^n}$，$N_B$ 表示括号中的 n 位二进制数，则

$$v_o = -KN_B$$

由于在倒 T 形电阻网络 D/A 转换器中，各支路电流直接流入运算放大器的输入端，它们

之间不存在传输上的时间差。电路的这一特点不仅提高了转换速度,而且也减少了动态过程中输出端可能出现的尖脉冲。它是目前广泛使用的 D/A 转换器中速度较快的一种。常用的 CMOS 开关倒 T 形电阻网络 D/A 转换器的集成电路有 AD7520(10 位)、DAC1210(12 位)和 AK7546(16 位高精度)等。

3. D/A 的主要技术指标

(1) 分辨率

D/A 的分辨率是说明 D/A 输出最小电压的能力。它是指最小输出电压(对应的输入数字量仅最低位为 1)与最大输出电压(对应的输入数字量各有效位全为 1)之比:

$$分辨率 = \frac{1}{2^n - 1}$$

式中,n 表示输入数字量的位数。可见,n 越大,分辨最小输出电压的能力也越强。

例如,$n=8$,D/A 的分辨率为

$$分辨率 = \frac{1}{2^n - 1} = 0.003\ 9$$

(2) 转换精度

转换精度是指 D/A 实际输出模拟电压值与理论输出模拟电压值之差。显然,这个差值越小,电路的转换精度越高。

(3) 建立时间(转换速度)

建立时间是指 D/A 从输入数字信号开始到输出模拟电压或电流达到稳定值时所用的时间。

4. 集成 D/A 转换器及其应用

图 8-3 是 D/A 转换器 DAC0808 的电路结构框图。图中,$D_0 \sim D_7$ 是 8 位数字量输入端,I_O 是求和电流的输出端。V_{REF+} 和 V_{REF-} 接基准电流发生电路中运算放大器的反相输入端和同相输入端。COMP 供外接补偿电容之用。V_{CC} 和 V_{EE} 为正、负电源输入端。

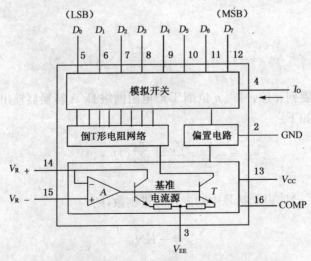

图 8-3   DAC0808 的电路结构框图

用 DAC0808 这类器件构成的 D/A 转换器时需要外接运算放大器和产生基准电流用的电阻 R_1，如图 8-4 所示。

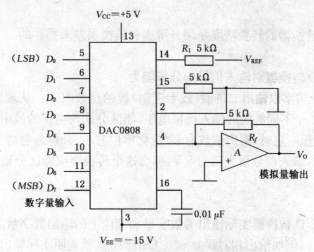

图 8-4　DAC0808D/A 转换器的典型应用

在 $V_{REF} = 10$ V、$R_1 = 5$ kΩ、$R_f = 5$ kΩ 的情况下，输出电压为

$$V_o = \frac{R_f V_{REF}}{2^8 R_1} \sum_{i=0}^{7} D_i \cdot 2^i = \frac{10}{2^8} \sum_{i=0}^{7} D_i \cdot 2^i$$

当输入的数字量在全 0 和全 1 之间变化时，输出模拟电压的变化范围为 0～9。

项目二　A/D 转换器

1. A/D 转换器的基本原理

在 A/D 转换器中，因为输入的模拟信号在时间上是连续量，而输出的数字信号代码是离散量，所以进行转换时必须在一系列选定的瞬间（亦即时间坐标轴上的一些规定点上）对输入的模拟信号取样，然后再把这些取样值转换为输出的数字量。因此，一般的 A/D 转换过程是通过取样、保持、量化和编码这四个步骤完成的，如图 8-5 所示。

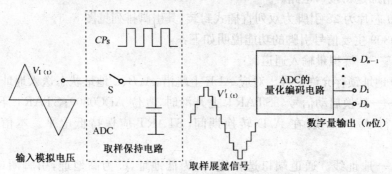

图 8-5　模拟量到数字量的转换过程

2. A/D 转换器的主要技术指标

（1）转换精度

单片集成 A/D 转换器的转换精度是用分辨率和转换误差来描述的。

① 分辨率

分辨率说明 A/D 转换器对输入信号的分辨能力。

A/D 转换器的分辨率以输出二进制（或十进制）数的位数表示。从理论上讲，n 位输出的 A/D 转换器能区分 2^n 个不同等级的输入模拟电压，能区分输入电压的最小值为满量程输入的 $1/2^n$。在最大输入电压一定时，输出位数愈多，量化单位愈小，分辨率愈高。例如 A/D 转换器输出为 8 位二进制数，输入信号最大值为 5 V，那么这个转换器应能区分输入信号的最小电压为 19.53 mV。

② 转换误差

转换误差表示 A/D 转换器实际输出的数字量和理论上的输出数字量之间的差别，常用最低有效位的倍数表示。例如给出相对误差 $\leqslant \pm LSB/2$，这就表明实际输出的数字量和理论上应得到的输出数字量之间的误差小于最低位的半个字。

（2）转换时间

指 A/D 转换器从转换控制信号到来开始，到输出端得到稳定的数字信号所经过的时间。

不同类型的转换器转换速度相差甚远。其中并行比较 A/D 转换器转换速度最高，8 位二进制输出的单片集成 A/D 转换器转换时间可达 50 ns 以内。逐次比较型 A/D 转换器次之，它们多数转换时间在 $10 \sim 50$ μs 之间，也有达几百纳秒的。间接 A/D 转换器的速度最慢，如双积分 A/D 转换器的转换时间大都在几十毫秒至几百毫秒之间。

3. 集成 A/D 转换器及其应用

在单片集成 A/D 转换器中，逐次比较型使用较多，下面以 ADC0809 为例介绍 A/D 转换器及其应用。

（1）ADC0809 引脚及使用说明

ADC0809 是 CMOS 集成工艺制成的逐次比较型 A/D 转换器芯片。分辨率为 8 位，转换时间为 100 μs，输出电压范围为 $0 \sim 5$ V，增加某些外部电路后，输入模拟电压可为 ± 5 V。该芯片内有输出数据锁存器，当与计算机连接时，转换电路的输出可以直接连接到 CPU 的数据总线上，无需附加逻辑接口电路。

ADC0809 芯片为 28 引脚为双列直插式封装，其引脚排列见图 8-6。

对 ADC0809 主要信号引脚的功能说明如下：

$IN_7 \sim IN_0$——模拟量输入通道。

ALE——地址锁存允许信号。对应 ALE 上跳沿，A、B、C 地址状态送入地址锁存器中。

START——转换启动信号。START 上升沿时，复位 ADC0809；START 下降沿时启动芯片，开始进行 A/D 转换；在 A/D 转换期间，START 应保持低电平。本信号有时简写为 ST。

A、B、C——地址线。通道端口选择线，A 为低地址，C 为高地址，引脚图中为 $ADDA$、$ADDB$ 和 $ADDC$。其地址状态与通道对应关系见表 8-1。

CLK——时钟信号。ADC0809 的内部没有时钟电路,所需时钟信号由外界提供,因此有时钟信号引脚。通常使用频率为 500 kHz 的时钟信号。

EOC——转换结束信号。EOC = 0,正在进行转换;EOC = 1,转换结束。使用中该状态信号既可作为查询的状态标志,又可作为中断请求信号使用。

$D_7 \sim D_0$——数据输出线。为三态缓冲输出形式,可以和单片机的数据线直接相连。D_0 为最低位,D_7 为最高位。

OE——输出允许信号。用于控制三态输出锁存器向单片机输出转换得到的数据。OE = 0,输出数据线呈高阻;OE = 1,输出转换得到的数据。

Vcc——+5 V 电源。

Vref——参考电源参考电压用来与输入的模拟信号进行比较,作为逐次逼近的基准。其典型值为 +5 V(Vref$_{(+)}$ = +5 V,Vref$_{(-)}$ = −5 V)。

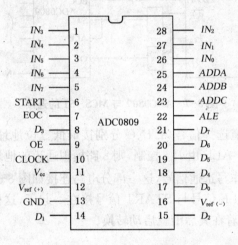

图 8-6

表 8-1

C	B	A	被选择的通道
0	0	0	IN_0
0	0	1	IN_1
0	1	0	IN_2
0	1	1	IN_5
1	0	0	IN_1
1	0	1	IN_6
1	1	0	IN_6
1	1	1	IN_7

(2) ADC0809 与 MCS-51 单片机的连接如图 8-7 所示。

电路连接主要涉及两个问题:一是 8 路模拟信号通道的选择;二是 A/D 转换完成后转换数据的传送。

① 8 路模拟通道选择

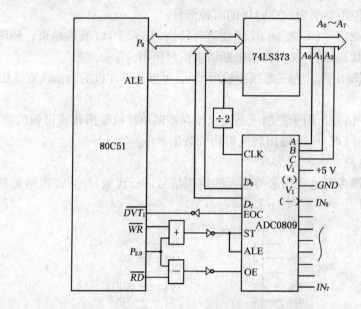

图 8-7　ADC0809 与 MCS–51 的连接

如图 8-8 所示模拟通道选择信号 A、B、C 分别接最低三位地址 A_0、A_1、A_2 即($P_{0.0}$、$P_{0.1}$、$P_{0.2}$），而地址锁存允许信号 ALE 由 $P_{2.0}$ 控制，则 8 路模拟通道的地址为 0FEF8H～0FEFFH。此外，通道地址选择以 $\overline{WR}$ 作写选通信号，这一部分电路连接如图 8-9 所示。

从图中可以看到，把 ALE 信号与 START 信号接在一起了，这样连接使得在信号的前沿写入（锁存）通道地址，紧接着在其后沿就启动转换。

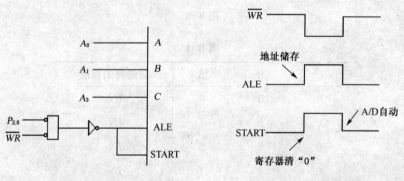

图 8-8　ADC0809 的部分信号连接　　　图 8-9　信号的时间配合

② 转换数据的传送

A/D 转换后得到的数据应及时传送给单片机进行处理。数据传送的关键问题是如何确认 A/D 转换的完成，因为只有确认完成后才能进行传送。为此可采用下述三种方式。

a. 定时传送方式

对于一种 A/D 转换器来说，转换时间作为一项技术指标是已知的和固定的。例如 ADC0809 转换时间为 128 μs，相当于 6 MHz 的 MCS–51 单片机共 64 个机器周期。可据此设计一个延时子程序，A/D 转换启动后即调用此子程序，延迟时间一到，转换肯定已经完成了,接着就可进行数据传送。

b. 查询方式

A/D 转换芯片有表明转换完成的状态信号,例如 ADC0809 的 EOC 端,因此可以用查询方式测试 EOC 的状态,即可知道转换是否完成,并接着进行数据传送。

c. 中断方式

把表明转换完成的状态信号(EOC)作为中断请求信号,以中断方式进行数据传送。

不管使用上述何种方式,只要一旦确定转换完成,即可通过指令进行数据传送。首先送出接口地址并以 $\overline{RD}$ 信号有效时,OE 信号即有效,把转换数据送上数据总线,供单片机接收。

习　题

一、判断题

1. D/A 转换器的建立时间等于数字信号由全零变全 1 或由全 1 变全 0 所需要的时间。

（　　）

2. D/A 转换器的转换精度等于 D/A 转换器的分辨率。　　　　　　　　　　（　　）

3. 在 A/D 转换过程中量化误差是可以避免的。　　　　　　　　　　　　　（　　）

4. D/A 转换器大量输出电压的绝对值可达到基准电压 V_{REF}。　　　　　　　（　　）

5. 在 A/D 转换过程中,必然会出现量化误差。　　　　　　　　　　　　　（　　）

二、选择题

1. 将模拟信号转换为数字信号,应选用（　　）。

A. 计数器　　　　　　B. 译码器　　　　　　C. D/A 转换器　　　　D. A/D 转换器

2. 数/模转换器为达到转换精度,若仅根据分辨率考虑,当要求精度达到 ±0.1%,则至少采用 DAC 的位数为（　　）。

A. 10 位　　　　　　B. 11 位　　　　　　C. 9 位　　　　　　D. 8 位

3. 一个 8 位 T 形电阻网络数模转换器,$R_f = 3R$,最小输出电压为 0.02 V,则当输入数字量 $D_7 \sim D_0$ 为 00101000 时,输出电压为（　　）V。

A. 2　　　　　　　　B. 1.4　　　　　　　C. 0.8　　　　　　D. 1.0

4. 将一个时间上连续变化的模拟量转换为时间上断续(离散)的模拟量的过程称为（　　）。

A. 采样　　　　　　B. 量化　　　　　　C. 保持　　　　　　D. 编码

5. 用二进制码表示指定离散电平的过程称为（　　）。

A. 采样　　　　　　B. 量化　　　　　　C. 保持　　　　　　D. 编码

三、填空题

1. 将模拟信号转换为数字信号应采用_____转换器。将数字信号转换为模拟信号应采用_____转换器。

2. A/D 转换的一般步骤包括_____、_____、_____、_____。

3. 8 位 D/A 转换器当输入数字量为 10001000,则输出电压为_____V。

4. A/D 转换器的分辨率与转换的位数有关,位数越多,精度越_____。

5. 设满量程输入为 1 V,转换位数为 10 位,则 A/D 转换器最小可分辨的电压为_____,分辨率_____。

四、计算题

1. 一个 T 形电阻网络 DAC,设 $U_R = +5$ V,$R_F = 3R$,分别求出 $D_0 \sim D_7 = 11111111$、11000011、00001001 时 U_0 的输出电压。

2. 一个八位 T 形电阻网络 DAC,$R_F = 3R$,若 $D_0 \sim D_7 = 00000001$ 时,$U_0 = 0.06$ V;那么当 $D_0 \sim D_7 = 00010001$ 和 100110001 时的 U_0 是多少伏?

3. DAC 要求十位二进制数能代表 $0 \sim 10$ V,试问此二进制数的最低位代表几伏?

4. 一位的 DAC 的分辨率是多少? 当输出模拟电压的满量程是 8 V,能分辨出的最小电压值是多少? 当该 DAC 的输出是 0.6 V 时,输出的数字量是多少?

5. 一位 ADC 中,若 $U_R = 4$ V,当输入电压分别为 $U_I = 3.9$ V、$U_I = 3.6$ V、$U_I = 1.2$ V 时,输出的数字量是多少?(用二进制数表示)

第三部分 电动机与控制技术基础

模块一

磁路和变压器

在前面几个模块中已介绍了分析与计算各种电路的基本定律和基本方法,下面将介绍工程上实际应用的一些常用电工设备,如变压器、电磁铁、电动机等。在学习这些电工设备时,不仅有电路的问题,还有磁路的问题。只有同时掌握了解决电路问题和磁路问题的基本理论,才能对各种电工设备作全面的分析。

通过本模块内容的学习,应了解磁场的基本物理量以及铁磁材料的性质和磁路欧姆定律,掌握交流铁心线圈电路中的电磁关系并了解其功率损耗情况,还要了解变压器的基本结构和工作原理、额定值、效率及同名端等。

项目一 磁场的基本物理量

1. 磁感应强度 B

磁感应强度 B 是表示磁场内某点的磁场强弱及方向的物理量。它是一个空间矢量,其方向与该点磁力线切线方向一致,与产生该磁场的电流之间的方向关系符合右螺旋法则,其大小可用 $B=\dfrac{F}{lI}$ 来衡量。若磁场内各点的磁感应强度大小相等、方向相同,则称此磁场为均匀磁场。在国际单位制(SI)中,磁感应强度的单位是特斯拉(T)。

2. 磁通 Φ

在均匀磁场中,磁感应强度 B(如果不是均匀磁场,则取 B 的平均值)与垂直于磁场方向的面积 S 的乘积,称为通过该面积的磁通 Φ,即

$$\Phi = BS \quad 或 \quad B = \frac{\Phi}{S}$$

由此可见,磁感应强度 B 在数值上等于垂直于磁场方向的单位面积 S 上通过的磁通,故磁感应强度又称为磁通密度。在国际单位制中,磁通的单位是伏·秒,通常称为韦伯(Wb),简称韦。

3. 磁场强度 H

磁场强度 H 是计算磁场时所引用的一个物理量,也是一个矢量,通过它来确定磁场与电流之间的关系,即

$$\oint H dl = \sum I$$

上式是安培环路定律,又称为全电流定律的数学表达式,它是计算磁路的基本公式。其中 $\oint H dl$ 是磁场强度矢量 H 沿任意闭合回线 l(常取磁通作为闭合回线)的线积分,$\sum I$ 是穿过该闭合回线所围面积的电流的代数和。它的单位是安/米(A/m)。

4. 磁导率 μ

磁导率 μ 是用来表示磁场媒质磁性的物理量,即用来衡量物质导磁性能的物理量。它与磁场强度的乘积等于磁感应强度,即

$$B = \mu H$$

磁导率的单位是亨/米(H/m)。真空的磁导率 $\mu = 4\pi \times 10^{-7}$ H/m。任意一种物质的磁导率与真空的磁导率之比称为相对磁导率,用 μ_r 表示,即

$$\mu_r = \frac{\mu}{\mu_0}$$

磁场内某一点的磁场强度 H 只与电流大小、线圈匝数以及该点的几何位置有关,而与磁场媒质的磁导率无关;但磁感应强度则与磁场媒质的磁导率有关,当线圈内的媒质不同时,则磁导率也不同,即在相同的电流值下,同一点的磁感应强度的大小就不同,线圈内的磁通也不同。

项目二　磁性材料和磁路的欧姆定律

1. 磁性材料的磁性能

自然界的所有物质按其磁导率的大小,可分为磁性材料和非磁性材料两大类。磁性材料的导磁性能好,磁导率大,如铁、钢、镍及钴等;非磁性材料的导磁性能差,磁导率小,如铜、铝、纸和空气等。

磁性材料是制造变压器、电机及电器等各种电气设备的主要材料,磁性材料的磁性能对电磁器件的性能和工作状态有很大影响,磁性材料的磁性能主要表现为高导磁性、磁饱和性、磁滞性。

（1）高导磁性

磁性材料具有很强的导磁能力,在外磁场作用下,其内部的磁感应强度会大大增强,相对磁导率可达几百、几千甚至几万。这是因为磁性材料不同于其他物质,有其内部特

殊性。

磁性材料的磁性能被广泛地应用于电工设备中,如电机、变压器及各种铁磁元件的线圈中都放有铁心。通电线圈中放入铁心后,即使通入不大的励磁电流,磁场会大大增强,利用优质的磁性材料可使同一容量电机的重量和体积大大减小。

（2）磁饱和性

在磁性材料的磁化过程中,随着励磁电流的增大,外磁场和附加磁场都将增大,但当励磁电流增大到一定值时,几乎所有的磁畴都与外磁场的方向一致,附加磁场就不再随励磁电流的增大而继续增强,整个磁化磁场的磁感应强度 B_{J} 接近饱和,这种现象称为磁饱和现象,如图 1-1 所示。

磁性材料的磁化特性可用磁化曲线 $B = f(H)$ 来表示,磁性材料的磁化曲线如图 1-2 所示。其中 B_0 是在外磁场作用下如果磁场内不存在磁性材料时的磁感应强度,若将 B_{J} 曲线和 B_0 直线的纵坐标相加,便得出 $B-H$ 磁化曲线。此曲线可分成三段:Oa 段的 B 与 H 差不多成正比地增加;ab 段的 B 增加较缓慢,增加速度下降;b 点以后部分的 B 增加很小,逐渐趋于饱和。

当有磁性材料存在时,B 与 H 不成正比,所以磁性材料的磁导率 μ 不是常数,它将随着 H 的变化而变化,如图 1-2 所示为 $\mu = f(H)$ 曲线。由于磁通 Φ 与 B 成正比,产生磁通的励磁电流 I 与 H 成正比,所以在有磁性材料的情况下,Φ 与 I 也不成正比,对于不同的磁性材料,其磁化曲线也不相同。

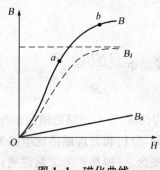

图 1-1 磁化曲线

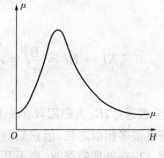

图 1-2 μ 与 H 的关系

（3）磁滞性

当磁性线圈中通有交变电流时,磁性材料将受到交变磁化。在电流交变的一个周期中,磁感应强度 B 随磁场强度 H 变化的关系如图 1-3 所示。由图可见,当磁场强度 H 减小时,磁感应强度 B 并不沿着原来这条曲线回降,而是沿着一条比它高的曲线缓慢下降。这种磁感应强度滞后于磁场强度变化的性质称为磁性物质的磁滞性。当线圈电流减小到零、磁场强度 H 也减小到零时,磁感应强度 B 并不等于零而仍然有一定的值,磁性材料仍然保有一定的磁性,这部分剩余的磁性称为剩磁,用 B_r 表示。如果要去掉剩磁,使 $B = 0$,必须施加一反方向磁场强度（$-H_c$）,H_c 的大小称为矫顽磁力,它表示铁磁材料反抗退磁的能力。在磁性材料反复磁化的过程中,表示 B 与 H 变化关系的封闭曲线称为磁滞回线,如图 1-3 所示。不同的磁性材料,其磁性能、磁化曲线和磁滞回线也不相同。磁性材料按其磁性能可分为软磁材料、硬磁材料（又称永磁材料）和矩磁材料三种类型。

2. 磁路的欧姆定律

为了使较小的励磁电流产生足够大的磁感应强度（或磁通），通常把电机、变压器等元件中的磁性材料做成一定形状的铁心。铁心的磁导率比周围空气或其他物质的磁导率要高很多，因此，磁通的绝大部分经过铁心而形成一个闭合通路。前面我们说过，电流流过的路径叫电路，而这种人为造成的磁通的路径称为磁路。图1-4所示为环形线圈的磁路。

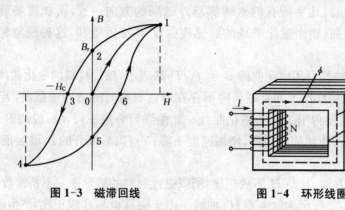

图1-3 磁滞回线　　　　　图1-4 环形线圈

根据全电流定律公式

$$\oint H dl = \sum I$$

可得

$$NI = Hl = \frac{B}{\mu}l = \frac{\Phi}{\mu S}l \quad 或 \quad \Phi = \frac{NI}{\frac{l}{\mu S}} = \frac{F}{R_m}$$

式中，$F = NI$ 为磁通势，R_m 为磁阻，l 为磁路的平均长度，S 为磁路的横截面积。

磁路和电路有很多相似之处，但它们的实质不同，分析和处理磁路比电路复杂得多。应注意以下几个问题：(1)在处理磁路时，离不开磁场的概念，一般都要考虑漏磁通；(2)由于磁导率 μ 不是常数，它随工作状态即励磁电流而变化，所以一般不提倡直接应用磁路的欧姆定律和磁阻来进行定量计算，但在许多场合可用于定性分析。

项目三　交流铁心线圈电路

铁心线圈分直流铁心线圈和交流铁心线圈两种。直流铁心线圈由直流电来励磁，产生的磁通是恒定的；交流铁心线圈由交流电来励磁，产生的磁通是交变的，比较复杂，如变压器、交流电机和其他交流电气设备等。

1. 电磁关系

图1-5是交流铁心线圈电路，设线圈的匝数为 N，当在线圈两端加上正弦交流电压 u 时，

就有交变励磁电流 i 流过,在交变磁动势 iN 的作用下将产生交变的磁通,其绝大部分通过铁心而闭合,称为主磁通或工作磁通 Φ。还有很小部分从附近空气或其他非导磁媒质中通过而闭合,称为漏磁通 Φ_σ。这两种交变的磁通分别在线圈中产生主磁电动势 e 和漏磁电动势 e_σ,其方向由右手螺旋定则决定,如图 1-5 所示。

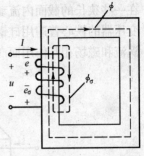

图 1-5　交流铁心线圈电路

设线圈电阻为 R,由基尔霍夫电压定律可得铁心线圈中的电压、电流与电动势之间的关系为

$$u = iR - e - e_\sigma$$

这就是交流铁心线圈的电压平衡方程式。

由于铁心线圈电阻 R 上的电压降 iR 和漏磁通电动势 e_σ 都很小,与主磁通电动势 e 比较均可忽略不计,故上式可写成

$$u = -e$$

设主磁通 $\Phi = \Phi_m \sin\omega t$,则

$$e = -N\frac{d\Phi}{dt} = -N\omega\Phi_m\cos\omega t = 2\pi f N\Phi_m \sin(\omega t - 90°) = E_m\sin(\omega t - 90°)$$

式中,$E_m = 2\pi f N\Phi_m$,是主磁通电动势 e 的最大值,而有效值则为

$$E = \frac{E_m}{\sqrt{2}} = 4.44 f N\Phi_m$$

所以,外加电压的有效值为

$$U \approx E = 4.44 f N\Phi_m = 4.44 f N B_m S$$

式中,Φ_m 的单位是(Wb);f 的单位是 Hz;U 的单位是 V。

从上式可看出,在忽略线圈电阻和漏磁通的条件下,当线圈匝数 N 和电源频率 f 一定时,铁心中的磁通最大值 Φ_m 与外加电压有效值 U 成正比,而与铁心的材料及尺寸无关。也就是说,当线圈匝数 N、外加电压有效值 U 和频率 f 都一定时,铁心中的磁通最大值 Φ_m 将保持基本不变。

2. 功率损耗

在交流铁心线圈电路中,除在线圈电阻上有功率损耗 RI^2(又称铜损 ΔP_{Cu})外,铁心中也有功率损耗(又称铁损 ΔP_{Fe}),铁损又包括磁滞损耗 ΔP_h 和涡流损耗 ΔP_e 两部分。

(1) 磁滞损耗 ΔP_h。铁磁材料交变磁化时产生的铁损称为磁滞损耗。它是由铁磁材料内部磁畴反复转向,磁畴间相互摩擦引起铁心发热而造成的损耗。为了减小磁滞损耗,交流铁心均由软磁材料制成,如硅钢等。

(2) 涡流损耗 ΔP_e。铁磁材料不仅有导磁能力,同时也有导电能力,因而在交变磁通的作用下铁心内将产生感应电动势和感应电流,这种感应电流称为涡流,它在垂直于磁通方向的平面内围绕磁力线呈旋涡状环流,如图 1-6(a)所示。涡流使铁心发热,其功率损耗称为涡流损耗。

为了减小涡流,可采用硅钢片叠成的铁心,它不仅有较高的磁导率,还有较大的电阻率,可使铁心的电阻增大,涡流减小,同时硅钢片的两面涂有绝缘漆,使各片之间互相绝缘,可把涡流限制在一些狭长的截面内流动,从而减小了涡流损失,如图 1-6(b)所示。所以各种交流电机、电器和变压器的铁心普遍用硅钢片叠成。涡流也有其好的一面,如利用涡流的热效应来冶炼金属,利用涡流和磁场相互作用而产生电磁力的原理来制造感应式仪器、滑差电机和涡流测矩器等。

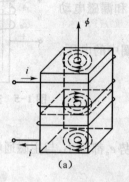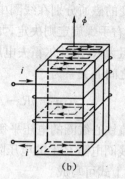

图 1-6　铁心中的涡流

所以,交流铁心线圈电路的功率损耗为

$$P = \Delta P_{Cu} + \Delta P_{Fe} = \Delta P_{Cu} + \Delta P_h + \Delta P_e$$

项目四　变压器

变压器是利用电磁感应原理传输电能或信号的器件,具有变压、变流、变阻抗和隔离的作用,是一种常见的电气设备,它的种类很多,在电力系统和电子线路中应用十分广泛。例如,在电力系统中,用电力变压器把发电机发出的电压升高后进行远距离输电,到达目的地以后再用变压器把电压降低供用户使用;在实验室中,用自耦变压器改变电源电压;在测量上,利用仪用互感器扩大对交流电压、电流的测量范围;在电子设备和仪器中,用小功率电源变压器提供多种电压,用耦合变压器传递信号并隔离电路上的联系等。变压器虽然大小悬殊,用途各异,但其基本结构和工作原理是相同的。

1. 变压器的基本结构和工作原理

(1) 变压器的基本结构

变压器由铁心和绕组两大部分组成,图 1-7(a)、(b)分别是它的结构示意图和图形符号。这是一个简单的双绕组变压器,在一个闭合的铁心上套有两个绕组,绕组与绕组之间以及绕组与铁心之间都是绝缘的。绕组通常用绝缘的铜线或铝线绕成,与电源相连的绕组,称为原绕组;与负载相连的绕组,称为副绕组。为了减少铁心中的磁滞损耗和涡流损耗,变压器的铁心大多用 0.35～0.5 mm 厚的硅钢片叠成,为了降低磁路的磁阻,一般采用交错叠装方式,即将每层硅钢片的接缝错开。

变压器按铁心和绕组的组合形式可分为心式和壳式两种,如图 1-8 所示。心式变压器的铁心被绕组所包围,而壳式变压器的铁心则包围绕组。心式变压器用铁量比较少,多用于大容量的变压器,如电力变压器都采用心式结构;壳式变压器用铁量比较多,但不需要专门的变压

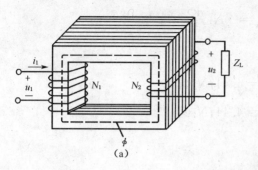 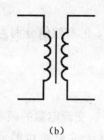

（a）　　　　　　　　　　　　　　　　　　（b）

图 1-7　变压器的结构示意图和图形符号

器外壳,常用于小容量的变压器,如各种电子设备和仪器中的变压器多采用壳式结构。变压器按冷却方式又可分为自冷式和油冷式(常用于三相变压器中)两种,在自冷式变压器中,热量依靠空气的自然对流和辐射直接散发到周围空气中。当变压器的容量较大时常采用油冷式,此时变压器的铁心和绕组全部浸在变压器油内,使其产生的热量通过变压器油传给箱壁而散发到空气中去。

（2）变压器的工作原理

① 电压变换

变压器的原绕组接交流电压 u_1 且副绕组开路时的运行状态称为空载运行,如图 1-9 所示。这时副绕组中的电流 $i_2 = 0$,开路电压用 u_{20} 表示。原绕组中通过的电流为空载电流 i_{10},各量的参考方向如图 1-9 所示。图中 N_1 为原绕组的匝数,N_2 为副绕组的匝数。

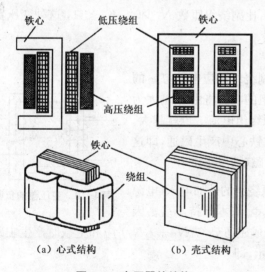

（a）心式结构　　　　（b）壳式结构

图 1-8　变压器的结构

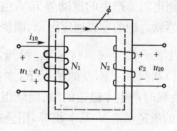

图 1-9　变压器的空载运行

由于副绕组开路,这时变压器的原绕组电路相当于一个交流铁心线圈电路,通过的空载电流 i_{10} 就是励磁电流,且产生磁动势 $i_{10}N_1$,此磁动势在铁心中产生的主磁通 Φ 通过闭合铁心,既穿过原绕组,也穿过副绕组,于是在原绕组和副绕组中分别感应出电动势 e_1 和 e_2。e_1 及 e_2 与 Φ 的参考方向之间符合右手螺旋定则(见图 1-9)时,由法拉第电磁感应定律可得

$$e_1 = -N_1 \frac{\mathrm{d}\Phi}{\mathrm{d}t}$$

$$e_2 = -N_2 \frac{\mathrm{d}\Phi}{\mathrm{d}t}$$

e_1 和 e_2 的有效值分别为

$$E_1 = 4.44 f N_1 \Phi_\mathrm{m}$$

$$E_2 = 4.44 f N_2 \Phi_\mathrm{m}$$

式中：f——交流电源的频率；

Φ_m——主磁通 Φ 的最大值。

由于铁心线圈电阻 R 上的电压降 iR 和漏磁通电动势 e_σ 都很小，均可忽略不计，故原、副绕组中的电动势 e_1 和 e_2 的有效值近似等于原、副绕组上电压的有效值，即

$$U_1 \approx E_1$$

$$U_{20} \approx E_2$$

所以可得

$$\frac{U_1}{U_{20}} \approx \frac{E_1}{E_2} = \frac{N_1}{N_2} = K_\mathrm{u}$$

由上式可见，变压器空载运行时，原、副绕组上电压的比值等于两者的匝数比，这个比值 K_u 称为变压器的变压比。变压器可以把某一数值的交流电压变换为同频率的另一数值的电压，这就是变压器的电压变换作用。当原绕组匝数 N_1 比副绕组匝数 N_2 多时，$K_\mathrm{u} > 1$，这种变压器称为降压变压器；反之，原绕组匝数 N_1 比副绕组匝数 N_2 少时，$K_\mathrm{u} < 1$，这种变压器称为升压变压器。

② 电流变换

如果变压器的副绕组接上负载，则在副绕组感应电动势 e_2 的作用下，副绕组将产生电流 i_2。这时，原绕组的电流将由 i_{10} 增大为 i_1，如图 1-10 所示。副绕组电流 i_2 越大，原绕组电流 i_1 也就越大。由副绕组电流 i_2 产生的磁动势 $i_2 N_2$ 也要在铁心中产生磁通，即这时变压器铁心中的主磁通应由原、副绕组的磁动势共同产生。

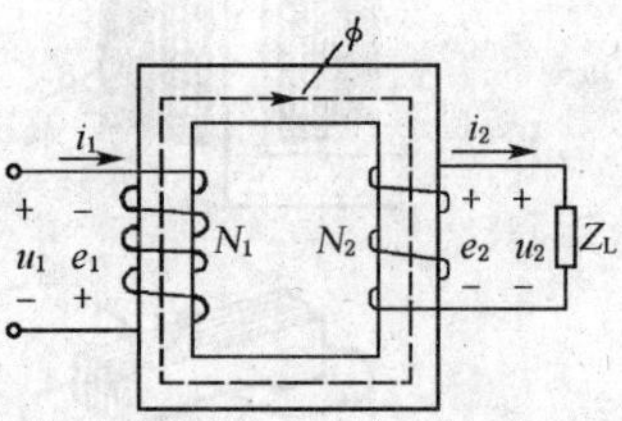

图 1-10　变压器的负载运行

由 $U_1 = E_1 = 4.44 f N_1 \Phi_\mathrm{m}$ 可知，在原绕组的外加电压（电源电压 U_1）和频率 f 不变的情况下，主磁通 Φ_m 基本保持不变。因此，有负载时产生主磁通的原、副绕组的合成磁通势（$i_1 N_1 + i_2 N_2$）应和空载时产生主磁通的原绕组的磁通势 $i_0 N_1$ 基本相等，用公式表示，即

$$i_1 N_1 + i_2 N_2 = i_{10} N_1$$

如用相量表示，则为

$$\dot{I}_{1N_1} + \dot{I}_{2N_2} = \dot{I}_{10N_1}$$

这一关系称为变压器的磁动势平衡方程式。

由于原绕组空载电流较小，约为额定电流的 10%，所以 $\dot{I}_{10N_1}$ 与 $\dot{I}_{1N_1}$ 相比可忽略不计，即

$$\dot{I}_{1}N_{1} \approx -\dot{I}_{2}N_{2}$$

由上式可得原、副绕组电流有效值的关系为

$$\frac{I_1}{I_2} \approx \frac{N_2}{N_1} = \frac{1}{K_u}.$$

此时,若漏磁和损耗忽略不计,则有

$$\frac{U_1}{U_2} \approx \frac{N_1}{N_2} = K_u$$

从能量转换的角度来看,当副绕组接上负载后,出现电流 i_2,说明副绕组向负载输出电能,这些电能只能由原绕组从电源吸取,然后通过主磁通传递到副绕组。副绕组负载输出的电能越多,原绕组向电源吸取的电能也越多。因此,副绕组电流变化时,原绕组电流也会相应地变化。

【例 1-1】 已知某变压器 $N_1 = 1\,000$,$N_2 = 200$,$U_1 = 200$ V,$I_2 = 10$ A。若为纯电阻负载,且漏磁和损耗忽略不计,求 U_2、I_1、输入功率 P_1 和输出功率 P_2。

【解】 因为

$$K_u = \frac{N_1}{N_2} = 5$$

所以

$$U_2 = \frac{U_1}{K_u} = 40 \text{ V}$$

$$I_1 = \frac{I_2}{K_u} = 2 \text{ A}$$

输入功率

$$P_1 = U_1 I_1 = 400 \text{ W}$$

输出功率

$$P_2 = U_2 I_2 = 400 \text{ W}$$

③ 阻抗变换作用

变压器除了有变压和变流的作用外,还有变换阻抗的作用,以实现阻抗匹配。图 1-11(a) 所示的变压器原绕组接电源 u_1,副绕组的负载阻抗模为 $|Z|$,对于电源来说,图中虚线框内的电路可用另一个阻抗模 $|Z'|$ 来等效代替,如图 1-11(b) 所示。所谓等效,就是它们从电源吸取的电流和功率相等,即接在电源上的阻抗模 $|Z'|$ 和接在变压器副绕组的负载阻抗模 $|Z|$ 是等效的。当忽略变压器的漏磁和损耗时,等效阻抗可通过以下计算得出:

$$|Z'| = \frac{U_1}{I_1} = \frac{U_1}{U_2} \times \frac{I_2}{I_1} \times \frac{U_2}{I_2} = \frac{N_1}{N_2} \times \frac{N_1}{N_2} \times |Z| = K_u^2 |Z|$$

原、副绕组电压比 K_u(又称匝数比)不同时,负载阻抗模 $|Z|$ 折算到原绕组的等效阻抗模 $|Z'|$ 也不同。通过选择合适的电压比 K_u,可以把实际负载阻抗模变换为所需的、比较合适的数值,这就是变压器的阻抗变换作用。在电子电路中,为了提高信号的传输功率,常用变压器

将负载阻抗变换为适当的数值,即阻抗匹配。

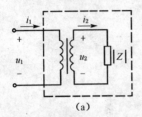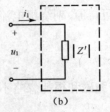

(a)   (b)

图 1-11　变压器的负载阻抗变换

【例 1-2】　已知某交流信号源的电压 $U_s = 10\ V$,内阻 $R_0 = 200\ \Omega$,负载 $R_L = 8\ \Omega$,且漏磁和损耗忽略不计。

(1) 若将负载与信号源直接相连,求信号源的输出功率为多大?

(2) 若要负载上的功率达到最大,且用变压器进行阻抗变换,则变压器的匝数比应为多大?此时信号源的输出功率又为多大?

【解】　(1) $P = I^2 R_L = \left(\dfrac{U_s}{R_0 + R_L}\right) R_L = \left(\dfrac{10}{200 + 8}\right)^2 \times 8 = 0.018\ 5\ W$

(2) 变压器把负载 R_L 进行阻抗变换

$$R_L' = R_0 = 200\ \Omega$$

所以变压器的匝数比应为

$$\frac{N_1}{N_2} = \sqrt{\frac{R_L'}{R_L}} = \sqrt{\frac{200}{8}} = 5$$

此时信号源的输出功率为

$$P = I^2 R_L = \left(\frac{10}{200 + 200}\right) \times 200 = 0.125\ W$$

2. 变压器的额定值

变压器的额定值通常标注在铭牌或书写在使用说明书中,主要额定值如下。

(1) 额定电压 U_{1N} 和 U_{2N}

额定电压是根据变压器的绝缘强度和允许温升而规定的正常工作电压有效值,单位为 V 或 kV。变压器的额定电压有原绕组额定电压 U_{1N} 和副绕组额定电压 U_{2N}。U_{1N} 指原绕组应加的电源电压,U_{2N} 指原绕组加 U_{1N} 时副绕组空载时的电压。三相变压器原、副绕组的额定电压 U_{1N} 和 U_{2N} 均为其线电压。

(2) 额定电流 I_{1N} 和 I_{2N}

额定电流是指变压器长期工作时,根据其允许温升而规定的正常工作电流有效值,单位为 A。变压器的额定电流有原绕组额定电流 I_{1N} 和副绕组额定电流 I_{2N}。三相变压器原、副绕组的额定电流 I_{1N} 和 I_{2N} 均为其线电流。

(3) 额定容量 S_N

变压器的额定容量 S_N 是指变压器副绕组 U_{2N} 和 I_{2N} 的乘积,单位为 VA 或 kVA。额定容量反映了变压器传递电功率的能力,它与变压器的实际输出功率是不同的。变压器实际使用时的输出功率取决于副绕组负载的大小和性质。

对于单相变压器

$$S_N = U_{2N} I_{2N}$$

对于三相变压器

$$S_N = \sqrt{3} U_{2N} I_{2N}$$

(4) 额定频率 f_N

额定频率 f_N 是指变压器应接入的电源频率。我国电力系统工业用电的标准频率为 50 Hz。改变电源的频率会使变压器的某些电磁参数、损耗和效率发生变化,影响其正常工作。

(5) 额定温升 τ_N

变压器的额定温升 τ_N 是指在基本环境温度(+40℃)下,规定变压器在连续运行时,允许变压器的工作温度超出环境温度的最大温升。

【例 1-3】 图 1-12 所示为一个具有多个副绕组的变压器,副绕组的额定值已在图中注明。

(1) 副绕组的总容量 S_{2N} 为多大?

(2) 若漏磁和损耗忽略不计,求变压器原绕组的额定电流为多大?

【解】 (1)副绕组的总容量 S_{2N} 为各个副绕组额定电压和额定电流乘积之和,即

$$S_{2N} = (35 \times 1 \times 2 + 25 \times 3 + 7.5 \times 2) = 160 \text{ W}$$

(2) 原绕组的容量为

$$S_{1N} \approx S_{2N} = 160 \text{ W}$$

原绕组的额定电流为

$$I_{1N} = \frac{S_{1N}}{U_{1N}} = 0.8 \text{ A}$$

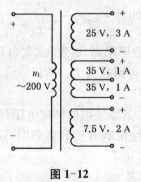

图 1-12

3. 变压器的外特性及效率

(1) 变压器的外特性

从以上分析过程可知,变压器在负载运行中,当电源电压不变时,随着负载的增加,原、副

绕组上的电阻压降及漏磁电动势都随之增加,所以副绕组的端电压 U_2 将下降。

当变压器原绕组电压 U_1 和负载功率因数 $\cos\varphi_2$ 一定时,副绕组电压 U_2 随负载电流 I_2 变化的曲线称为变压器的外特性,用 $U_2 = f(I_2)$ 表示。图 1-13 画出了变压器的两条外特性曲线。对于电阻性和电感性负载来说,外特性曲线是稍向下倾斜的,感性负载的功率因数越低,U_2 下降得越快。

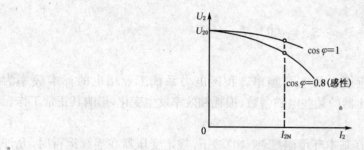

图 1-13 变压器的外特性曲线

从空载到额定负载,变压器外特性的变化程度可用电压变化率 ΔU 来表示,即

$$\Delta U = \frac{U_{20} - U_2}{U_{20}} \times 100\%$$

当负载变化时,通常希望电压 U_2 的变化愈小愈好,在一般变压器中,其电阻和漏磁感抗均很小,电压变化率较小,电力变压器的电压变化率一般在 5% 左右,而小型变压器的电压变化率可达 20%。

(2) 变压器的效率

和交流铁心线圈一样,变压器的功率损耗包括铁心中的铁损 ΔP_{Fe} 和绕组上的铜损 ΔP_{Cu} 两部分。铁损的大小与铁心内磁感应强度的最大值 B_m 有关,而与负载的大小无关;铜损则与负载的大小有关(RI^2 与电流的平方成正比)。所以输出功率将略小于输入功率,变压器的效率通常用输出功率 P_2 与输入功率 P_1 之比来表示,即

$$\eta = \frac{P_2}{P_1} \times 100\% = \frac{P_2}{P_2 + \Delta P_{Fe} + \Delta P_{Cu}} \times 100\%$$

变压器的功率损耗很小,所以效率很高,通常在 95% 以上。在一般电力变压器中,当负载为额定负载的 50%~75% 时,效率达到最大值。所以应合理地选用变压器的容量,避免长期轻载运行或空载运行。

【例 1-4】 已知某单相变压器,其原绕组的额定电压 $U_{1N} = 3\,000\,\text{V}$,副绕组开路时的电压 $U_{20} = 230\,\text{V}$。当副绕组接入电阻性负载并达到满载时,副绕组电流 $I_2 = 40\,\text{A}$,此时 $U_2 = 220\,\text{V}$,若变压器的效率 $\eta = 95\%$,试求:

(1) 变压器原绕组的电流 I_1 为多大?

(2) 变压器的功率损耗 ΔP 和电压变化率 ΔU 为多大?

【解】 (1) 副绕组输出的电功率为

$$P_2 = U_2 I_2 = 220 \times 40 = 8\,800\,\text{W}$$

原绕组输入的电功率为

$$P_1 = \frac{P_2}{\eta} = 9\,263\ \text{W}$$

原绕组的电流 I_1 为

$$I_1 = \frac{P_1}{U_1} = 3.08\ \text{A}$$

（2）功率损耗为

$$\Delta P = P_1 - P_2 = 463\ \text{W}$$

电压变化率为

$$\Delta U = \frac{U_{20} - U_2}{U_{20}} \times 100\% = 4.34\%$$

4. 变压器绕组的极性

（1）绕组的极性及同名端的概念

要正确使用变压器，就必须了解绕组的同名端（又称为同极性端）概念。绕组的同名端是绕组与绕组间、绕组与其他电气元件间正确连接的依据，并可用来分析原、副绕组间电压的相位关系。在变压器绕组接线及电子技术放大电路、振荡电路、脉冲输出电路等的接线与分析中，都要用到同名端的概念。

绕组的极性是指绕组在任意瞬时两端产生的感应电动势的瞬时极性，它总是从绕组的相对瞬时电位的低电位端（常用符号"－"来表示）指向高电位端（常用符号"＋"来表示）。两个磁耦合作用联系起来的绕组，如变压器的原、副绕组，当某一瞬时原绕组某一端点的瞬时电位相对于原绕组的另一端为正时，副绕组也必有一对应的端点，其瞬时电位相对于副绕组的另一端点也为正。我们把原、副绕组电位瞬时极性相同的端点称为同极性端，也称为同名端，通常用符号"·"表示。

（2）绕组的串联和并联

图 1-14(a) 中的 1 和 3 是同名端，当然 2 和 4 也是同名端。当电流从两个线圈的同名端流入（或流出）时，产生的磁通的方向相同；或者当磁通变化（增大或减小）时，在同名端感应电动势的极性也相同。在图 1-14(b)、(c) 中，绕组中的电流正在增大，感应电动势的极性（或方向）如图中所示。

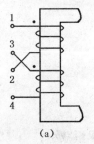
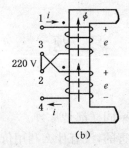
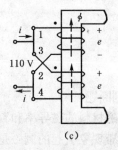

图 1-14　变压器原绕组的串联和并联

在使用变压器或者其他有磁耦合的互感线圈时,要注意线圈的正确连接。譬如,一台变压器的原绕组有相同的两个绕组,如图 1-14(a)中的 1-2 和 3-4。当接到 220 V 的电源上时,两绕组应串联(假设两个绕组的额定电压都为 110 V),如图 1-14(b)所示;接到 110 V 的电源上时,两绕组应并联,如图 1-14(c)所示。如果连接错误,串联时将 2 和 4 两端连在一起,将 1 和 3 两端接电源,这样,两个绕组的磁通势就互相抵消,铁心中不产生磁通,绕组中也就没有感应电动势,绕组中将流过很大的电流,把变压器烧毁。

如果将其中一个线圈反绕,如图 1-15 所示,则 1 和 4 两端应为同名端,串联时应将 2 和 4 两端连在一起。可见,哪两端是同名端,还和线圈绕向有关。只要线圈绕向知道,同名端就不难确定。

(3)同名端的判断

已制成的变压器、互感器等设备,通常都无法从外观上看出绕组的绕向,若使用时要知道它的同名端,可用实验法测定。

① 直流法

将变压器的两个绕组按图 1-16 所示的方法连接,当开关 S 闭合瞬间,如电流表的指针正向偏转,则绕组 A 的 1 端和绕组 B 的 3 端为同名端,这是因为当不断增大的电流刚流进绕组 A 的 1 端时,1 端的感应电动势极性为"+",而电流表正向偏转,说明绕组 B 的 3 端此时也为"+",所以 1、3 端为同名端。如电流表的指针反向偏转,则绕组 A 的 1 端和绕组 B 的 4 端为同名端。

② 交流法

把变压器两个绕组的任意两端连在一起(如 2 端和 4 端),在其中一个绕组(如 A 绕组)上接上一个较低的交流电压,如图 1-17 所示,再用交流电压表分别测量 U_{12}、U_{13} 和 U_{34},若 $U_{13}=U_{12}-U_{34}$,则 1 端和 3 端为同名端;若 $U_{13}=U_{12}+U_{34}$,则 1 端和 3 端为异名端(即 1 端和 4 端为同名端)。测量原理读者可自行分析。

图 1-15　线圈反绕

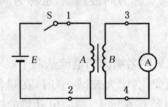

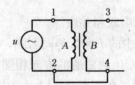

图 1-16　直流法测定同名端　　　　图 1-17　交流法测定同名端

习　题

一、判断题

1. 铁磁材料的磁导率和真空磁导率同样都是常数。　　　　　　　　　　（　　）

2. 磁滞现象引起的剩磁是十分有害的,没有什么利用价值,应尽量减小。　　（　　）

3. 变压器的一次绕组电流大小由电源决定,二次绕组电流的大小由负载决定。　（　　）

4. 同一台变压器中,匝数少而粗的是高压绕组,多而细的是低压绕组。　　（　　）

5. 变压器一次、二次绕组的电压与匝数成正比,电流与匝数成反比。 （　　）

6. 变压器是可以改变交流电压而不能改变频率的电气设备。 （　　）

7. 变压器不能改变直流电压。 （　　）

8. 铁心用硅钢片叠成,而不用铁块,是为了增强磁场。 （　　）

9. 变压器二次绕组的额定电压是指额定负载时的输出电压。 （　　）

10. 当变压器的铜损耗等于铁耗时,效率最高。 （　　）

二、选择题

1. 磁化现象的正确解释是（　　）。

A. 磁畴在外磁场的作用下转向形成附加磁场

B. 磁化过程是磁畴回到原始杂乱无章的状态

C. 磁畴存在与否与磁化现象无关

D. 各种材料的磁畴数目基本相同,只是有的不易于转向而形成附加磁场

2. 为减小剩磁,电器的铁心应采用（　　）。

A. 硬磁材料 　　　　 B. 软磁材料 　　　　 C. 矩磁材料 　　　　 D. 非磁材料

3. 对照电路和磁路欧姆定律,发现（　　）。

A. 电路和磁路欧姆定律都应用在线性状态 　　 B. 磁阻和电阻都是线性元件

C. 磁阻和电阻都是非线性元件 　　 D. 磁阻是非线性元件,电阻是线性元件

4. 磁路计算时通常不直接应用磁路欧姆定律,主要原因是（　　）。

A. 磁阻计算较繁 　　　　　　　　　 B. 闭合磁路磁压之和不为零

C. 磁阻不是常数 　　　　　　　　　 D. 磁路中有较多漏磁

5. 单项变压器的变比为 k,若一次绕组接入直流电压 U_1,则二次绕组电压为（　　）V。

A. U_1/k 　　　　 B. 0 　　　　 C. kU_1 　　　　 D. ∞

6. 负载减小时,变压器的一次绕组电流将（　　）。

A. 增大 　　　　 B. 不变 　　　　 C. 减小 　　　　 D. 无法判断

7. 对于变压器的 U_{2N},叙述正确的是（　　）。

A. 带额定负载的二次绕组电压

B. 一次绕组加 U_{1N} 时的二次绕组空载电压

C. 空载时的二次绕组电压

D. 输出额定电压

8. 一次、二次绕组有电的联系的变压器是（　　）。

A. 双绕组变压器 　　 B. 三相变压器 　　 C. 自耦变压器 　　 D. 互感器

三、填空题

1. 铁磁材料能够被磁化的原因是因为其内部存在大量的＿＿＿＿。

2. 交流电磁铁的铁心发热是因为＿＿＿＿和＿＿＿＿现象引起的能量损耗。

3. 变压器的损耗有铜耗和铁耗,当它空载运行时,其＿＿＿＿较小,所以空载时的损耗近似等于＿＿＿＿。

4. 一单项变压器 $U_1 = 3\ 000$ V,变比 $k = 15$,$U_2 =$ ＿＿＿＿V。

5. 变压器工作时有功率损失,功率损失有＿＿＿＿和＿＿＿＿两部分。

6. 测量时,电压互感器的一次绕组应＿＿＿＿连在被测线路中,电流互感器的一次绕组

应_____连在被测电路中,二次绕组一端与_____相接是为了安全。

四、计算题

1. 已知某单相变压器额定容量为 500 VA,额定电压为 200 V/50 V,试求原、副绕组的额定电流各为多少?

2. 某单相变压器原绕组匝数为 440 匝,额定电压为 220 V,有两个副绕组,其额定电压分别为 110 V 和 44 V,设在 110 V 的副绕组接有 110 V、60 W 的白炽灯 11 盏,44 V 的副绕组接有 44 V、40 W 的白炽灯 11 盏。试求:(1)两个副绕组的匝数各为多少? (2)两个副绕组的电流及原绕组的电流各为多少?

3. 一个 $R_L = 8\ \Omega$ 的扬声器,通过一个匝数比 $N_1/N_2 = 5$ 的输出变压器进行阻抗变换后再接到电动势 $E = 10\ V$、内阻 $R_0 = 200\ \Omega$ 的交流信号源上,求扬声器获得的交流功率 P(设输出变压器的效率为 80%)。

4. 在题 4 中,若扬声器的 $R_L = 4\ \Omega$,为使扬声器获得最大功率,问输出变压器的匝数比约为多少?

模块二

电动机及其控制

实现机械能与电能相互转换的旋转机械称为电机。把机械能转换为电能的电机称为发电机,把电能转换为机械能的电机称为电动机。

电动机广泛应用于各种机械。生产机械由电动机驱动有很多优点,如简化生产机械的结构,提高生产率,能实现自动控制和远距离操纵,减轻繁重的体力劳动。电动机按电源的种类可分为交流电动机和直流电动机,交流电动机又分为异步电动机和同步电动机。其中异步电动机由于结构简单、运行可靠、维护方便、价格便宜且是所有电动机中应用最广泛的一种,如一般机床、起重机、传送带、鼓风机、水泵等都普遍使用三相异步电动机,各种家用电器、医疗器械和许多小型机械则使用单相异步电动机。

项目一　三相异步电动机的结构和工作原理

1. 三相异步电动机的结构

三相异步电动机由两个基本部分组成:一是固定不动的部分,称为定子;二是旋转部分,称为转子。图 2-1 为三相异步电动机的外形和内部结构图。

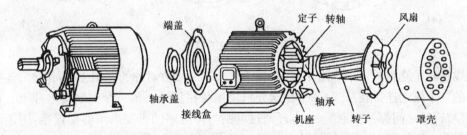

图 2-1　三相异步电动机的外形和内部结构图

（1）定子

定子由机座、定子铁心、定子三相绕组和端盖等组成。机座通常用铸铁制成,机座内装有由相互绝缘的硅钢片叠成的筒形铁心,铁心内圆周上有许多均匀分布的槽,槽内嵌放三相绕组,绕组与铁心间有良好的绝缘。三相绕组是定子的电路部分,中小型电动机一般采用漆包线（或丝包漆包线）绕制,共分三相,分布在定子铁心槽内,它们在定子内圆周空间的排列彼此相隔120°,构成对称的三相绕组。三相绕组共有六个出线端,通常接在置于电动机外壳上的接线盒中。三相绕组的首端接头分别用 U_1、V_1 及 W_1 表示,其对应的末端接头分别用 U_2、V_2 和

W_2表示。三相绕组可以连接成星形或三角形,分别如图 2-2(a)、(b)所示。

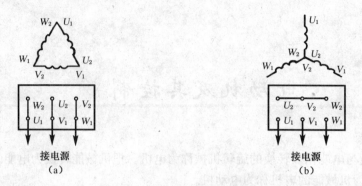

图 2-2　三相定子绕组的连接

（2）转子

转子由铁心、绕组、转轴和风扇等组成。转子铁心为圆柱形,通常由定子铁心冲片冲下的内圆硅钢片叠成,装在转轴上,转轴上加机械负载。转子铁心与定子铁心之间有微小的空气隙,它们共同组成电动机的磁路。转子铁心外圆周上有许多均匀分布的槽,槽内安放转子绕组。

转子绕组分为鼠笼式和绕线式两种结构。鼠笼式转子绕组是由嵌在转子铁心槽内的若干条铜条组成的,两端分别焊接在两个短接的端环上。如果去掉铁心,整个转子绕组的外形就像一个鼠笼,故称鼠笼式转子。鼠笼式转子的结构如图 2-3 所示,其中图(a)为硅钢片,图(b)为鼠笼式绕组,图(c)为钢条转子,图(d)为铸铝转子。鼠笼式电动机由于构造简单,价格低廉,工作可靠,使用方便,在生产中得到了最广泛的应用。

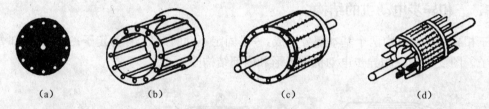

　（a）　　　　　　（b）　　　　　　　（c）　　　　　　　（d）

图 2-3　鼠笼式转子

绕线式转子绕组与定子绕组相似,在转子铁心槽内嵌放对称的三相绕组,作星形连接。三个绕组的三个尾端连接在一起,三个首端分别接到装在转轴上的三个铜制集电环上。环与环之间、环与转轴之间都互相绝缘,集电环通过电刷与外电路的可变电阻器相连接,用于起动或调速,如图 2-4 所示。

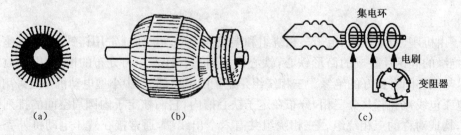

　　（a）　　　　　　　　（b）　　　　　　　　　（c）

图 2-4　绕线式转子

其中图(a)为硅钢片,图(b)为绕线式转子,图(c)为转子电路。绕线式转子异步电动机由于其结构复杂,价格较高,一般只用于对起动和调速有较高要求的场合,如立式车床、起重机等。

鼠笼式和绕线式电动机只是在转子的构造上不同,但它们的工作原理是一样的。

2. 三相异步电动机的工作原理

三相异步电动机是利用定子绕组中三相交流电流所产生的旋转磁场与转子绕组内的感应电流相互作用而产生电磁力和电磁转矩的,因此,我们先要分析旋转磁场的产生和特点,然后再讨论转子的转动。

(1) 定子的旋转磁场

① 旋转磁场的产生:在定子铁心的槽内按空间相隔120°安放三个相同的绕组 U_1U_2、V_1V_2 和 W_1W_2 (为了便于说明问题,每相绕组只用一匝线圈表示),设它们作星形连接。当定子绕组的三个首端 U_1、V_1、W_1 分别与三相交流电源 A、B、C 接通时,在定子绕组中便有对称的三相交流电流 i_A、i_B、i_C 流过。

$$i_A = I_m\sin\omega t, i_B = I_m\sin(\omega t - 120°), i_C = I_m\sin(\omega t + 120°) = I_m\sin(\omega t - 240°)$$

若电流参考方向如图 2-5(a)所示,即从首端 U_1、V_1、W_1 流入,从末端 U_2、V_2、W_2 流出,则三相电流的波形如图 2-5(b)所示,它们在相位上互差120°,且电源电压的相序为 $A—B—C$。

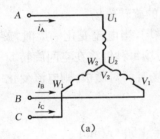
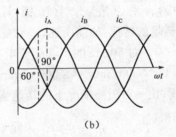

图 2-5　三相对称电流

在 $\omega t = 0$ 时刻,i_A 为 0,U_1U_2 绕组此时无电流;i_B 为负,电流的真实方向与参考方向相反,即从末端 V_2 流入,从首端 V_1 流出;i_C 为正,电流的真实方向与参考方向一致,即从首端 W_1 流入,从末端 W_2 流出,如图 2-6(a)所示。将每相电流产生的磁场相加,便得出三相电流共同产生的合成磁场,这个合成磁场此刻在转子铁心内部空间的方向是自上而下,相当于是一个 N 极在上、S 极在下的两极磁场。用同样方法可画出 ωt 分别为 $\frac{\pi}{3}$、$\frac{\pi}{2}$ 时各相电流的流向及合成磁场的磁力线方向,如图 2-6(b)、(c)所示。若进一步研究其他瞬时的合成磁场,可以发现,各瞬时合成磁场的磁通大小和分布情况都相同,但方向各不相同,且向一个方向旋转。当正弦交流电变化一周时,合成磁场在空间也正好旋转了一周,合成磁场的磁通大小就等于通过每相绕组的磁通最大值。

由上述分析可知,在定子绕组中分别通入在相位上互差120°的三相交流电时,它们共同产生的合成磁场随电流的交变而在空间不断地旋转着,即所产生的合成磁场是一个旋转磁场。

② 旋转磁场的方向:N 极从与电源 A 相连接的 U_1 出发,先转过与 B 相连接的 V_1,再转过

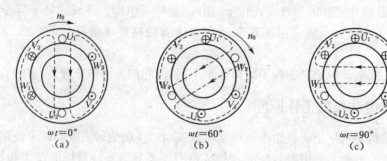

图 2-6　三相电流产生的旋转磁场（$p=1$）

与 C 相连接的 W_1，最后再回到 U_1。在三相交流电中，电流出现正幅值的顺序即电源的相序为 $A—B—C$，图 2-6 所示的情况表明旋转磁场的旋转方向与电源的相序相同，即旋转磁场在空间的旋转方向是由电源的相序决定的，图 2-6 所示情况的旋转磁场是按顺时针方向旋转的。

　　若把定子绕组与三相电源相联的三根导线中的任意两根对调位置，则旋转磁场将反向旋转。此时电源的相序仍为 $A—B—C$ 不变，而通过三相定子绕组中电流的相序由 $U—V—W$ 变为 $U—W—V$，则按前述同样分析可得出旋转磁场将按逆时针方向旋转。

　　③ 旋转磁场的极数：上述电动机每相只有一个线圈，在这种条件下所形成的旋转磁场只有一对 N、S 磁极（2 极）。如果每相设置两个线圈，则可形成两对 N、S 磁极（4 极）的旋转磁场，如图 2-7 和图 2-8 所示。用上面的分析方法不难证明，定子采取不同的结构和接法还可以获得 3 对（6 极）、4 对（8 极）、5 对（10 极）等不同极对数的旋转磁场。

　　④ 旋转磁场的转速：如前所述，一对磁极的旋转磁场，当电流变化一周时，旋转磁场在空间正好转过一周。对 50 Hz 的工频交流电来说，旋转磁场每秒钟将在空间旋转 50 周。其转速 $n_1 = 60f_1 = 60 \times 50$ r/min $= 3\,000$ r/min。若旋转磁场有两对磁极，则电流变化一周，旋转磁场只转过半周，比一对磁极情况下的转速慢了一半，即

$$n_1 = \frac{60}{2}f_1 = 30 \times 50 \text{ r/min} = 1\,500 \text{ r/min}$$

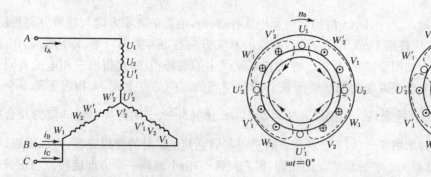

图 2-7　产生四极旋转磁场的定子绕组　　　图 2-8　三相电流产生的旋转磁场（$p=2$）

　　同理，在三对磁极的情况下，电流变化一周，旋转磁场仅旋转了 $\frac{1}{3}$ 周，即

$$n_1 = \frac{60}{3}f_1 = 20 \times 50 \text{ r/min} = 1\,000 \text{ r/min}$$

依此类推,当旋转磁场具有 p 对磁极时,旋转磁场转速(r/min)为

$$n_1 = \frac{60f_1}{p}$$

其中 p 为旋转磁场的磁极对数。

所以,旋转磁场的转速 n_1 又称同步转速,它与定子电流的频率 f_1(即电源频率)成正比,与旋转磁场的磁极对数成反比。

(2) 转子的转动原理

设某瞬间定子电流产生的旋转磁场如图 2-9 所示,图中 N、S 表示两极旋转磁场,转子中只画出两根导条(铜或铝)。当旋转磁场以同步转速 n_1 按顺时针方向旋转时,与静止的转子之间有着相对运动,这相当于磁场静止而转子导体朝逆时针方向切割磁力线,于是在转子导体中就会产生感应电动势 E_2,其方向可用右手定则来确定。由于转子电路通过短接端环(绕线转子通过外接电阻)自行闭合,所以在感应电动势作用下将产生转子电流 I_2。图 2-9 中仅画出上、下两根导线中的电流。通有电流 I_2 的转子导体因处于磁

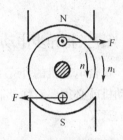

图 2-9　转子转动的原理图

场中,又会与磁场相互作用产生磁场力 F,根据左手定则,便可确定转子导体所受磁场力的方向。电磁力对转轴将产生电磁转矩 T,其方向与旋转磁场的方向一致,于是转子就顺着旋转磁场的方向转动起来。

由上述分析知道,异步电动机的转动方向总是与旋转磁场的转向相同,如果旋转磁场反转,则转子也随着反转。因此,若要改变三相异步电动机的旋转方向,只需把定子绕组与三相电源连接的三根导线对调任意两根以改变电源的相序,即改变旋转磁场的转向便可。

由以上分析还可知,异步电动机转子转动的方向与旋转磁场的方向一致,但转速 n 不可能与旋转磁场的转速 n_1 相等,因为产生电磁转矩需要转子中存在感应电动势和感应电流,如果转子转速与旋转磁场转速相等,两者之间就没有相对运动,磁力线就不切割转子导体,则转子电动势、转子电流及电磁转矩都不存在,转子也就不可能继续以 n 的转速转动。所以转子转速与旋转磁场转速之间必须有差值,即 $n < n_1$。这就是"异步"电动机名称的由来。另外,又因为转子电流是由电磁感应产生的,所以异步电动机也称为感应电动机。

同步转速 n_1 与转子转速 n 之差称为转速差,转速差与同步转速的比值称为转差率,用 s 表示,即

$$s = \frac{n_1 - n}{n_1}$$

转差率是分析异步电动机运行情况的一个重要参数。例如起动时 $n = 0$,$s = 1$,转差率最大;稳定运行时 n 接近 n_1,s 很小,额定运行时 s 约为 $0.02 \sim 0.06$,空载时在 0.005 以下;若转子的转速等于同步转速,即 $n = n_1$,则 $s = 0$,这种情况称为理想空载状态,在异步电动机实际运行中是不存在的。

【例 2-1】　一台三相异步电动机的额定转速 $n_N = 980 \, \text{r/min}$,电源频率 $f_1 = 50 \, \text{Hz}$,求该电动机的同步转速、磁极对数和额定运行时的转差率。

【解】　由于电动机的额定转速小于且接近于同步转速,则电动机的同步转速 $n_1 =$

1 000 r/min，与此相对应的磁极对数 $p=3$，即为 6 极电动机。

额定运行时的转差率为

$$s = \frac{n_1 - n}{n_1} = \frac{1\ 000 - 980}{1\ 000} = 0.02$$

项目二　三相异步电动机的使用

1. 三相异步电动机的铭牌数据

每台电动机的外壳上都附有一块铭牌，上面印着这台电动机的一些基本数据，要正确使用电动机就必须要看懂铭牌。现以表 2-1 所示 Y132M-4 型电动机为例来说明铭牌上各个数据的意义。

表 2-1　三相异步电动机的铭牌数据

型号	Y132M-4	连接	△
功率	7.5 kW	工作方式	S1
电压	380 V	绝缘等级	B 级
电流	15.4 A	转速	1 440 r/min
频率	50 Hz	编号	

××电机厂　　出厂日期

铭牌数据的含义如下：

（1）型号（如 Y132M-4）

Y——（鼠笼式）转子异步电动机（YR 表示绕线式转子异步电动机）。

132——机座中心高为 132 mm。

M——中机座（S 表示短机座，L 表示长机座）。

4——4 极电动机，磁极对数为 2。

（2）电压

该电压是指电动机定子绕组应加的线电压有效值，即电动机的额定电压。Y 系列三相异步电动机的额定电压统一为 380 V。有的电动机铭牌上标有两种电压值，如 380/220 V，是对应于定子绕组采用 Y/△ 两种连接时应加的线电压有效值。

（3）频率

该频率是指电动机所用交流电源的频率，我国电力系统规定为 50 Hz。

（4）功率

该功率是指在额定电压、额定频率下满载运行时电动机轴上输出的机械功率，即额定功率，又称为额定容量。

（5）电流

该电流是指电动机在额定运行（即在额定电压、额定频率下输出额定功率）时，定子绕组的线电流有效值,即额定电流。标有两种额定电压的电动机相应标有两种额定电流值。

（6）连接

连接是指电动机在额定电压下,三相定子绕组应采用的连接方法。Y 系列三相异步电动机规定额定功率在 3 kW 及以下的为 Y 连接,4 kW 及以上的为 △ 连接。

铭牌上标有两种电压、两种电流的电动机,应同时标明 Y/△ 两种连接。

（7）基本工作方式

S1 表示连续工作,允许在额定情况下连续长期运行,如水泵、通风机和机床等设备所用的异步电动机。

S2 表示短时工作,是指电动机工作时间短（在运转期间,电动机未达到允许温升）,而停车时间长（足以使电动机冷却到接近周围媒质的温度）的工作方式,例如水坝闸门的启闭,机床中尾架、横梁的移动和夹紧等。

S3 表示断续周期工作,又叫重复短时工作,是指电动机运行与停车交替的工作方式,如起重机等。

工作方式为短时和断续的电动机若以连续方式工作时,必须相应减轻其负载,否则电动机将因过热而损坏。

（8）绝缘等级

绝缘等级是按电动机所用绝缘材料允许的最高温度来分级的,有 A、E、B、F、H、C 等几个等级,如表 2-2 所示。目前一般电动机采用较多的是 E 级绝缘和 B 级绝缘。

表 2-2　三相异步电动机的绝缘等级

绝缘等级	A	E	B	F	H	C
最高允许温度（℃）	105	120	130	155	180	＞180

在规定的温度以内,绝缘材料能保证电动机在一定期限内（一般为 15～20 年）可靠地工作,如果超过上述温度,绝缘材料的寿命将大大缩短。

（9）转速

由于生产机械对转速的要求不同,因此需要生产不同磁极数的异步电动机,所以有不同的转速等级。最常用的是四极电动机,即 $n_1 = 1\,500$ r/min。

在使用和选用电动机时,除了要了解其铭牌数据外,有时还要了解它的其他一些数据,如额定功率因数、额定效率 η 等参数,一般可从产品资料和电工手册中查到。

2. 起动、调速、反转和制动

（1）起动

电动机的起动就是把电动机的定子绕组与电源接通,使电动机的转子由静止加速到以一定转速稳定运行的过程。

异步电动机在起动的最初瞬间,其转速 $n = 0$,转差率 $s = 1$,转子电流达到最大值,和变压器一样,定子电流也达到最大值,约为额定电流的 4～7 倍。鼠笼式异步电动机的起动电流虽大,但起动时转子电路的功率因数很低,故起动转矩并不大,一般起动系数只有 0.8～2。

电动机起动电流虽然大,但由于起动时间很短,从发热角度考虑没有问题,但若起动频繁,由于热量的积累,可能使电动机过热,所以在实际操作时尽可能不让电动机频繁起动;

从另一方面考虑,电动机起动电流大时,在输电线路上造成的电压降也大,还可能会影响同一电网中其他负载的正常工作,例如使其他电动机的转矩减小,转速降低,甚至造成堵转,或使荧光灯熄灭等。电动机起动转矩小,则起动时间较长,或不能在满载情况下起动。由于异步电动机的起动电流大而起动转矩较小,故常采取一些措施来减小起动电流,增大起动转矩。

鼠笼式异步电动机的起动方法通常有以下几种:

① 直接起动

直接起动就是将额定电压直接加到定子绕组上使电动机起动,又叫全压起动。直接起动的优点是设备简单,操作方便,起动过程短。只要电网的容量允许,应尽量采用直接起动。例如容量在 10 kW 以下的三相异步电动机一般都采用直接起动。一台电动机是否允许直接起动,各地电力部门分别有规定。例如用电单位有独立的变压器,则在电动机起动频繁时,电动机容量小于变压器容量的 20% 时可直接起动;若电动机起动不频繁时,它的容量小于变压器容量的 30% 时可直接起动;如果没有独立的变压器(与照明共用),则电动机直接起动时所产生的电压降不超过 5% 时可直接起动。

此外,也可用经验公式来确定,若满足下列公式,则电动机可以直接起动:

$$\frac{\text{直接起动的起动电流(A)}}{\text{电动机额定电流(A)}} \leqslant \frac{3}{4} + \frac{\text{电源变压器总容量(kVA)}}{4 \times \text{电动机功率(kW)}}$$

② 降压起动

如果鼠笼式异步电动机的额定功率超出了允许直接起动的范围,则应采用降压起动。所谓降压起动,就是借助起动设备将电源电压适当降低后加在定子绕组上进行起动,待电动机转速升高到接近稳定时再使电压恢复到额定值,转入正常运行。

降压起动时,由于电压降低,电动机每极磁通量减小,故转子电动势、电流以及定子电流均减小,避免了电网电压的显著下降。但由于电磁转矩与定子电压的平方成正比,因此降压起动时的起动转矩将大大减小,一般只能在电动机空载或轻载的情况下起动,起动完毕后再加上机械负载。

目前常用的降压起动方法有三种:

a. Y - △ 降压起动。Y - △ 起动就是把正常工作时定子绕组为三角形连接的电动机,在起动时接成星形,待电动机转速上升后再换接成三角形。这样,在起动时就把定子每相绕组上的电压降到正常工作电压的 $\frac{1}{\sqrt{3}}$。

图 2-10(a)、(b)分别为定子绕组的星形连接和三角形连接,|Z| 为起动时每相绕组的等效阻抗。

当定子绕组连成星形,即降压起动时,$I_{LY} = I_{PY} = \dfrac{U_L}{\sqrt{3}\,|Z|}$。

当定子绕组连成三角形,即直接起动时,$I_{L\triangle} = \sqrt{3} I_{P\triangle} = \sqrt{3}\,\dfrac{U_L}{|Z|}$。

所以,用 Y - △ 降压起动时的电流为直接起动时的 $\dfrac{1}{3}$,即 $I_{LY} = \dfrac{1}{3} I_{L\triangle}$。

这种换接起动可采用星—三角起动器来实现。星—三角起动器设备简单、体积小、成本

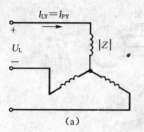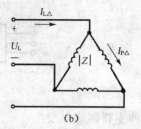

图 2-10　定子绕组的两种连接法

低、寿命长、工作可靠,但只适用于正常工作时为 $\triangle$ 连接的电动机,目前 Y 系列异步电动机额定功率在 4 kW 及其以上的均设计成 380 V 三角形连接。

b. 自耦变压器降压起动。自耦变压器降压起动时,三相交流电源接入自耦变压器的原绕组,而电动机的定子绕组则接到自耦变压器的副绕组,这时电动机得到的电压低于电源电压,因而减小了起动电流。待电动机转速升高接近稳定时,再切除自耦变压器,让定子绕组直接与电源相连。

自耦变压器备有不同的抽头,以便得到不同的电压(例如为电源电压的 73%、64%、55% 或 80%、60%、40% 两种)根据对起动转矩的要求而选用。

自耦变压器降压起动时,电动机定子电压降为直接起动时的 $\dfrac{1}{K_u}$(K_u 为电压比),定子电流(即变压器副绕组电流)也降为直接起动时的 $\dfrac{1}{K_u}$,因而变压器原绕组电流则要降为直接起动时的 $\dfrac{1}{K_u^2}$;由于电磁转矩与外加电压的平方成正比,故起动转矩也降低为直接起动时的 $\dfrac{1}{K_u^2}$。

自耦变压器降压起动的优点是起动电压可根据需要选择,但设备较笨重,一般只用于功率较大和不能用 Y-△ 起动的电动机。

c. 软起动。软起动是近年来随着电力电子技术的发展而出现的新技术,起动时通过软起动器(一种晶闸管调压装置)使电压从某一较低值逐渐上升至额定值,起动完毕后再用旁路接触器(一种电磁开关)使电动机正常运行。

在软起动过程中,电压平稳上升的同时,起动电流被限制在(150%~200%)I_N 以下,这样就减小甚至消除了电动机起动时对电网电压的影响。

(2)调速

调速是指在电动机负载不变的情况下人为地改变电动机的转速,以满足生产过程的要求。由于异步电动机的转速可表示为

$$n = (1-s)n_1 = (1-s)\frac{60f_1}{p}$$

可见异步电动机可以通过改变电源频率 f_1、磁极对数 p 和转差率 s 三种方法来实现调速。

① 变频调速

改变三相异步电动机的电源频率,可以得到平滑的调速。进行变频调速,需要一套专用的变频设备,如图 2-11 所示,它主要由整流器和逆变器组成。连续改变电源频率可以实现大范围的无级调速,这是一种比较理想的调速方法,近年来发展很快,正得到越来越多的应用。通

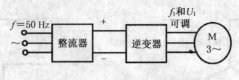

图 2-11 变频调速装置

常有下列两种变频调速方式：

a. 在 $f_1 < f_{1N}$，即低于额定转速调速时，应保持 $\dfrac{U_1}{f_1}$ 比值不变，由 $U_1 \approx 4.44K_1N_1f_1\Phi$ 和 $T = K_T\Phi I_2\cos\varphi_2$ 可知，此时 Φ 和 T 都近似不变，即恒转矩调速。

b. 在 $f_1 > f_{1N}$，即高于额定转速调速时，应保持 $U_1 \approx U_{1N}$，此时 Φ 和 T 都将减小，转速增大，转矩减小，将使功率近于保持不变，即恒功率调速。

② 变极调速

改变异步电动机定子绕组的连接，可以改变磁极对数，从而得到不同的转速。由于磁极对数 p 只能成倍地变化，所以这种调速方法不能实现无级调速。为了得到更多的转速，可在定子上安装两套三相绕组，每套都可以改变磁极对数，采用适当的连接方式，就有三种或四种不同的转速。这种可以改变磁极对数的异步电动机称为多速电动机。

变极调速虽然不能实现平滑无级调速，但它比较简单、经济，在金属切削机床上常被用来扩大齿轮箱调速的范围。

③ 变转差率调速

变转差率调速是在不改变同步转速 n_1 条件下的调速，是通过转子电路中串接调速电阻（和起动电阻一样接入）来实现的，通常只用于绕线式转子异步电动机。转子电路串接的电阻越大，转差率 s 上升，则转速 n 下降。变转差率调速方法简单，调速平滑，但由于一部分功率消耗在变阻器内，使电动机的效率降低，而且转速太低时机械特性很软，运行不稳定。这种调速方法广泛应用于大型起重设备中。

（3）反转

三相异步电动机的转子转向取决于旋转磁场的转向。因此，要使电动机反转，只要将接在定子绕组上的三根电源线中的任意两根对调，即改变电动机电流的相序，使旋转磁场反向，电动机也就反转。

（4）制动

当电动机的定子绕组断电后，转子及拖动系统因惯性作用，总要经过一段时间才能停转。但某些生产机械要求能迅速停机，以便缩短辅助工时，提高生产机械的生产率和安全度，为此需要对电动机进行制动，也就是使转子上的转矩与其旋转方向相反，即为制动转矩。

制动方法有机械制动和电气制动两类。

机械制动通常利用电磁铁制成的电磁制动器来实现。电动机起动时电磁制动器线圈同时通电，电磁铁吸合，使制动闸瓦松开；电动机断电时，制动器线圈同时断电，电磁铁释放，在弹簧作用下，制动闸瓦把电动机转子紧紧抱住，实现制动。起重机械采用这种方法制动不但提高了生产效率，还可以防止在工作过程中因突然断电使重物落下而造成的事故。

电气制动是在电动机转子导体内产生制动电磁转矩来制动。常用的电气制动方法有以下几种：

① 能耗制动

切断电动机电源后,把转子及拖动系统的动能转换为电能在转子电路中以热能形式迅速消耗掉的制动方法,称为能耗制动。其实施方法是在定子绕组切断三相电源后,立即通入直流电,电路如图 2-12 所示,这时在定子与转子之间形成固定的磁场。设转子因机械惯性按顺时针方向旋转,根据右手定则和左手定则不难确定这时的转子电流与固定磁场相互作用产生的电磁转矩为逆时针方向,所以是制动转矩。在此制动转矩作用下,电动机将迅速停转。制动转矩的大小与通入定子绕组直流电流的大小有关,可通过调节电阻 R_P 的值来控制,直流电流的大小一般为电动机额定电流的 $0.5 \sim 1$ 倍。电动机停转后,转子与磁场相对静止,制动转矩也随之消失,这时应把制动直流电源断开,以节约电能。

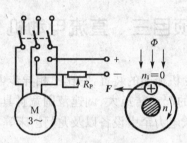

图 2-12　能耗制动

能耗制动的优点是制动平稳,消耗电能少,但需要有直流电源。目前在一些金属切削机床中常采用这种制动方法。在一些重型机床中还将能耗制动与电磁制动器配合使用。先进行能耗制动,待转速降至某值时,令制动器动作,可以有效地实现准确快速停车。

② 反接制动

改变电动机三相电流的相序,把电动机与电源连接的三根导线任意对调两根,使电动机的旋转磁场反转的制动方法称为反接制动。反接制动电路如图 2-13 所示,转子由于惯性仍在原方向转动,由于受反向旋转磁场作用,转子感应电动势、感应电流、电磁力都反向,所以此时产生的电磁转矩方向与电动机的转动方向相反,因而起制动作用。当电动机转速接近于零时再把电源切断,否则电动机将会反转。

在反接制动时,由于旋转磁场与转子的相对速度 $(n_1 + n)$ 很大,转差率 $s > 1$,因此电流很大。为了限制电流及调整制动转矩的大小,常在定子电路(鼠笼式)或转子电路(绕线式)中串联接入适当的电阻。反接制动不需另备直流电源,比较简单,且制动转矩较大,停机迅速,效果较好,但机械冲击和耗能也较大,会影响加工的精度,所以使用范围受到一定限制,通常用于起动不频繁、功率小于 $10\ kW$ 的中小型机床及辅助性的电力拖动中。

③ 发电反馈制动

电动机运行中,当转子的转速 n 超过旋转磁场的转速 n_1 时,电动机犹如一个感应发电机,由于旋转磁场的方向未变,而 $n > n_1$,所以转子切割磁场改变了方向,转子产生的感应电动势和感应电流方向也变了,相应的电磁转矩也为制动转矩,如图 2-14 所示,此时电动机将机械能变成电能反馈给电网。发电反馈制动是一种比较经济的制动方法,且制动节能效果好,但使用范围较窄,只有当电动机的转速大于同步转速时才有制动力矩出现。一般在起重放下重物时和多速电动机从高速变为低速时使用。

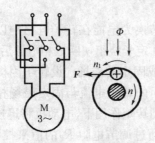

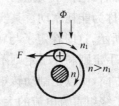

图 2-13　反接制动　　　　　　　图 2-14　发电反馈制动

项目三　直流电动机

直流电动机是将电能转换为机械能的装置，它比三相异步电动机的结构复杂，价格昂贵，使用和维护不方便。但由于它的起动转矩大、调速范围宽且具有平滑的调速性能，因此在电车、电气机车、轧钢机、起重机构、电力牵引设备以及龙门刨床等方面获得广泛应用。

1. 直流电动机的结构

直流电动机也是由静止不动的定子和旋转的转子两部分组成。定子包括主磁极、换向磁极、机座、端盖和电刷装置等部件。转子通称为电枢，包括电枢铁心、电枢绕组、换向器、转轴和风扇等部件。其中换向器是直流电动机中的一种特殊装置，又称为整流子，它由许多楔形铜片组成，片间用云母或其他垫片绝缘，外表呈圆柱形，装在转轴上。换向铜片放置在套筒上用压圈固定，并用螺帽紧固。换向器装在转轴上，换向铜片按一定规律与电枢绕组的线圈连接，在换向器的表面压着电刷，使旋转的电枢绕组与静止的外电路相通，以引入直流电。图 2-15 为直流电动机的组成部分。

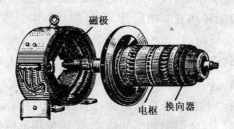

图 2-15　直流电动机的组成部分

2. 直流电动机的工作原理

直流电动机的工作原理与所有电机一样，也是建立在电磁力和电磁感应基础上的，图 2-16 为最简单的直流电动机工作原理图。

（1）转动原理

在图 2-16 中，N 极和 S 极是直流电动机一对固定的主磁极磁场的两个磁极（由直流电流通过励磁绕组而产生的），在 N 极和 S 极之间是可以转动的电枢，图中只画出了电枢绕组的一

个线圈 abcd,因而对应的换向片也只需两个半圆形的铜环
1 和 2。线圈两端分别与两块换向片相连,换向片上压着
两个与外电路接通的电刷 A 和 B。

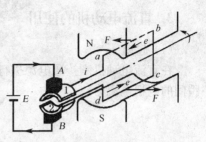

　　当直流电压如图 2-16 所示加在电刷两端时,直流电
流经电刷 A、换向片 1、线圈 abcd、换向片 2 和电刷 B 形成
回路,电流方向为 A—a—b—c—d—B。线圈 ab 边和 cd
边将在磁场中受到电磁力 F 的作用。受力方向可根据磁
场方向和导体中电流方向由左手定则确定,即 ab 边受力
方向指向左,cd 边受力方向指向右。这两个电磁力对转轴产生的电磁转矩将驱动电枢按逆时
针方向旋转。

图 2-16　直流电动机工作原理图

　　随着电枢的旋转,线圈经过半周后,线圈的 ab 边从 N 极处转至 S 极处,换向片 1 脱离电
刷 A 而与电刷 B 接触;同时 cd 边从 S 极处转至 N 极处,换向片 2 脱离电刷 B 而与电刷 A 接
触。这时,流经线圈的电流方向反了,电流方向为 A—d—c—b—a—B。但处于 N 极处的导体
中电流方向始终向里,电磁力 F 的方向仍指向左;处于 S 极处的导体中电流方向始终向外;电
磁力 F 的方向仍指向右。因此电磁转矩和方向仍保持不变,使电枢能连续按逆时针方向旋
转。由此可见,换向器和电刷的作用就是及时改变电流在绕组中的流向,保证作用于电枢的电
磁转矩的方向始终一致,使直流电动机能按一定方向连续旋转。

　　(2) 电磁转矩和电枢电动势

　　直流电动机的电磁转矩是由电枢绕组通入直流电流后在磁场中受力而形成的。根据电磁
力公式,每根导体所受电磁力 $F=BIL$,其方向由左手定则确定。对于给定的电动机,磁感应
强度 B 与每个磁极的磁通 Φ 成正比,导体电流 I 与电枢电流 I_a 成正比,而导线在磁极磁场中
的有效长度 L 及转子半径等都是固定的,取决于电动机的结构,因此直流电动机的电磁转矩
T 的大小可表示为

$$T = C_T\Phi I_a$$

式中:C_T——转矩常数,它与电动机的结构有关;

Φ——每极磁通;

I_a——电枢电流。

电磁转矩的方向由 Φ 和 I_a 的方向决定。

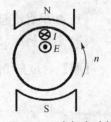

　　当电枢转动时,电枢绕组中的导体不断切割磁力线,如图 2-17 所示。
该电动势的方向与电枢电流的方向相反,在电路中起着限制电流的作用,
因而称为反电动势。对于给定的电动机,磁感应强度 B 与每极磁通 Φ 成
正比,导体的运动速度 v 与电枢的转速 n 成正比,而导体的有效长度 L 和
绕组匝数都是常数,因此直流电动机两电刷间总的电枢电动势的大小可
表示为

图 2-17　电枢电动势
和电流图

$$E_a = C_E\Phi n$$

式中:C_E——电动势常数,它与电动机的结构有关;

Φ——每极磁通;

n——电动机转速。

3. 直流电动机的使用

（1）起动

在直流电动机刚接通电源进行起动的瞬间，转速 $n = 0$，感应电动势 $E_a = C_E \Phi n = 0$，起动瞬间的电枢电流为

$$I_{st} = \frac{U_a - E_a}{R_a} = \frac{U_a}{R_a}$$

由于 R_a 很小，所以起动电流的数值高达额定电流的十几倍。这样大的电流不仅对供电电源是一个很大的冲击，而且还会在换向器与电刷之间产生强烈的火花，将换向器烧毁，损坏电动机。另外，很大的起动电流将产生很大的起动转矩，使被驱动的机械遭受很大冲击力，也有可能损坏传动机构和生产机械。所以，直流电动机是不允许直接起动的。

由上式可知，限制起动电流的方法有两种：降低电枢电压 U_a 和增大电枢电路的电阻 R_a。降低电枢电压起动，随着转速的升高使电源电压逐渐升高到额定值，这种方法只适用于他励电动机，且需要有一个大小可调节的直流电源专供电枢电路用；对于并励、串励和复励电动机，一般都采用在电枢电路内串联起动电阻 R_{st} 的方法进行起动，随着转速的升高将起动电阻逐渐减小到零。为了减小起动电流，不影响换向器的正常工作，又保持一定的起动转矩，通常限制起动电流在额定电流 1.5～2.5 倍的范围内，即

$$I_{st} = \frac{U_a}{R_a + R_{st}} = (1.5 \sim 2.5) I_N$$

必须注意，直流电动机在起动时，励磁电路必须可靠连接，不允许开路。否则励磁电流为零，磁路中只有很小的剩磁，即 $\Phi \approx 0$，则起动转矩 $T = C_T \Phi I_a \approx 0$，将不能起动，这时电流很大，可能会烧坏电动机。另外，直流电动机在工作时也不允许励磁电路开路，如果是有载运行，会使它堵转，同样产生很大电流；如果是空载运行，它的转速将上升到很高，会出现"飞车"现象，危及设备和操作人员的安全。

【例 2-2】 有一台他励电动机，已知额定电压为 110 V，额定电流为 22 A，电枢电阻 0.5 Ω。试求：

（1）如果直接起动，起动电流是额定电流的几倍？

（2）若要将起动电流限制为额定电流的 2 倍，应选多大的起动电阻？

【解】 （1）直接起动时：$I_{st} = \dfrac{U_a}{R_a} = \dfrac{110}{0.5} = 220 \text{ A}$，所以

$$\frac{I_{st}}{I_N} = \frac{220}{22} = 10 （倍）$$

（2）若将起动电流限制为额定电流的 2 倍，则

$$\frac{U_a}{R_a + R_{st}} = 2 I_N$$

于是求得起动电阻为

$$R_{st} = \frac{U_a}{2 I_N} - R_a = \frac{110}{2 \times 22} - 0.5 = 2 \text{ Ω}$$

（2）反转

要改变电动机的旋转方向，就必须改变电磁转矩的方向。直流电动机的电磁转矩方向是由磁通 Φ 的方向和电枢电流 I_a 的方向决定的，因此只要改变励磁电流 I_f 的方向或电枢电流 I_a 的方向，两者任取其一便可使直流电动机反转。通常都改变电枢电流的方向，即把电枢电路的两条端线互换一下。

（3）调速

由直流电动机的机械特性公式 $n = \dfrac{U_a}{C_E\Phi} - \dfrac{R_a}{C_E C_T \Phi^2}T$ 可知，改变电枢电路的电阻 R_a、磁极磁通 Φ 或改变电枢电压 U_a 都可以改变直流电动机的转速。

【例2-3】 有一台并励电动机，已知 $U_N = 110\text{ V}$，$I_a = 1\text{ A}$，$n_N = 3\,000\text{ r/min}$，$R_a = 20\ \Omega$，在负载转矩不变的条件下，求：

（1）如励磁电流不变，用调压法将额定电枢电压降低一半，电动机转速降为多少？

（2）如电枢电压不变，将额定运行时的励磁电流减小 10%，则电动机的转速如何变化？

【解】 （1）由于负载转矩和励磁都不变，故调速时电枢电流不变，则额定电枢电压降低后的转速 n' 与额定转速 n_N 之比为

$$\frac{n'}{n_N} = \frac{\dfrac{E'}{C_E\Phi'}}{\dfrac{E}{C_E\Phi}} = \frac{E'}{E} = \frac{U' - R_a I_a'}{U - R_a I_a} = \frac{55 - 20 \times 1}{110 - 20 \times 1} = 0.39$$

即电动机转速降为原来的 39%。

（2）由于励磁电流减小 10%，则 $\Phi'' = 0.9\Phi$，所以要使负载转矩不变，则 I_a 必须增大到 I_a''，即：$T = C_T \Phi I_a = C_T \Phi'' I_a''$，故可得

$$I_a'' = \frac{\Phi}{\Phi''}I_a = \frac{1}{0.9} \times 1 = 1.11\text{ A}$$

故额定电枢电压降低后的转速 n'' 与额定转速 n_N 之比为

$$\frac{n''}{n_N} = \frac{\dfrac{E''}{C_E\Phi''}}{\dfrac{E}{C_E\Phi}} = \frac{E'\Phi}{E\Phi''} = \frac{(U - R_a I_a'')\Phi}{(U - R_a I_a)\Phi''} = \frac{(110 - 20 \times 1.11) \times 1}{(110 - 20 \times 1) \times 0.9} = 1.08$$

即电动机转速增加了 8%。

习 题

一、判断题

1. 三相交流异步电动机的转子部分是由转子铁心和转子绕组两部分组成的。 （　　）

2. 电动机的额定功率是指电动机输出的功率。 （　　）

3. 按三相交流异步电动机转子的结构形式可把异步电动机分为笼型和绕线型两类。

（　　）

4. 三相交流异步电动机转子绕组的电流是由电磁感应产生的。 （　　）

5. 三相交流异步电动机的额定电压是指加于定子绕组上的相电压。 （　　）

6. 单相电动机可分为两类,即电容启动式和电容运转式。 （　　）

7. 电容启动式是单相交流异步电动机常用的启动方法之一。 （　　）

8. 单相电容式异步电动机启动绕组中串联一个电容器。 （　　）

9. 改变单相交流异步电动机转向的方法是:将任意一个绕组的两个接线端换接。 （　　）

10. 单相绕组通入正弦交流电后不能产生旋转磁场。 （　　）

二、选择题

1. 电动机的定额是指（　　）。

A. 额定电流　　　　　　　　　　　　　　B. 额定功率

C. 额定电压　　　　　　　　　　　　　　D. 允许的运行方式

2. 三相交流异步电动机对称的三相绕组在空间位置上应彼此相差（　　）。

A. 60°电角度　　　　B. 120°电角度　　　　C. 180°电角度　　　　D. 360°电角度

3. 三相交流异步电动机的额定转速（　　）。

A. 小于同步转速　　　B. 大于同步转速　　　C. 等于同步转速　　　D. 小于转差率

4. 三相交流异步电动机的旋转速度与（　　）无关。

A. 旋转磁场的转速　　B. 磁极数　　　　　　C. 电源频率　　　　　D. 电源电压

5. 三相交流异步电动机旋转磁场的方向与（　　）有关。

A. 磁极对数　　　　　B. 绕组的连接方式　　C. 绕组的匝数　　　　D. 电源的相序

6. 单相电容启动式异步电动机中的电容应（　　）。

A. 并联在启动绕组两端　　　　　　　　　B. 串联在启动绕组两端

C. 并联在运行绕组两端　　　　　　　　　D. 串联在运行绕组两端

7. 单相交流异步电动机定子绕组加单相电源后,在电动机内产生（　　）磁场。

A. 脉动　　　　　　　B. 旋动　　　　　　　C. 静止　　　　　　　D. 无

8. 三相交流异步电动机启动瞬间,转差率为（　　）。

A. $s=0$　　　　　　　B. $s=s_N$　　　　　　C. $s=1$　　　　　　　D. $s>1$

9. 三相交流异步电动机的额定功率是指（　　）。

A. 输入的视在功率　　　　　　　　　　　B. 输入的有功功率

C. 电磁功率　　　　　　　　　　　　　　D. 电枢中的电磁功率

10. 三相交流异步电动机机械负载加重时,其转子转速将（　　）。

A. 升高　　　　　　　B. 降低　　　　　　　C. 不变　　　　　　　D. 不一定

三、填空题

1. 三相异步电动机由_____和_____两大部分组成。

2. 三相异步电动机的定子由_____、_____和_____等组成。

3. 直流电动机常用的启动方法有_____启动和_____启动两种。

四、计算题

1. 两台三相异步电动机的电源频率为 50 Hz,额定转速分别为 1 440 r/min 和 2 910 r/min,试求它们的磁极对数、额定转差率分别是多少?

2. 有一台励电动机, $R_a=0.7\ \Omega$,当电枢电压为 220 V 时,电枢电流为 53.8 A,转速为

1 500 r/min。现将电枢电压降低一半而负载转矩不变,并设励磁电流保持不变,问转速降低了多少?

3. 已知并励直流电动机的额定功率 $P_N = 2.2\,kW$,额定电压 $U_N = 220\,V$,额定电流 $I_N = 12.5\,A$,额定转速 $n_N = 1500\,r/min$,电枢电阻 $R_a = 1.5\,\Omega$。试问:(1)若直接起动,起动电流是额定电流的多少倍? (2)若起动电流不超过额定电流的 2 倍,电枢电路中应串入多大起动电阻?

4. 已知一台励电动机的额定功率 $P_N = 22\,kW$,额定电压 $U_N = 220\,V$,额定电流$_N = 115\,A$,额定转速 $n_N = 1500\,r/min$,电枢电路总电阻 $R_a = 0.1\,\Omega$,电动机带额定负载运行时,要把转速降低到 1 000 r/min。试计算:(1)采用电枢串电阻的方法调速,应串入多大的电阻? (2)采用降低电源电压的方法调速,应把电源电压降到多少?

模块三

常用低压电器与控制电路

模块六讨论了异步电动机的起动、调速、反转和制动。通常,为了保证生产过程和加工工艺合乎预定的要求,使生产机械各部件的动作按顺序进行,就需要在生产过程中实现对电动机的自动控制。目前在国内的电动机自动控制系统中,还较多的采用继电器、接触器等有触点的自动电器和按钮、闸刀等手动电器配合使用来实现自动控制。这种控制电路一般被称为继电接触器控制系统,它是一种有触点的断续控制电路。

如果要懂得一个控制电路的原理,就必须了解该电路所包含的各电器元件的结构和功能。一般来讲,控制电路所包含的电器可分为手动电器与自动电器两大类。手动电器是由工作人员手动操纵的,如闸刀开关、组合开关和按钮等。而自动电器是按照指令、信号或某个物理量的变化而自动动作的,如各种继电器、接触器、行程开关等。本模块将首先介绍这些常用的控制电器,然后,再分析继电接触器控制的一些基本电路,为今后进一步学习更复杂的控制系统打下一定的基础。

项目一　常用低压电器

自动控制系统所用的电器,它们的额定电压都在低压的范围之内。就其动作而言,有的靠手动操作完成触点的闭合与断开,有的则能自动完成。就其使用目的而言,有的起发令作用,有的起控制作用,有的起保护作用。本内容将介绍一些最常见的有触点的低压电器。

1. 开关

用来接通和切断电源的电器叫开关。开关种类很多,这里主要介绍刀开关。

(1) HK 系列磁底胶盖刀开关的结构见图 3-1(a)。使用时应注意:电源接线必须接进线座;操作时人站在开关的侧面,拉合闸动作要迅速;开关不允许倒装。两极开关 $U_N = 220$ V,三极开关 $U_N = 380$ V,I_N 有 15 A、30 A、60 A 三种规格。适用于照明、电热线路或作 5.5 kW 以下三相异步电动机不频繁操作的操作开关。对于照明、电热负载开关的 U_N 可选 220 V 或 380 V,开关的 I_N 等于或稍大于负载最大工作电流;对于电动机开关的 U_N 选 380 V,I_N 等于或大于电动机额定电流的三倍。

(2) HH 系列铁壳开关的结构见图 3-1(b)。它的特点是因装有速断机构,开关通、断速度快与操作手柄动作快慢无关;因装在机械联锁装置,加上有铁防护外壳,所以这种开关安全性和电气性能均好。使用时应注意:开关外壳应可靠接地(或接零);操作时不要面对开关;不能随意放在地面上使用。适用于电热、照明等各种配电设备或作不大于 13 kW 三相异步电动机的操作开关。对于控制电动机开关，I_N 应取 $2\sim2.5$ 倍电动机额定电流。

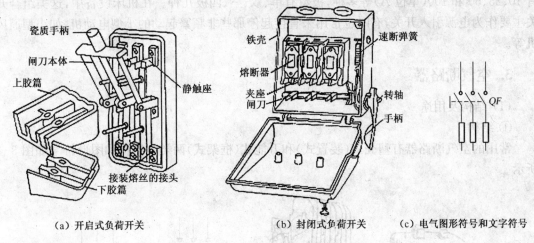

（a）开启式负荷开关　　　　　（b）封闭式负荷开关　　　　（c）电气图形符号和文字符号

图 3-1　HK 及 HH 系列刀开关结构

2. 组合开关

组合开关又称转换开关，结构和图形符号如图 3-2 所示。它是一种结构更为紧凑的手动开关电器。其结构为装在一根转轴上的若干个动触片，和静触片单根旋转开关叠装于数层绝缘板内，转动手柄时，每一动触片即插入相应的静触片中，随转轴旋转而改变通断位置。它可同时接通一部分电路。

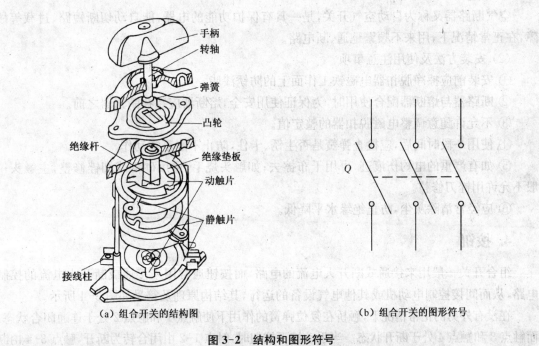

（a）组合开关的结构图　　　　　　　（b）组合开关的图形符号

图 3-2　结构和图形符号

组合开关用于控制鼠笼式异步电动机（4 kW 以下），起停频率每小时不宜超过 15～20 次，开关的额定电流也应选大些,一般取电动机额定电流的1.5~2.5倍。组合开关额定持续电流有10、25、60和100(单位A)等多种,极数有单、双、三、四极几种。在机床设备中,这类组合开关主要作为电源引入开关,有时也常用来直接起停那些非频繁起动的小型电动机,如小型通风机等。

3. 空气断路器

(1)结构及用途

① 结构

常用的空气断路器有塑壳式(装置式)和万能式(框架式)两类。结构和图形符号如图3-3所示。

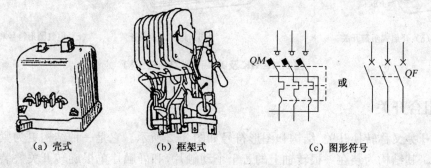

(a)壳式　　　　　(b)框架式　　　　　(c)图形符号

图3-3　空气断路器

② 用途

空气断路器又称为自动空气开关,是一具有保护功能的电器,能自动切断短路、过载等故障,在正常情况下,用来不频繁地通、断电路。

(2)安装方法及使用注意事项

① 安装前应擦净脱扣器电磁铁工作面上的防锈漆脂。

② 断路器与熔断器配合使用时,为保证使用安全,熔断器应装在断路器之前。

③ 不允许随意调整电磁脱扣器的整定值。

④ 使用一段时间后,应检查弹簧是否生锈、卡住,防止不能正常动作。

⑤ 如有严重的电灼伤痕迹,可用干布擦去;如触头烧毛,可用砂纸或细锉修整,主触头一般不允许用锉刀修整。

⑥ 应经常清除灰尘,防止绝缘水平降低。

4. 按钮

组合开关一般用来接通或断开大电流的电路,而按钮通常用来接通或断开小电流的控制电路,从而间接控制电动机或其他电气设备的运行,其结构原理及符号如图3-4所示。

在没有外力的正常情况下,触桥在复位弹簧的作用下使触点1和触点2处于连通闭合状态,而触点3和触点4处于断开状态。当手动按下按钮时,触点1-2由闭合转为断开,触点3-4由断开转为闭合。如果松开按钮,触桥在复位弹簧的推力作用下自动恢复到原来的正常位置,即自动复位。根据这一工作原理,触点3-4被称为常开触点,触点1-2被称为常闭触点。显然,所谓"常开""常闭"触点,是以电器未动作或无外力作用下触点所处的状态来命名的。一般来说,电器在外力作用下动作时,常闭触点先断开,常开触点后闭合;外力消失后,常开触点先断开,常闭触点后闭合。即触点的通断总是遵循这样一个规律——"先断后通"。

按钮触点的接触面积很小,额定电流通常不超过 5 A。有些按钮还带有信号灯。

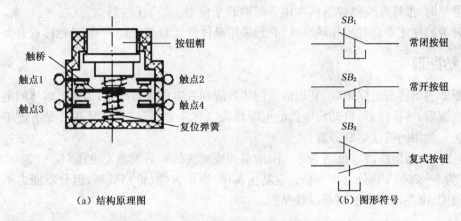

（a）结构原理图　　　　　　　　　　（b）图形符号

图 3-4　按钮的结构原理图及图形符号

5. 行程开关

生产中有时会希望能按照生产机械的位置不同而改变电动机的工作情况,例如某些起重机械和机床的直线运动部件。当它们达到特定的边缘位置时,就要求能自动停止或反转,这类行程控制可以利用行程开关来实现。

行程开关(又称限制开关或位置开关),是实现位置控制、行程控制、限位保护和程序控制的自动电器。它的作用与按钮相同,都是对控制电路发出接通、断开或信号转换等指令的电器。两者的区别在于:行程开关触点的动作不是像按钮那样通过手工按动来完成,而是利用生产机械某些运动部件的碰撞或接近使其触点动作,从而达到一定控制要求的电器。

各种系列行程开关的基本结构相同,都是由操作头、触点系统和外壳组成。区别仅在于使行程开关动作的传动装置不同,一般有旋转式、按钮式等数种。按钮式行程开关的结构原理及符号如图 3-5 所示。

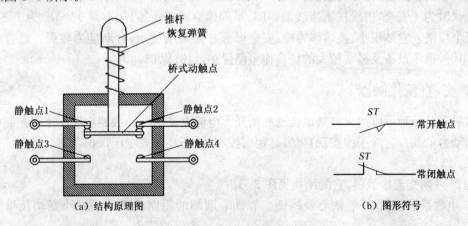

（a）结构原理图　　　　　　　　　　（b）图形符号

图 3-5　行程开关的结构原理图及图形符号

在通常状态下,行程开关被安装在适当和特定的位置。桥式动触点使静触点 1 和静触点 2 连通,而静触点 3 和静触点 4 处于断开状态,故静触点 1-2 被称为常闭触点,静触点 3-4 被称为常开触点。当预装在生产机械运动部件上的挡块碰撞到推杆时,使常闭触点断开,常开触点闭合,从而起到切换电路的作用。同时,恢复弹簧被压缩,为以后的复位做好了准备。当挡块离开推杆时,推杆在恢复弹簧的作用下回到原来位置,从而使各触点复位。近年来,为了提高行程开关的使用寿命和操作频率,已开始采用晶体管无触点行程开关(又称接近开关)。

6. 熔断器

熔断器的熔体与电路串联,利用电流的热效应和一定的灭弧措施,当通过熔体的电流超过其熔断电流后,熔体熔断,自动将电路的电源切除以实现短路保护,在某些情况下还用来兼作过载保护。常用的低压熔断器有:

(1) RC 系列熔断器　见图 3-6。RC1 系列瓷插式熔断器的额定电压 $U_N = 380$ V、额定电流 I_N 为 5～200 A 共分七个规格。它结构简单、更换方便、价格低廉,但分断能力不强。适用于作照明、电热电路的短路及过载保护。

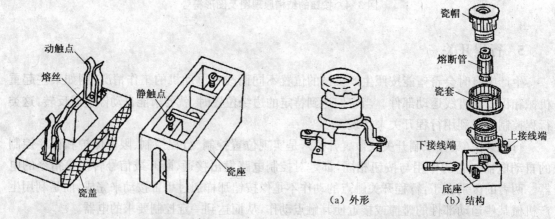

图 3-6　RC1A 系列插入式熔断器　　　　图 3-7　螺旋式熔断器

(2) RL 系列熔断器　见图 3-7 所示,在熔断管中装有熔丝,通过金属信号色点、小弹簧与管两端的金属冒连通,在管内填满石英砂以助灭弧。熔丝断后,在小弹簧作用下信号色点掉下来。接线时为了安全,进线接下接线端。RL 系列螺旋式熔断器 $U_N = 500$ V、I_N 为 15～200 A 共分五个规格。它体积小、换熔体方便、安全可靠并带熔断显示,分断能力较强。适合于控制箱、配电屏、机床设备及振动较大的场合作短路保护、过载保护。

7. 交、直流接触器

接触器是一种可以用来频繁地接通和断开大电流电路的自动控制电器。主要控制电动机之类的动力负载。它除了能实现自动、远距离控制外,还具有失电压保护功能。

(1) 结构

CJ10 系列交流接触器,它的结构见图 3-8。

① 电磁系统包括动、静铁心及线圈。静铁心两端的短路环是为了减小振动及噪音而设置的。

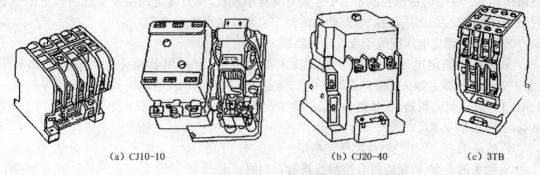

（a）CJ10-10　　　　　　　　　　　（b）CJ20-40　　　　（c）3TB

图 3-8　常用交流接触器的外形

② 触头系统，采用的是带银触点的桥式触头，银触点的主要优点是氧化层对接触电阻影响不大。在灭弧罩内的三对触头较大，用来控制电流大的主电路称为主触头，又因线圈不通电时它是断开的，所以属动合触头。灭弧罩两边的两对较小的触头，用于控制电路，称为辅助触头。它们总共是两对动合、两对动断触头。

③ 灭弧系统，由灭弧罩和灭弧栅片构成，作用是加速灭弧。40 A 以下的接触器没安装灭弧栅片。

④ 其他部分有反作用弹簧、触头压力弹簧片、缓冲弹簧等。

（2）工作原理

以图 3-9（a）所示点动控制为例，按动按钮，线圈通电，动铁心克服反作用弹簧的反作用吸合力，动合触头闭合使电动机起动；松开按钮，线圈断电，在反作用弹簧的作用下，动铁心复位，动合触头断开，电动机断电。

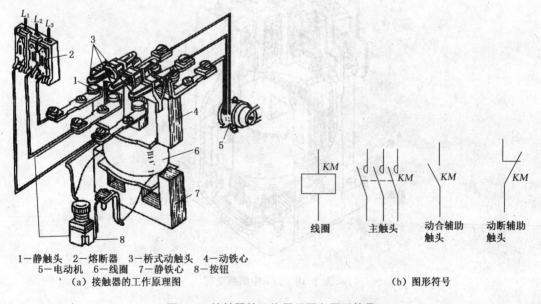

1—静触头　2—熔断器　3—桥式动触头　4—动铁心
5—电动机　6—线圈　7—静铁心　8—按钮
（a）接触器的工作原理图

线圈　　主触头　　动合辅助触头　　动断辅助触头
（b）图形符号

图 3-9　接触器的工作原理图和图形符号

（3）接触器的选择

① 根据负载电流类型选择接触器的类型。交流负载选用交流接触器；直流负载一般选用

直流接触器。在电力拖动控制系统中主要是交流电动机,而直流电动机或负载的容量比较小时,也可用交流接触器进行控制,但触头的额定电流应适当选大一些。

② 触头的额定电压应等于或大于线路额定电压。

③ 触头的额定电流可根据接触器技术数据选择,也可用经验公式估算。例如对于 CJ10 交流接触器主触头,$I_N = KP_N$(电压额定功率为 W)/U_N(电动机额定电压为 V),K 取 1～1.4。对于起动频繁、正反转、反接制动情况下,主触头 I_N 应选取比上述大一个等级(或估算时 K 取值 1.4)。

④ 线圈的 U_N 等于控制线路额定电压。

⑤ 触头的类型、数量应符合控制线路对它们的要求。

8. 继电器

继电器是一种能根据一定的信号,如电流、电压、时间、压力、温度等来通、断小电流电路的自动控制电器。

(1) 中间继电器

是将一个输入信号变成一个或多个输出信号的继电器,它也分交流和直流中间继电器。图 3-10 所示是广泛使用的交、直流两用 JZ7 系列中间继电器的结构,其结构与工作原理和交流接触器基本相同,只不过触头较多,容量小(均为 5 A),无灭弧系统。它的动断触头最多 4 对,但稍加改装,4 对动断均可改为动合触头。选用时不但要注意触头的额定电流,还要注意线圈的电压、触头数目及种类。

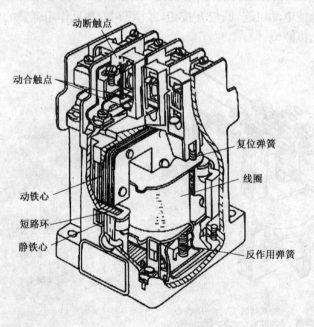

图 3-10 JZ7 中间断电器

(2) 热继电器

是一种利用电流的热效应来对电路作过载保护的保护电器,主要用作电动机的过载保护。图 3-11 所示是热继电器的外形图及电路符号图,它主要由双金属片和电阻丝构成的热元件、传动结构、触头、复位按钮、电流整定装置构成。其动作原理与 DZ5 系列低压断路器中的热脱扣动作原理基本相同：双金属片弯曲推动滑杆，顶动人字拨杆使触头动作。注意：因热继电器动作具有热惯性，它不能作短路保护；更换热继电器后勿忘重新整定电流；多次动作应查明动作原因。

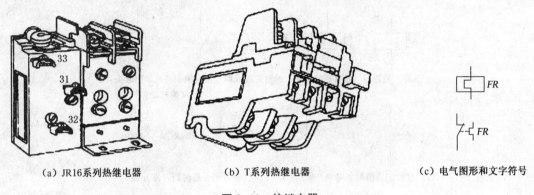

（a）JR16系列热继电器　　　　（b）T系列热继电器　　　　（c）电气图形和文字符号

图 3-11　热继电器

（3）时间继电器

是一种利用电磁或机械原理或电子技术来延迟触头动作时间自动控制器，种类很多。图 3-12 所示是 JS7-A 系列时间继电器的结构原理图。其中图（a）是通电延时型，其工作原理如下：线圈通电，衔铁克服反作用弹簧而吸合，瞬时触头动作；同时在塔形弹簧的作用下活塞杆向上运动，但被橡胶膜密封的气室必须经过受调节螺杆控制大小的进气口进气后，才能让活塞杆随橡胶膜一起缓慢地向上运动，进气口越大移动速度越快，反之越慢。经过一定的延时，活塞杆顶部的凹肩推动杠杆压延时触头，即时间继电器通电延时触头动作。线圈断电时，在反作用弹簧的作用下，活塞杆随衔铁一起向下返回，这时气室内的空气通过橡胶膜、弱弹簧和活塞的局部所形成的单向阀很快排出，延时触头及瞬时触头瞬时复位。

JS7-A 时间继电器分通电延时和断电延时两种。断电延时与通电延时两种时间继电器的组成元件是通用的，从结构上说，只要改变电磁机构的安装方向，便可获得两种不同的延时方式。当衔铁位于铁心和延时机构之间时为通电延时，而当铁心位于衔铁和延时机械之间时

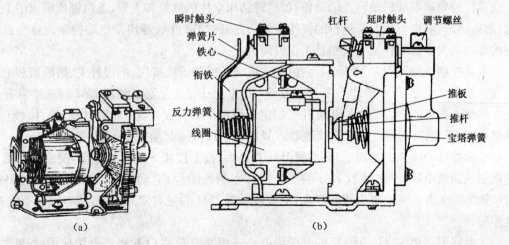

（a）　　　　　　　　　　　　　　　　（b）

图 3-12　JS7 系列时间继电器

为断电延时。断电延时继电器的工作原理与上述相同。

另外,常用的还有晶体管时间继电器,其最大特点是延时范围广、精度高、耐冲击、寿命长。按其原理分为阻容式和数字式两大类。常见的有 JS20 型单结晶体管—晶闸管时间继电器和 JSJ 型晶体三极管时间继电器(图 3-13)。

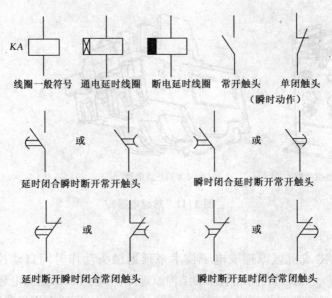

图 3-13 时间继电器符号

项目二 三相鼠笼式异步电动机的直接起动控制

1. 点动控制

点动控制指按下按钮时电动机就起转,松开按钮时电动机就停转。许多生产机械调整试车或运行时要求电动机做到点动动作,如摇臂钻床立柱的放松和夹紧、龙门刨床横梁的上下移动、起重机吊钩、小车和大车运行的操作控制、刀架的快速进给等均是点动控制。接受点动控制的电动机大多数都容量不大而且工作时间短。

点动控制线路如图 3-14 所示,它由电动机、交流接触器、按钮、闸刀外关、熔断器和电源等组成。其主电路是:三相电源—闸刀开关 Q—熔断器 FU—交流接触器 KM 的三个常开主触点—热继电器 FR 的热元件—电动机三相定子绕组。其控制电路(辅助电路)是:接线点 1—热继电器 FR 的常闭触点—交流接触器 KM 的吸引线圈—起动按钮 SB—接线点 1。

点动控制的操作原理如下:合上闸刀开关 Q 后,按下按钮 SB,接通电源,交流接触器 KM 的吸引线圈通电,交流接触器 KM 的三个常开主触点闭合,电动机 M 通电起转。松开按钮 SB,交流接触器 KM 的吸引线圈断电,交流接触器 KM 的三对常开主触点断开,电动机 M 断电停转。

主电路用三相 50 Hz、380 V 的电源供电。三相闸刀开关 Q 起隔离电源作用;熔断器 FU

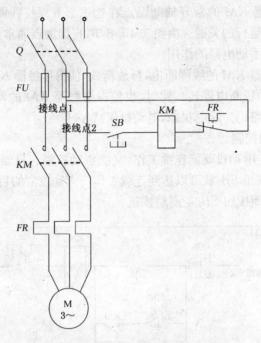

图 3-14 点动控制线路图

起短路保护作用;热继电器 FR 起过载保护作用;交流接触器 KM 起失压或掉电保护作用。

2. 起停控制

(1) 直接起停控制电路

对于运行时间较长又不需要改变转向的电动机,例如用来拖动泵和鼓风机等的电动机,可以用图 3-15 所示的控制电路。

直接起停控制电路的主电路与图 3-16 所示的主电路完全相同,故省略不画。其控制电路与图 3-16 所示的控制电路相比,增加了与起动按钮 SB_2 并联的交流接触器的常开辅助触点 KM 和停止按钮 SB_1。

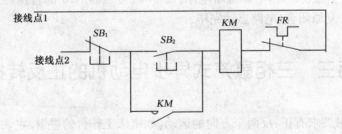

图 3-15 鼠笼式异步电动机的直接起停控制

其操作原理如下:

闭合闸刀开关 Q,接通电源。按下起动按钮 SB_2,接触器 KM 的线圈通电,吸合衔铁,带动接触器 KM 主触点闭合,电动机通电起转。与此同时,接触器 KM 辅助触点闭合,旁路了起动按钮 SB_2,因此松开起动按钮 SB_2 后,接触器 KM 的线圈继续通电,使电动机连续运行。与起

动按钮 SB_2 并联的接触器 KM 的常开辅助触点在这里起着保持线圈通电的作用，称为自锁（触点），这是电动机连续运行的关键。由图 3-15 可知，自锁触点通常是常开辅助触点，且总与手动电器并联，起着替代手动电器的作用。

按下停止按钮，接触器 KM 的线圈断电，释放衔铁，使得接触器 KM 的三个主触点同时断开，从而断开主电路，电动机断电停转。同时，也使得接触器 KM 的常开辅助触点断开，所以松开停止按钮后，控制电路仍为断电状态，电动机保持停转。

（2）连续工作与点动控制

许多机床设备要求主电动机既能连续工作，又能点动控制。只要在电动机起停控制线路的基础上增加一个复式按钮 SB_3 就可以达到连续工作与点动控制的目的，如图 3-16 所示。按钮 SB_2 是连续工作按钮，而按钮 SB_3 是点动按钮。

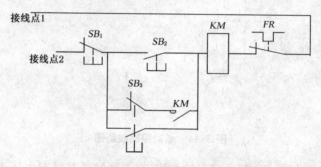

图 3-16　连续工作和点动控制

其动作次序如下：

按下连续工作按钮 SB_2 时，接触器 KM 的线圈通电，带动接触器 KM 的主触点闭合，电动机通电起转。与此同时，接触器 KM 的辅助触点闭合，而且 SB_3 的常闭触点也处于闭合状态，从而旁路了起动按钮 SB_2，因此松开起动按钮 SB_2 后，接触器 KM 的线圈继续通电，使电动机连续运行。

按下点动按钮 SB_3 时，SB_3 的常闭触点首先断开，切断了自锁电路，紧接着 SB_3 的常开触点闭合，使电动机开始点动运行；一旦松开点动按钮 SB_3，SB_3 的常开触点首先断开，使接触器 KM 的线圈断电，主触点断开，电动机断电停转。同时接触器 KM 的自锁触点复原断开，而后 SB_3 的常闭触点才复原闭合，电路点动完毕。

项目三　三相鼠笼式异步电动机的正反转控制

很多生产机械要求有正、反两个方向的运动，如机床工作台的进退、主轴的正反转、起重机的升降等都是由电动机的正反转来实现的。我们知道，只要改变电动机电源的相序就可以改变电动机的转向。那么在直接起动控制电路基础上，再增加一个交流接触器及相应的控制电路就可以实现这一要求。图 3-17 是实现电动机的正反转控制电路。该电路利用两套交流接触器 KM_F 和 KM_R 分别控制电动机的正转和反转，两个接触器主触点之间的连接，必须保证由主触点 KM_F 闭合改变为主触点 KM_R 闭合时，电动机接至电源的三根导线中有两根要相互对调位置。

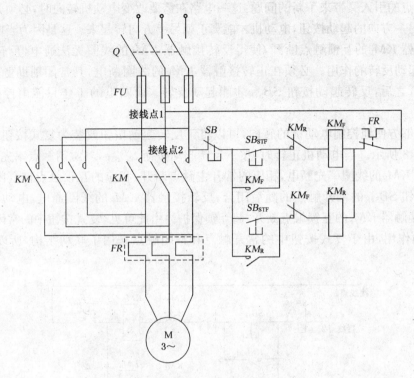

图 3-17　正反转控制

正反转控制电路的操作步骤如下：

合上闸刀开关 Q，接通电源。

按下正转起动按钮 SB_{STF}，正转接触器 KM_F 的线圈通电，它的常开主触点闭合，电动机正向起转；它的常开辅助触点闭合，实现自锁。

按下停止按钮 SB，正转接触器 KM_F 的线圈断电，它的常开主触点断开，电动机停转；它的常开辅助触点闭合，撤销自锁。

按下反转起动按钮 SB_{STR}，反转接触器 KM_R 的线圈通电，它的常开主触点闭合，电动机反向起转；它的常开辅助触点闭合，实现自锁。

按下停止按钮 SB，反转接触器 KM_R 的线圈断电，它的常开主触点断开，电动机停转；它的常开辅助触点闭合，撤销自锁。

值得一提的是，如果两接触器的线圈同时通电，则两接触器的主触点将同时闭合，从而使得两相火线短接，发生电源短路事故。为了避免此类情况发生，电路中还引入了互锁触点（或称为联锁触点），即如图 3-17 所示，正转接触器 KM_F 的一个常闭辅助触点串接在反转接触器 KM_R 的线圈所处的电路中，而反转接触器 KM_F 的一个常闭辅助触点则串接在正转接触器 KM_R 的线圈所处的电路中。这两个常闭辅助触点就称为互锁触点。这样一来，当按下正转起动按钮 SB_{STF} 时，正转接触器 KM_F 的线圈通电，其主触点闭合，电动机正转；其互锁触点断开，切断了反转接触器 KM_R 的线圈所处的电路。因此，即使误按反转起动按钮 SB_{STR}，反转接触器 KM_R 的线圈也不会通电。这就保证了正转和反转接触器的线圈不可能同时通电，避免了短路事故的发生。

互锁触点的引入又带来了新的问题:这一电路在需要改变电动机转向时,必须先按下停止按钮,再按另一方向的起动按钮,电动机才能真正朝另一方向转起来。这是因为当电动机正转时正转接触器 KM_F 的互锁触点断开,使得反转接触器 KM_R 的线圈无法通电,反转起动按钮 SB_{STR} 失去起动反转的作用。必须在正转接触器 KM_F 的线圈断电,其常闭辅助触点(互锁触点)重新闭合之后,反转起动按钮 SB_{STR} 才能起动反转。而断电的工作只能由停止按钮 SB 完成。

为了能够方便地控制电动机的转向,可以将正反转起动按钮改装为复式按钮,并实现互锁,如图 3-18 所示。当电动机正转时,按下反转起动按钮 SB_{STR},其常闭触点率先断开,而使正转接触器 KM_F 的线圈率先断电,相应的常开主触点断开,相应的互锁触点恢复闭合。随着反转起动按钮 SB_{STR} 的常开触点的随后闭合,反转接触器 KM_F 的线圈通电,电动机就反转。同时,反转接触器 KM_F 的互锁触点断开,起互锁保护。由此可见,复式按钮中的常闭触点起着停止按钮的作用,由于复式按钮中的常开触点和常闭触点采用了联动结构,所以无须专门操作。

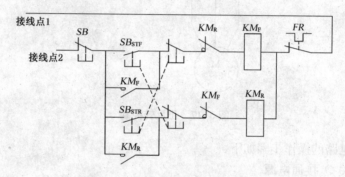

图 3-18　带有复式按钮的正反转控制

项目四　行程控制

行程控制在摇臂钻床、万能铣床、镗床、桥式起重机、龙门刨床以及各种自动或半自动控制机床设备中经常遇到。这些生产机械通常要求工作台在一定距离内能自动往返循环,以便对工件连续加工。这就需要用行程开关来检测往返运动的相对位置,进而自动控制电动机的正反转来实现。因此,行程控制的主电路与正反转控制的主电路相同。不同之处在于,普通的正反转控制电路必须手动来实现电动机的转向改变,而行程控制则可以在机床工作台满足一定的位置条件时自动实现电动机的转向改变。

图 3-19 是用行程开关来控制工作台前进与后退的示意图和控制电路。行程开关 ST_1 和 ST_2 分别装在工作台的原点和终点,由装在工作台上的挡块来撞动。工作台由电动机 M 带动,电动机的主电路与正反转控制的主电路完全一致,控制电路则多加了行程开关的三个触点。

其工作原理如下:

首先闭合闸刀开关 Q,接通电源。

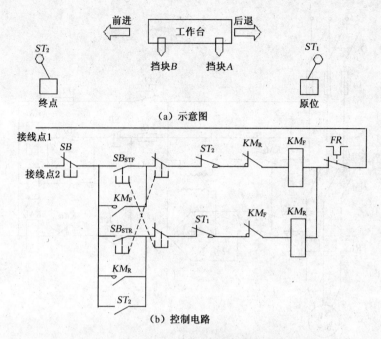

图 3-19 用行程开关控制工作台的前进与后退

工作台在原位时,原位行程开关 ST_1 被工作台的挡块 A 压下,其串接在反转控制电路中的常闭辅助触点被压开。这时电动机不能反转,即工作台不能后退。

按下前进起动按钮 SB_{STF},正转接触器 KM_F 的线圈得电,电动机正转起动,带动工作台前进。

当工作台运行到终点时,挡块压下终点行程开关 ST_2,其串接在正转控制电路中的常闭触点被压开,电动机停止正转;其串接在反转控制电路中的常开触点被压合,电动机开始反转,带动工作台后退。

工作台退到原位时,挡块 A 压下原位行程开关 ST_1,其串接在反转控制电路中的常闭触点被压开,电动机在原位停止。

行程开关除了用来控制电动机的正反转外,还可以实现终端保护、自动循环、制动和变速等各项要求。

项目五 时间控制

图 3-20 是利用时间继电器实现鼠笼式异步电动机能耗制动的控制电路。这种制动方法是在断开三相电源的同时,接通直流电源,使直流电通入定子绕组,产生制动转矩。制动时所需直流电源是由半导体桥式整流电路供给的。

其工作原理如下:

正常运行时,合上闸刀开关后,按下起动按钮 SB_2,正转接触器 KM_F 的线圈通电,其常开主触点闭合,电动机起转;其常开辅助触点闭合,实现自锁;其常闭辅助触点断开,使得制动接

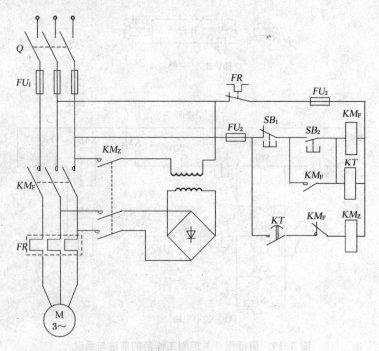

图 3-20　鼠笼式电动机能耗制动的控制线路

触器 KM_Z 的线圈不能通电,其常开触点不会动作,桥式整流电路没有接电源。同时,由于闭合了正转接触器 KM_F 的自锁触点,时间继电器 KT 的线圈通电,其延时断开的常开触点瞬时闭合。

　　当按下停止按钮 SB_1 后,正转接触器 KM_F 的线圈断电,其常开主触点断开,电动机与交流电源脱离;其常开辅助触点断开,撤销自锁,时间继电器 KT 的线圈断电;其常闭辅助触点闭合,撤销互锁,制动接触器 KM_Z 的线圈通电,制动开始。经过一定的断电延时时间后,延时断开的常开触点断开,制动结束。

项目六　顺序控制

　　生产机械经常要求几台电动机配合工作才能完成生产工艺的要求,例如机床常要求油泵电动机先起动,然后才能起动主轴电动机;一台机床的进刀、退刀、工件夹具松开以及自动停车等工序,要求按一定顺序来完成。这些要求反映了几台电动机之间的顺序关系。按照上述要求实现的控制,称为顺序控制。

　　图 3-21 是两台异步电动机 M_1 和 M_2 的顺序控制线路,此线路能实现 M_1 起动后,M_2 才能起动,并具有过载、短路和失压保护。为了确保 M_2 必须在 M_1 起动之后才能起动,可以把接触器 KM_1 的常开辅助触点串联在接触器 KM_2 线圈的支路里。接触器 KM_1 常开辅助触点的闭合,为接触器 KM_2 线圈通电准备好了通路。值得一提的是,接触器 KM_1 有两个常开辅助触点,一个用于顺序控制,一个起自锁作用。

　　两个热继电器的常闭触点 FR_1、FR_2 串联接在两个并联控制电路的公共电路中,可以达到两台电动机中任何一台过载动作后,均起到两台电动机断电的目的。

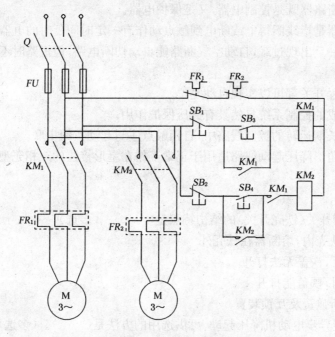

图 3-21 顺序控制

其工作原理如下:按下起动按钮 SB_3 后,接触器 KM_1 的线圈通电,它的常开主触点闭合,电动机 M_1 起动;它的两个常开辅助触点闭合,实现自锁,并为接触器 KM_2 的线圈通电做好了准备。如果在这种情况下又按下起动按钮 SB_4,则接触器 KM_2 的线圈通电,它的常开主触点闭合,电动机 M_2 起动。

习 题

一、判断题

1. 电器按其电路中的作用可分为控制电器和保护电器。 ( )

2. 凡工作在交流电 220 V 以上电路中的电器都属于高压电器。 ( )

3. 熔断器只用于过载保护。 ( )

4. 三相异步电动机的启动方式有两种,即直接启动和降压启动。 ( )

5. 铁壳开关的速断装置的主要作用是为了便于操作,而没有其他作用。 ( )

6. 闸刀开关属于低压电器,因此当合、拉闸时,操作应缓慢。 ( )

7. 在三相异步电动机控制电路中,热继电器用做短路保护。 ( )

8. 在三相异步电动机的直接起动电路中,如果有热继电器用做过载保护,就可以不需要熔断器来保护电动机。 ( )

9. 接触器的主触点通过的电流与辅助触点的额定电流相等。 ( )

10. 接触器铁心的极面上有短路环,其主要作用是减少铁心中的涡流损耗。 ( )

11. 常见的胶盖闸刀开关,在电路中主要起到电源隔离开关的作用。 ( )

12. 若要在多处对电动机进行控制,只要若干只起动按钮并联即可。 （　　）

13. 自动空气断路器既是控制电器,又是保护电器。 （　　）

14. 时间继电器是指线圈得电或断电到触点动作有一定时间延时的电器。 （　　）

15. 当电路中一旦出现过载,自动空气断路能自动切断电路,但短路时不能切断电路。
（　　）

16. 所有的行程开关都可以实现自动复位。 （　　）

17. 接触器组成的控制系统自然具有失压保护作用。 （　　）

18. 在电动机长期运转的控制线路中,自锁触点应与起动按钮串联。 （　　）

19. 星形—三角形降压起动线路适用于正常工作在星形接法的三相笼型异步电动机。
（　　）

二、选择题

1. 封闭式负荷开关(铁壳开关)的结构特点是(　　)。（多选）

A. 刀开关在铁壳内,熔断器在铁壳外

B. 接通电路后,铁盖无法打开

C. 接通电路时,铁盖能打开

D. 壳内有速断弹簧及互锁装置

2. 对三相笼型异步电动机降压起动,可供选用的方法是(　　)。（多选）

A. 自耦变压器降压起动

B. 在转子电路中串电阻降压起动

C. 在定子电路中串电阻降压起动

D. 在定子电路中串频敏变阻器起动

3. 熔断器在三相笼型异步电动机电路中作用,下列叙述正确的是(　　)。

A. 在电动机电路中,不需要熔断器来保护

B. 在电路中作短路保护

C. 只要电路中有热继电器作保护,就不需要熔断器来保护

D. 在电路中作过载保护

4. 三相笼型异步电动机星形—三角形降压起动电路的特点是(　　)。

A. 降压起动时,定子绕组为星形接法

B. 降压起动时,定子绕组为三角形连接

C. 降压起动时,定子绕组的电压是额定电压的 1/3 倍

D. 降压起动时,定子绕组的电压是额定电压的 3 倍

5. 在具有过载保护的三相异步电动机的正转控制线路中,热继电器正确的串联方式为
(　　)。

A. 把热继电器的发热元件串接在电动机主电路中

B. 热继电器的发热元件串接在控制电路中

C. 热继电器的发热元件同时接在控制电路和主电路中

D. 三相绕组中,其中一相连接发热元件即可

6. 三相绕线型异步电动机串电阻起动的特点是(　　)。

A. 变阻器与定子绕组连接

B. 变阻器与转子绕组连接

C. 一个变阻器与定子绕组连接,另一个变阻器与转子绕组连接

7. 热继电器是利用电流的热效应而制作的,因此它是否动作的情况是(　　)。

A. 热继电器中有电流就动作

B. 热继电器通过的电流是电路正常值时动作

C. 热继电器通过的电流超过电路正常工作值时动作

D. 热继电器通过的电流小于电路正常值时动作

8. 三相异步电动机电路中,接触器的特点是(　　)。

A. 主触点与负载串联

B. 吸引线圈通电后主触点常开触点闭合,常闭触点不分断

C. 辅助触点与负载串联

D. 控制电路的接通与分断,但不能控制主电路

9. 如果在不同的地方对电动机进行控制,可在控制电路中(　　)。

A. 并联起动按钮,串联停止按钮

B. 串联起动按钮,并联停止按钮

C. 并联起动按钮,并联停止按钮

D. 串联起动按钮,串联停止按钮

10. 三相笼型异步电动机星形—三角形降压起动控制线路中,延迟一段时间后,自动地把电动机从星形接法换接到三角形接法的继电器是(　　)。

A. 热继电器

B. 中间继电器

C. 温度继电器

D. 时间继电器

三、填空题

1. 闸刀开关一般由刀开关和_____组成。

2. 接触器线圈没有得电以前触点是断开的,线圈得电后闭合的触点为_____触点。

3. 时间继电器有_____延时型和_____延时型两类。

4. 安装时热断电器的发热元件应串接在_____电路中。

5. 在三相异步电动机正、反转控制线路中互锁的方法有_____互锁和_____互锁。

四、分析计算题

1. 某生产机械由一台 Y132 - M - 4 型三相异步电动机拖动,电动机功率为 7.5 kW,额定电流为 15 A,起动电流是额定电流的 7 倍,用熔断器作短路保护,熔丝的额定电流应为多大?

2. 图 3-22 是鼠笼式电动机 Y - Δ 起动的控制线路,试分析其工作过程。

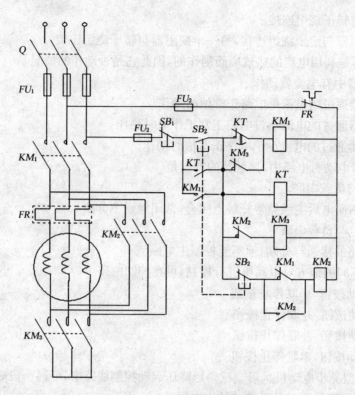

图 3-22　Y-△起动控制线路

参考文献

[1] 程周. 电工与电子技术(少学时). 北京:高等教育出版社,2001

[2] 佘明辉,郑春华,邱兴阳. 电工电子技术. 呼和浩特:内蒙古人民出版社,2008

[3] 陈小虎. 电工电子技术(多学时). 北京:高等教育出版社,2000

[4] 周绍敏. 电工基础. 北京:高等教育出版社,1998

[5] 陈其纯. 电子线路. 北京:高等教育出版社,1998

[6] 佘明辉. 电工电子实验实训. 北京:北京理工大学出版社,2009

[7] 叶挺秀. 电工电子学. 北京:高等教育出版社,2000

[8] 丁承浩. 电工学. 北京:机械工业出版社,1999

[9] 张冠生,丁明道. 常用低压电器及其应用(修订版). 北京:机械工业出版社,1992

[10] 符磊,王久华. 电工技术与电子技术基础. 北京:清华大学出版社,1997

[11] 庄效恒,李燕民,梁淼,等. 电子技术. 北京:北京理工大学出版社,1996

[12] 陈有卿. 555 时基电路趣味制作. 北京:人民邮电出版社,1996

[13] 赵承荻. 电工学. 北京:高等教育出版社,1999

[14] 康华光. 电子技术基础:模拟部分. 北京:高等教育出版社,1999

[15] 康华光. 电子技术基础:数字部分. 北京:高等教育出版社,1999

[16] 周雪. 模拟电子技术. 西安:西安电子科技大学出版社,2002